獣医学教育モデル・コア・カリキュラム準拠

コアカリ 獣医臨床腫瘍学

廉澤 剛　伊藤 博 編

獣医学共通テキスト委員会認定

全体目標

　動物に発生する腫瘍疾患を適切に診断・治療および予防するために，腫瘍に関する基礎知識，臨床倫理，診断方法および治療方法について理解する．

＊【アドバンスト】と記載されている項目は，CBT によってその学習到達度を測る必要がないもの，またその後の学習の進行の中で学んでも良いものを示します．

表紙：CI Photos/shutterstock.com を使用

カラー口絵

代表的な細胞診所見

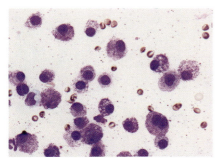

口絵1　肥満細胞腫（犬）
豊富な細胞質内に赤紫色の顆粒を多数含む．
400倍

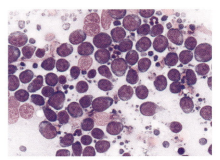

口絵2　リンパ腫（犬）
好中球より大きい類円形の核と少量の細胞質を有する．明瞭な核小体が複数個認められる．
400倍

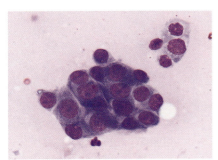

口絵3　乳腺癌（猫）
豊富な細胞質と卵円形の核を有し，互いに密着し集塊をなす．核小体も明瞭で大型である．400倍

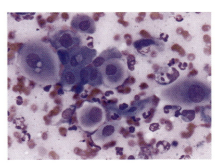

口絵4　扁平上皮癌（猫）
腫瘍細胞は淡青色の豊富な細胞質を有する．400倍

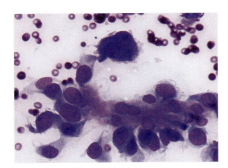

口絵5　骨肉腫（犬）
卵円形〜長円形の核と紡錘形の細胞質を有する．細胞間には赤紫色の細胞外基質を伴う．400倍

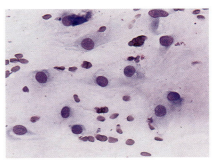

口絵6　血管周皮腫（犬）
粘液成分を背景に，卵円形の核と紡錘形の細胞質を有する．400倍

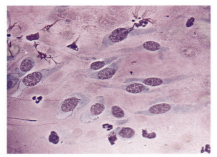

口絵 7　線維肉腫（犬）
紡錘形の核と細胞質を有する．核小体が明瞭である．400 倍

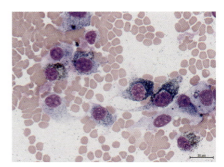

口絵 8　悪性メラノーマ（犬）
紡錘形の細胞質内に黒褐色の顆粒を多数含む．400 倍

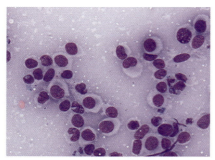

口絵 9　皮膚組織球腫（犬）
淡明で広い細胞質と卵円形の核を有する．400 倍

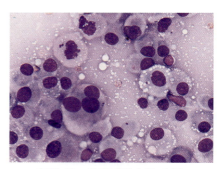

口絵 10　組織球性肉腫（犬）
空胞を含む豊富な細胞質と卵円形の核を有する．多核巨細胞も認められる．核分裂像も観察される．400 倍

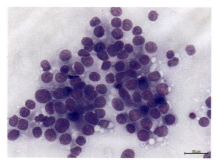

口絵 11　肛門嚢アポクリン腺癌（犬）
腫瘍細胞は淡青色の中等量の細胞質を有し，互いに密に接着し集塊をなす．400 倍

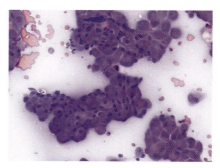

口絵 12　肛門周囲腺腫（犬）
卵円形の核と豊富な細胞質を有する腺上皮細胞と，細胞質の乏しい補助細胞が互いに密に接着し集塊をなす．200 倍

第3章

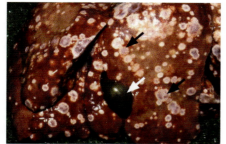

図 3-5　犬の乳腺癌（肝臓転移）
無数の転移巣（赤矢印）が形成されている．白矢印は胆囊．

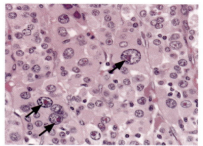

図 3-6　犬の副腎髄質癌
腫瘍細胞の核は著しい大小不同を示す．核小体も巨大化している（矢印）．

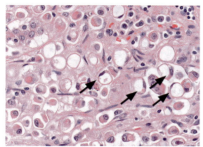

図 3-7　犬の胃癌（印鑑細胞癌）
腫瘍細胞は細胞質に分泌物が貯留し，風船状に腫大，核は辺縁に押しやられている（矢印）．

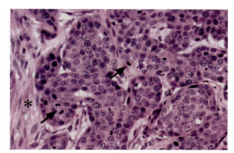

図 3-8　犬の乳腺癌（充実型）
実質（乳腺上皮由来の腫瘍細胞）と間質（＊）．矢印は核分裂像を示す．

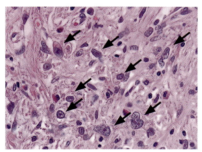

図 3-9　犬の胃癌（硬癌）
矢印は上皮性腫瘍細胞（実質）を示す．紡錘形の線維芽細胞と膠原線維のからなる線維性結合組織（間質）の中にバラバラの腫瘍細胞（矢印）が存在し，圧倒的に間質が優勢である．（写真提供：河村芳郎氏）

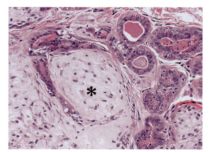

図 3-10　犬の乳腺混合腫瘍
腺腫と軟骨化生（＊）．（写真提供：河村芳郎氏）

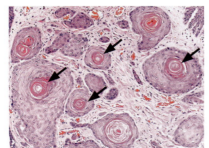

図 3-11　犬の扁平上皮癌（皮膚）
表皮に似た円形の腫瘍組織を形成，中心部にがん真珠が認められる（矢印）．（写真提供：河村芳郎氏）

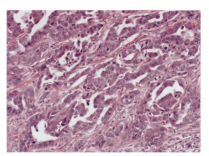

図 3-12　犬の乳頭管状腺癌（乳腺）
管腔形成と管腔内への腫瘍細胞の乳頭状増殖が認められる．（写真提供：河村芳郎氏）

vi　　口　絵

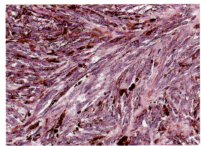

図 3-13　犬の悪性黒色腫（口腔粘膜）
メラニン色素を富裕する紡錘形の腫瘍細胞が束状配列をしながら増殖する．（写真提供：河村芳郎氏）

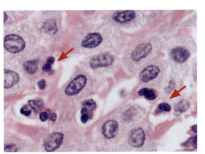

図 3-14　犬の肥満細胞腫（皮膚）
細胞質に弱好酸性性の微細顆粒を富裕する．好酸球の浸潤を伴う（矢印）．（写真提供：河村芳郎氏）

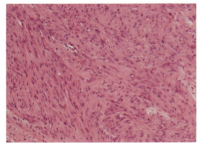

図 3-15　犬の線維肉腫
犬の皮膚組織に発生した線維肉腫．紡錘形の腫瘍細胞束が索状に配列（herringbone appearance）した組織像を示し，細胞間は膠原線維で満たされる．
（写真提供：平山和子氏）

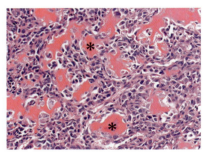

図 3-16　犬の中心性骨肉腫（大腿骨）
類骨形成（＊）とそれを取り巻く骨芽細胞様の腫瘍細胞が認められる．（写真提供：河村芳郎氏）

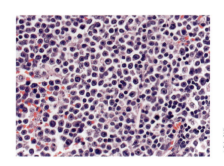

図 3-17　犬のリンパ腫
無数のリンパ球様細胞の敷石状（シート状）増殖を特徴とする．（写真提供：河村芳郎氏）

第 5 章

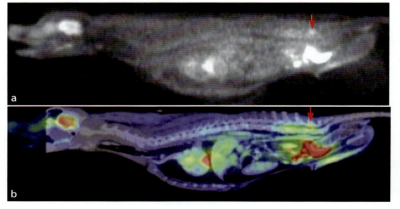

図 5-6　形質細胞腫の症例の FDG-PET/CT 検査画像
a：PET 画像．FDG が多く集積した部位が白く描出される．脳，心筋，膀胱内の集積は，生理的なもの（正常）である．第六腰椎に FDG の異常な集積を認めたものの，解剖学的位置は不明瞭である（矢印）．b：PET 画像と CT 画像を融合させ，さらに集積強度の強い部位に暖色を配することで，解剖学的構造との関係性が明瞭になる．　　（写真提供：夏堀雅宏先生）

第10章

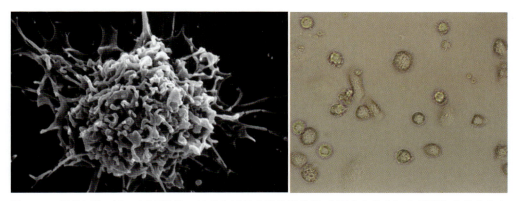

図 10-2 樹状細胞（左，写真提供：慈恵会医科大学名誉教授 大野典也先生）と単球から分化した樹状細胞（右）

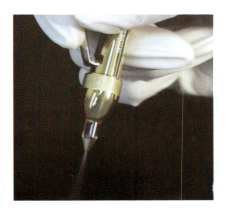

図 10-5 クリオアルファ（スターメディカル株式会社）

凍結によるがん細胞の傷害機序は，細胞内外のイオン濃度の上昇により，細胞外の氷からの機械的圧迫受けて細胞が死滅する．また，さらに温度が低温になると細胞内に氷が形成されて細胞は壊死を起こし，時間の経過とともに縮小し瘢痕化されていく．

図 10-8 抗がん剤注入前の口腔メラノーマ

図 10-9 図 10-8 の症例の抗がん剤注入後

序　文

　獣医臨床腫瘍学の内容は，内科学，外科学，病理学，臨床病理学，画像診断学，放射線学などの様々な科目が関わり，これまでは各科目で部分的に教えられてきました．本科目が獣医学教育モデル・コア・カリキュラムに加わり，学ぶべきコアの内容が決められましたが，それは他科目に振り分けられた結果，肉をそぎ落とされ骨と皮しか残っていない断片的な内容でした．

　「これでは，一貫した教本とならない．骨（コア）に肉（アドバンス）を戻して充実した獣医臨床腫瘍学の教本を創ろう！」

　このような流れで，日本で初めて独自に創った獣医臨床腫瘍学の教本ができあがりました．肉が付きすぎている，逆に足りないと感じるところもあり，スマートな体型（体系）ではありませんが，読破し理解していただければ，臨床で腫瘍を診るための基礎を十分に身につけることができるはずです．

　なおモデル・コア・カリキュラムの項目や一般目標，到達目標は，本書の編集・執筆者達で再度検討し，その改訂を見据えたものとなっています．

　今後，コア・カリキュラムや獣医師国家試験の改訂に対応し，また学生と先生のご意見を取り入れて，さらに分かりやすく役に立つ獣医臨床腫瘍学教本を創って行きたいと切に願っております．

2018 年 5 月

編集者代表　廉澤　剛

編集委員 （五十音順・敬称略，＊編集委員長）

伊藤　博　　動物先端医療センター
＊廉澤　剛　　酪農学園大学獣医学群

執筆者 （五十音順・敬称略）
[　] 内：執筆担当箇所

伊藤　博　　前掲　　　　　　　　　　　　　　　　　　　　[第 6 章, 第 10 章]

打出　毅　　東京農工大学大学院動物生命科学部門　　　　　[第 12 章]

奥田　優　　山口大学共同獣医学部　　　　　　　　　　　　[第 2 章, 第 4 章 (4-5, 4-6), 第 11 章 (11-1, 11-4, 11-5)]

廉澤　剛　　前掲　　　　　　　　　　　　　　　　　　　　[第 1 章, 第 7 章]

酒井洋樹　　岐阜大学応用生物科学部　　　　　　　　　　　[カラー口絵 (代表的な細胞診所見)]

髙橋朋子　　日本大学生物資源科学部　　　　　　　　　　　[第 5 章, 第 8 章]

谷山弘行　　酪農学園大学　　　　　　　　　　　　　　　　[第 3 章]

丸尾 幸嗣　　ヤマザキ動物看護大学動物看護学部　　　　　　[第 4 章 (4-1 ～ 4-4), 第 9 章, 第 11 章 (11-2)]

山本健久　　農研機構動物衛生研究部門　　　　　　　　　　[第 11 章 (11-3)]

目　次

第1章　腫瘍とは ……………………………………………………………（廉澤　剛）… 1
　1-1　腫瘍の定義 ………………………………………………………………………… 1
　1-2　良性腫瘍と悪性腫瘍 …………………………………………………………… 1
　1-3　上皮性腫瘍と非上皮性腫瘍【アドバンスト】 ……………………………… 2
　1-4　悪性腫瘍の発育と進展【アドバンスト】 …………………………………… 2

第2章　腫瘍の生物学 ……………………………………………………（奥田　優）… 5
　2-1　発がんの原因と機序 …………………………………………………………… 5
　　1．遺伝子の病気としてのがん …………………………………………………… 5
　　2．発がんの機序 …………………………………………………………………… 5
　　3．遺伝子異常の原因 ……………………………………………………………… 6
　　4．多段階発がん …………………………………………………………………… 6
　　5．がん幹細胞 ……………………………………………………………………… 7
　2-2　がん遺伝子とがん抑制遺伝子【アドバンスト】 …………………………… 8
　　1．がん遺伝子 ……………………………………………………………………… 8
　　2．がん抑制遺伝子 ………………………………………………………………… 8
　2-3　染色体異常【アドバンスト】 ………………………………………………… 9
　　1．染色体異常 ……………………………………………………………………… 9
　　2．染色体不安定性 ………………………………………………………………… 10
　2-4　ネクローシスとアポトーシス【アドバンスト】 …………………………… 11
　2-5　転　移 …………………………………………………………………………… 13
　　1．転移の分子機構 ………………………………………………………………… 13
　　2．血管新生 ………………………………………………………………………… 14
　2-6　シグナル伝達系【アドバンスト】 …………………………………………… 15
　　1．チロシンキナーゼ受容体とシグナル伝達系 ………………………………… 15
　　2．ホルモンとシグナル伝達系 …………………………………………………… 16
　2-7　細胞周期の異常【アドバンスト】 …………………………………………… 17
　2-8　腫瘍免疫【アドバンスト】 …………………………………………………… 18

第3章　腫瘍の病理学と病態 …………………………………………（谷山弘行）… 21
　3-1　腫瘍の形態学的分類と生物学的性状 ………………………………………… 21
　　1．発生組織による分類 …………………………………………………………… 21
　　2．良性腫瘍と悪性腫瘍 …………………………………………………………… 21
　　3．腫瘍の肉眼的形態 ……………………………………………………………… 22
　　4．腫瘍の色調 ……………………………………………………………………… 23
　　5．腫瘍の質感 ……………………………………………………………………… 23

| | 目　次 | xi |

　　6.　腫瘍の成長様式 …………………………………………………………………………… 23

3-2　腫瘍細胞ならびに腫瘍組織の形態学的特徴 ………………………………………………… 25

　　1.　腫瘍細胞の特徴 …………………………………………………………………………… 25

　　2.　腫瘍組織の特徴 …………………………………………………………………………… 27

3-3　特殊な腫瘍【アドバンスト】 ………………………………………………………………… 28

　　1.　混合腫瘍 …………………………………………………………………………………… 28

　　2.　奇形腫 ……………………………………………………………………………………… 29

　　3.　過誤腫 ……………………………………………………………………………………… 30

　　4.　分離腫 ……………………………………………………………………………………… 30

　　5.　不顕性がん ………………………………………………………………………………… 30

　　6.　早期がん …………………………………………………………………………………… 30

3-4　非腫瘍性増殖性疾患【アドバンスト】 ……………………………………………………… 30

　　1.　過形成（肥大と増生） …………………………………………………………………… 30

　　2.　化生と異形成 ……………………………………………………………………………… 31

　　3.　萎　縮 ……………………………………………………………………………………… 32

3-5　悪性腫瘍の組織型【アドバンスト】 ………………………………………………………… 33

　　1.　悪性上皮性腫瘍 …………………………………………………………………………… 33

　　2.　悪性非上皮性腫瘍 ………………………………………………………………………… 35

3-6　機能性腫瘍【アドバンスト】 ………………………………………………………………… 38

3-7　腫瘍随伴症候群 ………………………………………………………………………………… 39

　　1.　高カルシウム血症 ………………………………………………………………………… 40

　　2.　高ヒスタミン血症 ………………………………………………………………………… 40

　　3.　高エストロジェン血症 …………………………………………………………………… 40

　　4.　高アンドロジェン血症 …………………………………………………………………… 40

　　5.　クッシング症候群 ………………………………………………………………………… 41

　　6.　低血糖症 …………………………………………………………………………………… 41

　　7.　多血症 ……………………………………………………………………………………… 41

　　8.　好中球増加症 ……………………………………………………………………………… 41

　　9.　貧　血 ……………………………………………………………………………………… 42

　10.　播種性血管内凝固 ………………………………………………………………………… 42

　11.　重症筋無力症 ……………………………………………………………………………… 42

　12.　カルチノイド症候群 ……………………………………………………………………… 42

　13.　抗利尿ホルモン不適切分泌症候群 ……………………………………………………… 43

　14.　肥大性骨関節症 …………………………………………………………………………… 43

第4章　腫瘍の診断 ……………………………………………………………………………… 45

4-1　腫瘍の発生要因と臨床徴候 ………………………………………………（丸尾幸嗣）… 45

　　1.　動物種 ……………………………………………………………………………………… 45

　　2.　品　種 ……………………………………………………………………………………… 46

3. 年　　齢 ………………………………………………………………………… 46

　　4. 性　　別 ………………………………………………………………………… 46

　　5. 発生部位 ………………………………………………………………………… 47

　　6. 臨床徴候 ………………………………………………………………………… 47

4-2 血液・血液化学検査による腫瘍の診断 ……………………………（丸尾幸嗣）… 50

　　1. 診断に有用な腫瘍マーカー …………………………………………………… 50

　　2. 症例の状態把握に有用な血液・血液化学検査 ……………………………… 51

4-3 細胞診と組織診の方法と適用 ………………………………………（丸尾幸嗣）… 51

　　1. 細胞診 …………………………………………………………………………… 51

　　2. 組織診 …………………………………………………………………………… 52

4-4 腫瘍の組織学的グレード分類 ………………………………………（丸尾幸嗣）… 56

　　1. 腫瘍の組織学的グレード分類 ………………………………………………… 56

　　2. 代表的な腫瘍の組織学的グレード分類 ……………………………………… 56

4-5 免疫組織化学染色法とフローサイトメトリー【アドバンスト】 …（奥田　優）… 57

　　1. 免疫組織化学染色法 …………………………………………………………… 57

　　2. フローサイトメトリー ………………………………………………………… 58

4-6 遺伝子診断法【アドバンスト】 ……………………………………（奥田　優）… 58

　　1. リンパ球クローン性解析 ……………………………………………………… 59

　　2. *c-KIT* 遺伝子変異 ……………………………………………………………… 60

第 5 章　腫瘍の画像診断 …………………………………………………（髙橋朋子）… 63

5-1 X 線検査【アドバンスト】 …………………………………………………………… 63

5-2 X 線 CT 検査【アドバンスト】 ……………………………………………………… 65

5-3 超音波検査【アドバンスト】 ………………………………………………………… 67

5-4 MRI 検査【アドバンスト】 …………………………………………………………… 67

5-5 核医学検査【アドバンスト】 ………………………………………………………… 68

第 6 章　病期別分類 …………………………………………………………（伊藤　博）… 71

6-1 腫瘍の臨床病期（ステージ分類） …………………………………………………… 71

6-2 孤立性腫瘍における TNM 分類 ……………………………………………………… 71

　　1. 原発腫瘍（T） ………………………………………………………………… 71

　　2. 所属リンパ節（N） …………………………………………………………… 72

　　3. 遠隔転移（M） ………………………………………………………………… 72

6-3 代表的な腫瘍における病期および治療効果判定のためのガイドライン【アドバンスト】 …… 73

　　1. 乳腺腫瘍 ………………………………………………………………………… 73

　　2. 表皮 / 皮膚の腫瘍（リンパ腫と肥満細胞腫は含まない） ………………… 74

　　3. 皮膚肥満細胞腫 ………………………………………………………………… 74

　　4. 口腔（口腔前庭）腫瘍 ………………………………………………………… 74

目　次　　xiii

第 7 章　腫瘍の外科療法 ·· （廉澤　剛）··· 77

7-1　腫瘍の外科療法の位置づけ ·· 77

7-2　腫瘍の外科療法の長所と短所 ·· 77

　　1．外科療法の長所 ·· 77

　　2．外科療法の短所 ·· 77

7-3　外科療法の適用 ·· 77

　　1．根治的手術 ·· 77

　　2．非根治的手術 ·· 78

　　3．予防的手術 ·· 78

　　4．診断的手術 ·· 78

7-4　サージカルマージン（切除縁） ·· 78

　　1．腫瘍切除術の分類 ·· 78

　　2．組織病理学的な切除縁評価 ·· 80

7-5　リンパ節郭清【アドバンスト】 ·· 80

7-6　外科療法による機能や形態の欠損【アドバンスト】 ·· 80

　　1．生命の維持に直接関わる重要な機能の欠損 ··· 80

　　2．生命の維持に関わらない機能と形態の欠損 ··· 81

第 8 章　放射線治療 ·· （髙橋朋子）··· 83

8-1　放射線治療の原理 ·· 83

　　1．直接作用と間接作用 ·· 83

　　2．間期死と増殖死 ·· 83

　　3．分割照射の理論 ·· 84

8-2　正常組織と腫瘍の放射線感受性【アドバンスト】 ··· 86

8-3　放射線障害【アドバンスト】 ·· 86

　　1．急性障害（確定的影響） ·· 86

　　2．晩発性障害（確定的影響） ·· 88

　　3．放射線発がん（確率的影響） ·· 88

8-4　放射線治療の特徴と適用 ·· 88

　　1．放射線治療の特徴 ·· 88

　　2．放射線治療の適用 ·· 89

8-5　他の治療との組合せ【アドバンスト】 ·· 90

　　1．手術との組合せ ·· 90

　　2．放射線増感剤 ·· 91

　　3．放射線防護剤 ·· 91

8-6　放射線治療装置【アドバンスト】 ·· 91

8-7　分割プロトコル【アドバンスト】 ·· 93

8-8　放射線治療の流れ【アドバンスト】 ·· 94

　　1．インフォームド・コンセント ·· 94 xiv　　目　次

2. 治療の準備 ……………………………………………………………… 94

3. 毎回の治療 ……………………………………………………………… 95

4. 経過観察 ………………………………………………………………… 95

第9章　化学療法 ………………………………………………（丸尾幸嗣）… 97

9-1　抗がん剤の薬物動態学と薬力学【アドバンスト】 ………………… 97

1. 抗がん剤の薬物動態学 ………………………………………………… 97

2. 抗がん剤の薬力学 ……………………………………………………… 99

3. がん細胞増殖モデルと治療理論 ……………………………………… 100

4. ドラッグデリバリーシステム ………………………………………… 101

9-2　がん化学療法の原理，適用および限界 ……………………………… 102

1. 抗がん剤治療の原理 …………………………………………………… 102

2. 抗がん剤治療の適用 …………………………………………………… 103

3. 抗がん剤治療の限界 …………………………………………………… 104

9-3　抗がん剤の種類，作用機序，適用および副作用 …………………… 105

1. 抗がん剤の種類と作用機序 …………………………………………… 105

2. 主な抗がん剤の作用機序，適用，副作用 …………………………… 107

3. 抗がん剤の安全な取扱いと適正な投与 ……………………………… 112

9-4　抗がん剤の副作用の発生機序とその対処法 ………………………… 114

1. 骨髄抑制 ………………………………………………………………… 114

2. 消化器毒性（嘔吐と下痢） …………………………………………… 115

3. 脱　毛 …………………………………………………………………… 116

4. 過敏症（アナフィラキシー，インフュージョンリアクション） …… 116

5. 腎毒性 …………………………………………………………………… 116

6. 肝毒性 …………………………………………………………………… 116

7. 出血性膀胱炎 …………………………………………………………… 117

8. 肺毒性 …………………………………………………………………… 117

9. 心毒性 …………………………………………………………………… 118

10. 神経障害 ………………………………………………………………… 118

11. 腫瘍溶解症候群 ………………………………………………………… 119

12. 血管外漏出 ……………………………………………………………… 119

13. 蓄積毒性および慢性毒性 ……………………………………………… 121

9-5　がん化学療法の臨床効果【アドバンスト】 ………………………… 121

1. がん化学療法の臨床効果判定方法 …………………………………… 121

2. 代表的な腫瘍の抗がん剤による効果 ………………………………… 122

9-6　抗がん剤の薬剤耐性 …………………………………………………… 124

1. 自然耐性と獲得耐性 …………………………………………………… 124

2. 多剤耐性 ………………………………………………………………… 124

9-7　がんの分子標的治療【アドバンスト】 ……………………………… 125

目　次　　xv

　　1.　がんの分子標的治療とは ……………………………………………………… 125
　　2.　代表的な分子標的治療薬 ……………………………………………………… 125
　9-8　がんのホルモン療法【アドバンスト】 …………………………………………… 126
　　1.　がんのホルモン療法とは ……………………………………………………… 126
　　2.　代表的なホルモン療法 ………………………………………………………… 126
　9-9　殺細胞性抗がん剤の限界とがん化学療法の方向性【アドバンスト】 ………… 127

第10章　腫瘍のその他の治療法 ……………………………………（伊藤　　博）… 129
　10-1　集学的治療 ………………………………………………………………………… 129
　10-2　免疫療法【アドバンスト】 ……………………………………………………… 129
　　1.　養子免疫療法 …………………………………………………………………… 129
　　2.　樹状細胞を用いた免疫療法 …………………………………………………… 129
　　3.　免疫チェックポイント阻害薬による免疫逃避信号のブロック療法 ………… 131
　10-3　遺伝子療法【アドバンスト】 …………………………………………………… 132
　　1.　適　用 …………………………………………………………………………… 132
　　2.　限　界 …………………………………………………………………………… 132
　10-4　凍結外科療法【アドバンスト】 ………………………………………………… 132
　　1.　適　用 …………………………………………………………………………… 133
　　2.　限　界 …………………………………………………………………………… 133
　10-5　温熱療法【アドバンスト】 ……………………………………………………… 133
　10-6　光線力学療法【アドバンスト】 ………………………………………………… 133
　10-7　IVR療法の概念【アドバンスト】 ……………………………………………… 133
　　1.　動注療法 ………………………………………………………………………… 134
　10-8　支持療法と緩和療法 ……………………………………………………………… 135
　10-9　がん性疼痛の病態と緩和【アドバンスト】 …………………………………… 135
　　1.　ペインコントロール …………………………………………………………… 135

第11章　腫瘍の疫学と統計学 ………………………………………………………… 137
　11-1　腫瘍の疫学【アドバンスト】 …………………………………（奥田　　優）… 137
　11-2　腫瘍発生頻度の指標と発生状況【アドバンスト】 …………（丸尾幸嗣）… 137
　　1.　腫瘍発生頻度の指標 …………………………………………………………… 137
　　2.　腫瘍の発生状況 ………………………………………………………………… 138
　11-3　データの取扱いと統計手法【アドバンスト】 ………………（山本健久）… 141
　　1.　データの種類と特徴の把握 …………………………………………………… 141
　　2.　推　定 …………………………………………………………………………… 142
　　3.　検　定 …………………………………………………………………………… 142
　　4.　関連性の分析 …………………………………………………………………… 143
　11-4　臨床試験の種類【アドバンスト】 ……………………………（奥田　　優）… 143
　11-5　治療効果の判定法 ………………………………………………（奥田　　優）… 144

1. 直接的効果：腫瘍の縮小		144
2. 延命効果		145
3. 有害事象		145

第 12 章　獣医療に関する倫理 ……………………………………（打出　毅）… 149

12-1　医療倫理の四原則【アドバンスト】 …………………………………… 149

  1. 医療倫理の歴史 ……………………………………………………… 149

  2. 倫理四原則 …………………………………………………………… 149

  3. 日本の獣医療における倫理四原則 ………………………………… 150

12-2　医療関係者と患者の関係【アドバンスト】 …………………………… 151

  1. 医療関係者と患者の立場の違い …………………………………… 151

  2. パターナリズムの問題点 …………………………………………… 151

12-3　インフォームド・コンセント ………………………………………… 152

  1. 自律性とインフォームド・コンセント …………………………… 152

  2. インフォームド・コンセントの成立要素 ………………………… 152

  3. 四分割法を用いたインフォームド・コンセント ………………… 153

  4. 個人情報の守秘義務 ………………………………………………… 154

12-4　Evidence-based Medicine【アドバンスト】 ………………………… 155

12-5　セカンド・オピニオン ………………………………………………… 155

正答と解説 …………………………………………………………………… 157

索　引 ………………………………………………………………………… 161

薬剤投与法の略語

iv	静脈内投与
po	経口投与
sc	皮下投与
im	筋肉内投与
sid	1 日 1 回投与

第 1 章　腫瘍とは

一般目標：腫瘍を理解するために，その定義と種類，発育・進展について学習する．

1-1　腫瘍の定義

到達目標：腫瘍の定義について説明できる．

キーワード：遺伝子変異，自立性増殖，確定診断

　腫瘍（tumor）は，複数の**遺伝子変異**を生じ制御困難な**自立性増殖**を示す単一の細胞に由来する疾病である．自立性増殖とは，周りの細胞とは関係なく独立して増殖することである．遺伝子変異の発生機序やその種類などについては，「第 2 章　腫瘍の生物学」でその詳細が記載されている．腫瘍に類似する用語として腫瘤（mass）があるが，腫瘤は様々な原因で生じるしこりを表現し，出血や炎症などの腫瘍以外の原因でも生じる．

　現在，腫瘍の**確定診断**は病理検査によってなされる．腫瘍の悪性度は，細胞の異型性，多形性，分化度，分裂指数，大小不同，および構築される組織における細胞配列，細胞の多彩性，壊死率，脈管浸潤，さらには周囲正常組織への破壊性，浸潤性などから診断される（詳細は「第 3 章　腫瘍の病理学と病態」を参照）．将来的には遺伝子変異を調べる遺伝子診断の重要性が大きくなると予測されるが，現状では動物の腫瘍の遺伝子変異は十分なデータがない．

1-2　良性腫瘍と悪性腫瘍

到達目標：良性腫瘍と悪性腫瘍の違いについて説明できる．

キーワード：良性腫瘍，膨張性，増殖，悪性腫瘍，浸潤，転移

　表 1-1 に良性腫瘍と悪性腫瘍の特徴を示す．

　良性腫瘍（benign tumor）は，発生した局所で**膨張性**に多くはゆっくりと**増殖**し，正常組織との境界は明瞭でしばしば被膜を有する．このため，周囲組織は圧排され得るが破壊されることはまれであり，また転移（metastasis）をしないため，全身的な影響も小さい．

　悪性腫瘍（malignant tumor）は，一般に**増殖**が速く，**浸潤**（invasion）と**転移**によって発生局所から周囲組織や全身に拡がり得る．このため，周囲組織の破壊や転移臓器の障害が生じやすく，全身的な

表 1-1　良性腫瘍と悪性腫瘍の一般的傾向

	良性腫瘍	悪性腫瘍
腫瘍の拡がり方	局所に限局	リンパ行性，血行性あるいは播種性に転移して拡がる
増殖速度	ゆっくり	速い
被膜の有無	境界明瞭で被膜を有する	境界が不明瞭で被膜がない
周囲組織との関係	圧排性	浸潤性，破壊性
全身への影響	小さい	大きい
治癒	容易	困難

2   第 1 章　腫瘍とは

影響も大きい.

　浸潤とは，腫瘍細胞が周囲組織に浸み出すように増殖し拡がることである.

　転移とは，腫瘍細胞が血管やリンパ管の中を流れて，発生局所から離れた臓器や組織に拡がり増殖することである．胸腔や腹腔などの腔にばらまかれて播種性に転移することもある.

1-3　上皮性腫瘍と非上皮性腫瘍【アドバンスト】（詳細は「第 3 章　腫瘍の病理学と病態」を参照）

　到達目標：癌腫と肉腫の違いを説明できる.

　キーワード：上皮性腫瘍，非上皮性腫瘍，癌腫，肉腫

　腫瘍は,その発生母細胞と組織によって**上皮性腫瘍**（epithelial tumors）と**非上皮性腫瘍**（non-epithelial tumors）に分類される.

　上皮性腫瘍は，皮膚，消化管などの腔構造臓器の粘膜，およびそれらの腺に由来する細胞から発生する腫瘍で,良性であれば良性上皮性腫瘍,悪性であれば悪性上皮性腫瘍で**癌腫**（carcinoma）と呼ばれる. 例えば，乳腺組織の腺に発生する良性腫瘍は乳腺腫，悪性腫瘍は乳腺癌と呼ばれる.

　非上皮性腫瘍は，筋，骨，神経，脈管，結合組織，色素組織や血液細胞などの上皮性ではない組織や細胞から発生する腫瘍で，良性であれば良性非上皮性腫瘍，悪性であれば悪性非上皮性腫瘍で**肉腫**（sarcoma）と呼ばれる. 例えば，骨組織の骨芽細胞の良性腫瘍は骨腫，悪性腫瘍は骨肉腫と呼ばれる.

　ただし，一般社会で使われている「がん」は，上皮性悪性腫瘍の癌腫に限らず非上皮性悪性腫瘍の肉腫を含める「悪性腫瘍」として用いられているので，その使用と解釈には注意が必要である.

1-4　悪性腫瘍の発育と進展【アドバンスト】

　到達目標：悪性腫瘍の発育と進展の過程を説明できる.

　キーワード：浸潤，転移，悪液質，臓器の機能不全

　「1-2　良性腫瘍と悪性腫瘍」で述べたように，悪性腫瘍は一般に増殖が速く，周囲正常組織へ**浸潤**し，離れた臓器に**転移**する特徴を有するため，最初に腫瘍が発生した原発組織を破壊するだけではなく，続発的に周囲正常組織や遠隔正常組織を破壊する傾向が強い. 腫瘍絶対量と腫瘍関連生理活性物質の増加に伴う**悪液質**と原発および続発する**臓器の機能不全**に伴って，悪性腫瘍を罹患した動物の生命が脅かされる（詳細は「第 6 章　病期別分類」を参照）.

　悪性腫瘍を排除するために様々な治療が行われるが（詳細は第 7 章〜第 10 章の各種治療法を参照），全身に拡がった悪性腫瘍細胞を完全に制圧することは容易ではない.

演習問題（「正答と解説」は 157 頁）

問 1.　腫瘍の発生に関する記述として正しい組合せはどれか.
　a.　腫瘍は遺伝子の変異によって生じる.
　b.　がん抑制遺伝子の変異によって発生したがん細胞が死ににくくなる.
　c.　腫瘍の自立性増殖は主に周辺細胞の刺激によって引き起こされる.
　d.　腫瘍が発生して大きくなることを肥大という.
　e.　ウイルスが発がんの原因になることはない.
　　① a,b　　② a,e　　③ b,c　　④ c,d　　⑤ d,e
問 2.　腫瘍に関する記述として正しいものはどれか.

a. 上皮性の悪性腫瘍を癌腫，非上皮性の悪性腫瘍を肉腫という．

b. 良性腫瘍は膨張性に増殖する傾向が強く，周囲の正常組織を圧排する．

c. 良性腫瘍であれば，生命に関わる重大な全身障害は生じない．

d. 治療で検出できなくなった腫瘍が同一部位に再増殖することを転移という．

e. ある部位に発生した腫瘍が離れた別の部位で増殖することを再発という．

① a,b　　② a,e　　③ b,c　　④ c,d　　⑤ d,e

第2章　腫瘍の生物学

一般目標：発がんならびに腫瘍細胞増殖の機序と病因について理解するとともに，腫瘍免疫について学習する．

2-1　発がんの原因と機序

到達目標：発がんの原因と機序を説明できる．
キーワード：化学物質，イニシエーション，プロモーション，プログレッション，遺伝子異常の原因，ウイルス，多段階発がん，クローナルエクスパンション説，がん幹細胞

1. 遺伝子の病気としてのがん

がん細胞は第1章に記載されているような持続的かつ制御を欠いた細胞増殖を行う〔本章では特記しない限り，「がん」として癌腫（carcinoma）以外の悪性腫瘍も含めることとする〕．このような性質を有することの主な原因は，DNA → mRNA →蛋白発現によって規定されている遺伝子発現異常であることが明らかとなっている．すなわち，がん細胞が持続的かつ制御を欠いた増殖を繰り返すのは遺伝子の発現異常が原因であり，「がんは遺伝子の病気である」といっても過言ではない．例えばがん細胞は細胞分裂を繰り返すが，これには細胞分裂における細胞周期を無秩序に進行させる遺伝子（発現）異常による蛋白発現異常が関与していると考えられる．

2. 発がんの機序

発がんの機序は多段階であることが古くから知られている．マウスの皮膚に，DNAに結合するような**化学物質**（DNA損傷性発がん物質）を繰り返し塗布すると皮膚癌が誘発される（図2-1）．このような物質は通常，一度だけ塗布してもがんを生じさせないが，DNA（遺伝子）は損傷しており，DNA修復時の修復エラーの結果として遺伝子変異を生じさせる可能性を高くすることから変異原性物質とも呼ばれる．このような変異原性物質は発がんイニシエーターと呼ばれ，その過程は**イニシエーション**と呼ばれる．イニシエーターの複数回塗布のみでもがんが発生するが，イニシエーターの単回塗布後にDNA損傷を引き起こさない（変異原性を有さない）化学物質を塗布するとがんが発生することがある．このような物質は発がんプロモーターといわれ，この過程は**プロモーション**と呼ばれる．プロモーションの分子メカニズムは複雑かつ多様であると考えられている．これらの結果，がんが発生する過程は**プログレッション**と呼ばれる．興味深いことにプロモーターのみをいくら繰り返し塗布しても通常，がんは発生しない．これらの実験から，発がんにはDNA損傷（おそらくその修復時の遺伝子変異）が必須であり，また，DNA損傷後には遺伝子変異を必須としないような変化が発がんに関

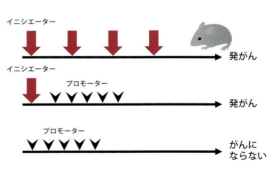

図2-1 発がんのイニシエーターとプロモーター
マウスの皮膚に変異原性物質（イニシエーター）を塗布してから変異原性を有さない物質（プロモーター）を繰り返し塗布すると皮膚癌が発生することがある．

連していること，また，発がんは単一の遺伝子異常というよりはむしろ，非常に複雑な異常の積み重ねであることが示唆される．

3. 遺伝子異常の原因

このような発がん物質への暴露のみならず，外因的な要因や内因的要因でも遺伝子異常が生じる．紫外線やX線などの外因性物理的変異原や，体内で発生した代謝産物，ミトコンドリアから漏出した活性酸素種などの内因性変異原によって，DNAや複製時に基質となるヌクレオチドに物理的または化学的な変化が生じている場合には，複製時に誤りが引き起こされる確率が非常に高くなる．さらに，DNA合成酵素であるDNAポリメラーゼはDNAの複製時に複製の誤りを起こすことがある．このように，細胞のDNAはその複製時に常に変異の危険性にさらされているが，細胞は様々なDNA修復系を有しており，DNA複製時の誤りの発生を防いでいる．DNAポリメラーゼはDNA伸長反応の直後に自身でDNA配列の校正を行う．また，ミスマッチ修復酵素系と呼ばれる一連の酵素群もまた複製後のDNAの校正機構を有している．興味深いことにヒトの遺伝性非ポリポーシス大腸癌（HNPCC）の大部分の症例で*MSH2*と*MLH1*という2つの重要なミスマッチ修復系酵素の遺伝子異常が認められており，DNAの複製異常と，結果として生じる遺伝子異常ががんの発生に重要であることが分かる．また，猫白血病ウイルス（feline leukemia virus：FeLV）による発がんでは**ウイルス**ががん遺伝子を保持している場合や，細胞のゲノムDNAにウイルス遺伝子が組み込まれることによって近傍の宿主がん遺伝子が活性化されるという機構がある．このように遺伝子発現異常といっても様々な分子機構が存在する（表2-1）．

表2-1 がん細胞における遺伝子（発現）異常

遺伝子レベルの異常	点突然変異，欠失，挿入変異，増幅など
染色体レベルの異常	転座，欠失，増幅，逆位など
エピジェネティクな制御	転写調節領域のメチル化，ヒストンの脱アセチル化など
miRNAによる制御	miRNAによるmRNAの分解または産生抑制
レトロウイルス	挿入組み込み変異

4. 多段階発がん

1989年米国のジョンス・ホプキンス大学のVogelsteinらは，ヒトの大腸癌の発生に複数の遺伝子異常が腫瘍の進展過程で起こっていることを示した（図2-2）．すなわち，がん細胞は正常細胞から発生し，いくつもの遺伝子の異常が蓄積している可能性が明らかとなった．その後の研究で，これらの変化は必ずしも順番に起こっているわけではないことが示されているが，がんは多段階で生じることを明らかにしているという意味で，がん研究における大きなブレークスルーとなった（**多段階発がん**）．このような遺伝子異常の蓄積ががん細胞に生じる理由としては，**クローナルエクスパンション説**があげられている（図2-3）．ある細胞集団の中で1個の細胞のDNAに異常が生じ，それが他の細胞よりも細胞増殖が早い表現型を有していた場合，その細胞集団ではその表現型を有している細胞の割合が増えると予想される．クローナルエクスパンション説

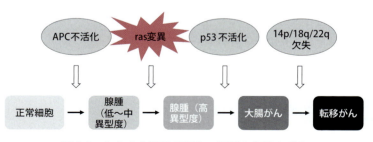

図2-2 ヒトの大腸癌の発生，進展の分子モデル

ヒトの大腸組織の解析から大腸癌の発生，進展には複数のがん抑制遺伝子とがん遺伝子の異常が段階的に生じていることが報告されている．ただし，その後の研究で必ずしもこれらの変化が順序に生じているわけではないことが明らかになっている．

では，増殖に有利な変異が連続的に生じ，細胞集団の変化が生じ，最終的にはがんが形成されるとされる．

5. がん幹細胞

がん幹細胞は，ヒトの急性骨髄性白血病や乳癌の研究から明らかになったもので，ある患者に発生した同一の腫瘍細胞集団の中にも腫瘍形成能を有する少数の集団と腫瘍形成能を有さない多数の集団が混在するという現象からその存在が示唆されている．それ以降，様々な腫瘍でこのような現象が確認され，**がん幹細胞**という概念が確立した．がん幹細胞は造血幹細胞のように細胞複製時に幹細胞性を維持したまま自己複製する細胞と，分化を運命づけられた細胞とに非対称性分裂を行うと考えられている（図 2-4A）．がんでは細胞複製時にがん幹細胞が維持されるとともに，一時的増幅細胞と呼ばれる細胞集団が生じて細胞数が増加しているというモデルが考えられている（図 2-4B）．クローナルエクスパンション説とがん幹細胞説の融合として，このがん幹細胞にがん遺伝子，がん抑制遺伝子の異常が生じていると予想されている（図 2-5）．この説が正しいか，また全てのがんに適応できるかは明らかではないが，がんは遺伝子の異常が原因であることは間違いないように思われる．

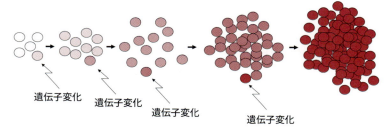

図 2-3 クローナルエクスパンション説による多段階発がん
ある細胞集団の中で 1 個の細胞の DNA に異常が生じ，それがたまたま他の細胞よりも細胞増殖が早い表現型を有していた場合，その細胞集団ではその表現型を有している細胞の割合が増える．さらに増殖に有利な変異が生じると細胞集団の変化が生じ，最終的には増殖速度の速いがんが形成されるとする説がクローナルエクスパンション説である．

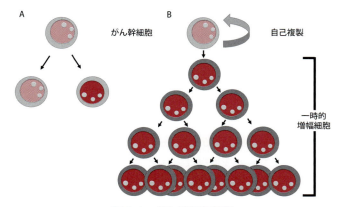

図 2-4 がん幹細胞仮説
がん幹細胞は非対称性分裂をする（A）ことで，自己複製を行うとともに，がん組織を形成する一時的増幅細胞を生み出す可能性が考えられている（B）．

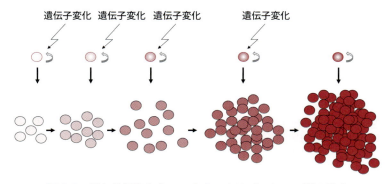

図 2-5 がん幹細胞とクローナルエクスパンション説の融合
がん幹細胞（上段）に生じた変異が，増殖の速い一時的増幅細胞のクローン性増殖に寄与しているのかもしれない（下段）．幹細胞は一時的増幅細胞に比べると分裂回数が少ないため，抗がん剤などの治療から守られている可能性がある．

2-2 がん遺伝子とがん抑制遺伝子【アドバンスト】

到達目標：がん遺伝子とがん抑制遺伝子の定義を述べ，それぞれの代表遺伝子を説明できる．
キーワード：がん遺伝子，*c-KIT*遺伝子，がん抑制遺伝子，p53蛋白

1. がん遺伝子

　がんを進行させるような蛋白をコードする遺伝子を**がん遺伝子**（oncogene）と呼ぶ．多くの場合，正常な遺伝子が変異などの修飾を受けてその発現や構造，機能に異常をきたし，細胞の異常増殖に寄与する．また，その修飾を受ける前の正常遺伝子はがん原遺伝子（proto-oncogene）と呼ばれる．図2-6では，がん遺伝子である*H-ras*遺伝子はヒトの多くのがん細胞で点突然変異〔図では*H-ras*遺伝子の12番目のアミノ酸をコードするG（グアニン）T（チミン）C（シトシン）の真ん中のTがGに変異したため，元来Ras蛋白の12番目のアミノ酸はVal（バリン）であったのがGly（グリシン）に変異〕している．このようなアミノ酸配列の変化はRas蛋白の立体構造の変化に繋がり，結果としてRasの持続的な機能発現を生じることとなる．獣医学領域においては，犬の肥満細胞腫における***c-KIT*遺伝子**の変異が有名である（後述）．

2. がん抑制遺伝子

　がん遺伝子とは反対にがんを抑えるような蛋白をコードする遺伝子を**がん抑制遺伝子**（tumor suppressor gene）と呼ぶ．真核生物の体細胞には父方由来と母方由来の1対の遺伝子が存在するため，がん抑制遺伝子の異常は通常，両方の遺伝子異常が生じることで蛋白の機能が失われ，発がんにつながる（2ヒット理論）．*p53*遺伝子はヒトの様々な腫瘍で異常が認められるがん抑制遺伝子であるが，正常な（野生型）**p53蛋白**は転写因子として機能し，細胞内に発生した様々な異常に関連して細胞周期の停止やアポトーシスを誘導することが知られる（図2-7）．例えば，X線や紫外線によってDNAが損傷を受けた場合，p53蛋白が誘導され，転写因子として*p21^{Cip1}*などを誘導することで細胞周期のG$_1$停止を引き起こし，DNA修復の時間を確保する．DNAが修復された場合には，p53蛋白はMdm2蛋白によって分解へと導かれ，細胞周期はS期へと進行する．一方，損傷が激しくDNA修復が困難な場合に

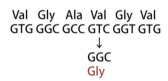

図2-6 がん遺伝子*ras*の点突然変異によるRas蛋白アミノ酸変異
*ras*遺伝子DNAのチミン（T）がグアニン（G）に点突然変異することにより，Ras蛋白12番目のバリンがグリシンに変異する．このアミノ酸変異はRas蛋白の恒常的な活性化の原因となる．

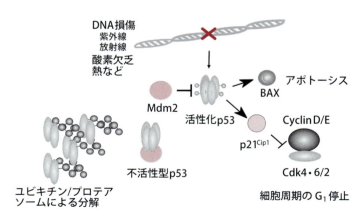

図2-7 p53蛋白の主な機能
p53はDNAの損傷時や低酸素など細胞にストレスが発生した時に誘導され，転写因子として様々な遺伝子を発現させることで，細胞周期のG$_1$停止，アポトーシスの誘導などを行っており，異常細胞の発生を防いでいる．

はBAXと名付けられたアポトーシス促進性の蛋白をコードする遺伝子などをp53蛋白が誘導し，細胞をアポトーシスへと導く（後述）．このようにp53蛋白は，DNA複製異常の発生を未然に防いでいる．がん細胞における*p53*遺伝子の不活化は細胞周期の停止ができなくなり，アポトーシス抵抗性を呈するようになることから異常遺伝子の蓄積に繋がり，がんの発生に大きく関与していると考えられる．また，p53蛋白の分解に関与するMdm2の過剰発現やMdm2と拮抗するp14^{ARF}の不活化もまたがん細胞で多く認められる異常であり，がん発生におけるp53蛋白とその経路の重要性を示している．*p53*遺伝子異常はヒトの様々な腫瘍の約半数で遺伝子異常が認められており，犬の腫瘍でも骨肉腫や乳腺腫瘍などで変異が確認されている．

以上のようにがん細胞ではがん遺伝子とがん抑制遺伝子の異常が生じているが，後述するようにがん細胞は遺伝子不安定性を有しており，がんの発生には無関係な遺伝子にもランダムに変異が生じていることが知られている．がん遺伝子やがん抑制遺伝子といったがんの発生や進展に重要な役割を果たす遺伝子はドライバー遺伝子，がんの発生には無関係な遺伝子はパッセンジャー遺伝子と呼ばれる．

2-3　染色体異常【アドバンスト】

到達目標：染色体異常の生物学的意義を説明できる．
キーワード：染色体異常，転座，欠失，染色体数，テロメア

1. 染色体異常

がん細胞では**染色体異常**が認められることが多いが，例えば染色体の**転座**はがん遺伝子の活性化に関与している．図2-8はヒトの高悪性度B細胞性リンパ腫であるバーキットリンパ腫に認められる染色体転座で，がん遺伝子である*myc*遺伝子を含むヒト第8番染色体の一部がヒト14番染色体免疫グロブリンH鎖（*IgH*）遺伝子付近に転座（8；14）を起こしている．この結果，Bリンパ球で転写が盛んな*IgH*遺伝子の発現機構を利用してがん遺伝子*myc*の異常発現が生じることで，B細胞性リンパ腫発生に寄与している．その他，染色体レベルの異常では，染色体転座によって新規の融合遺伝子が形成され，それががん遺伝子として機能する場合や染色体の**欠失**によってがん抑制遺伝子が消失する場合，特定の染色体領域が重複することでがん遺伝子が活性化する場合もある．染色体解析はヒトの白血病細胞などの解析に古くから用いられ，多くのがん関連遺伝子を明らかにしてきたが，染色体異常の解析はマクロな解析であり，ヒト慢性骨髄性白血病におけるフィラデルフィア染色体（22番染色体と9番染色体間の転座によって，BCR/ABLという異常融合蛋白が生じる）などヒト白血病の一部を除き，より詳細な解析が可能な次世代シークエンサーを用いた解析などにシフトしている．また，犬の**染色体数**は78本と多く，それぞれの染色体の大きさもあまり変わらないことからその判別は難しく，犬の腫瘍細胞を用いた染色体解析を困難にしている．

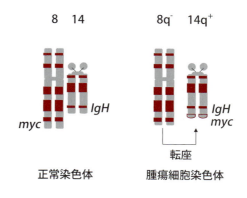

図2-8　ヒトのバーキットリンパ腫で認められる染色体転座
左が正常なヒト8番と14番染色体であり，右の腫瘍細胞では8番染色体末端部のがん遺伝子*myc*が14番染色体の末端に移動し，B細胞で転写が盛んである免疫グロブリンH鎖（*IgH*）遺伝子の転写活性により，*myc*遺伝子が過剰に発現する．

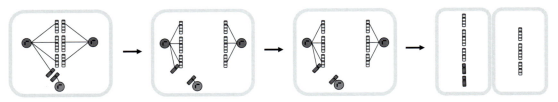

図 2-9 中心体過剰複製による染色体分配の異常

例えば p53 の不活化などが原因で，有糸分裂期までに 3 つ以上の中心体が形成される（中心体過剰複製）と，中心体は紡錘体極となるため染色体分配の不均衡が起こる．この結果，がん遺伝子およびがん抑制遺伝子の異常が起こりやすくなる．

2. 染色体不安定性

多段階発がんの項に記載したようにがんの発生には複数の遺伝子の異常が必要である．また，遺伝子に次から次へと変化が起こるような形質の獲得，すなわち遺伝子不安定性（genomic instability）の獲得はがん化にとって非常に重要なステップであると考えられる．前出の p53 遺伝子の不活化は遺伝子不安定性の獲得に重要な役割を果たしているといえる．DNA 損傷時の細胞周期の停止，アポトーシスの誘導を行うことのみならず，p53 遺伝子は有糸分裂の際に均等な染色体分配に必要不可欠な中心体の複製を制御しており，p53 遺伝子の不活化は染色体の不均等な分配につながる（図 2-9）．

さらに真核生物の染色体末端にはテロメアと呼ばれる構造が存在する．テロメアはテロメア DNA と呼ばれる 1,000 個を超える 5'-TTAGGG-3' の繰り返し配列とこれに結合する蛋白群とから構成される．細胞分裂時に DNA は複製されるが，末端の DNA は完全には複製することができないため，細胞分裂のたびに染色体末端の DNA は短くなっていく（図 2-10A）．テロメア DNA は染色体上にある（テロメア領域以外の）重要な遺伝子が障害されないようにするバッファー領域と考えられ，またテロメアという構造は染色体末端同士が結合しないように保護する役割も果たしている（図 2-10B）．ヒトの細胞では通常 5〜10 キロベースのテロメア DNA をもち，細胞世代あたり 50〜100 ベース短くなることが想定されていることから，数十回の細胞分裂によって細胞はテロメア領域の短小化が起こり，限界に達した細胞は細胞死へと導かれると予想される．この細胞分裂回数の限界は細胞にがん遺伝子，がん抑制遺伝子の異常

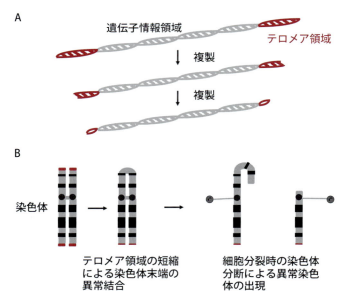

図 2-10 テロメアによるゲノム情報の保護

A：DNA の複製時に染色体末端部は短くなっていくため，細胞分裂の回数は無限ではない．がん細胞や一部の正常細胞ではテロメラーゼによって，テロメア領域を維持している．

B：テロメア構造の消失は細胞の重要な遺伝子の欠失につながるばかりではなく，染色体の異常分配にも寄与する．このような染色体の異常分配が生じた細胞の大部分は細胞死するが，アポトーシス耐性能を獲得したような細胞では重篤なゲノムの不安定性を呈する細胞が生じてしまう．

が生じた場合でも複製回数を制限することで，がんの発生を防ぐ予防機構の 1 つとも考えられる．しかしながら，がん細胞ではテロメラーゼと呼ばれるテロメア DNA を延長する酵素が発現していることが多く，テロメア DNA の短縮化を防いでいる．テロメラーゼは TERT という蛋白と RNA サブユニットから構成され，*TERT* 遺伝子の発現がテロメラーゼの活性を決定している．ヒトの *TERT*（*hTERT*）遺伝子はがん遺伝子 *myc* や *ras* によって活性化される場合や *hTERT* 遺伝子のプロモーター領域の変異によって活性化される場合がある．また，一部のがんではテロメラーゼ非依存性のテロメア伸長（alternative lengthening telomere：ALT）という機構も存在することが報告されている．興味深いことにヒトとマウスではテロメア DNA の長さが大きく異なっており，マウスでは 30 キロベース以上のテロメア DNA が存在する．マウスの寿命はヒトと比べると非常に短いため，マウスではテロメラーゼによる発がんへの影響は少ないのかもしれない．一方，犬のテロメア領域は 15 〜 20 キロベースであり，乳腺腫瘍でテロメラーゼの活性上昇も認められていることから，ヒトと同様，犬ではテロメラーゼとがんとの関連性が予想される．また，前述の DNA 修復蛋白遺伝子の異常やテロメア構造の欠落による染色体末端の融合（図 2-10B）もまた遺伝子不安定性に寄与し，がん化を大きく推し進めると考えられる．

2-4　ネクローシスとアポトーシス【アドバンスト】

到達目標：ネクローシスとアポトーシスの違いを説明できる．

キーワード：ネクローシス，炎症反応，アポトーシス，断片化，DNA ラダー，オートファジー

ネクローシスは虚血や細胞に対する物理的傷害，補体による細胞破壊などの病理的要因による受動的な細胞死である．結果として膨張し破裂した死細胞から細胞内容物が放出され，周辺組織に**炎症反応**が引き起こされる．一方，**アポトーシス**は，プログラムされた細胞死とも呼ばれ，細胞内に生じた何らかの異常を自分自身で感知することによる積極的・能動的な細胞死である（表 2-2）．アポトーシスでは核はクロマチン構造がなくなり凝縮，**断片化**し，細胞内容物は膜につつまれた小胞（アポトーシス小体）となる．細胞はアポトーシス小体に急速に断片化され，直ちに近くの貪食細胞に処理されるため，炎症反応は起こさないのが大きな特徴である．アポトーシスした細胞の DNA は約 180bp のヌクレオソーム単位で切断されるため，その DNA を電気泳動すると 180bp の倍数の長さの DNA（**DNA ラダー**）として確認できる．

細胞は巧妙に設計された増殖制御システムを有する．細胞増殖の正の制御機構と負の制御機構はバランスを取る必要があり，後者は増殖を抑制するか，細胞の自殺プログラムであるアポトーシスを引き起こすかで細胞数をコントロールしている．それらが破綻すると，細胞は本来増殖すべきでない時と場所で生き延び，増殖してしまうこととなる．前述のように正常な（野生型）p53 蛋白は転写因子として機能し，細胞内に発生した様々な異常に関連して細胞周期の停止やアポトーシスを誘導する．

アポトーシスは p53 蛋白が誘導する BAX をはじめとする Bcl-2 関連蛋白と呼ばれる分子で制御を受けている．これらの分子がミトコンドリアの外膜と内膜の間にあるチトクローム *c* のミトコンドリアから細胞質への放出を制御している．例えば BAX はミトコンドリアのチャネル（小孔）を開放する（図 2-11）．細胞質に放出されたチトクローム *c* は Apaf-1 という蛋白と結合

表 2-2　アポトーシスとネクローシスの違い

	アポトーシス	ネクローシス
要因	生理的細胞死 （プログラムされた死）	病理的細胞死
形態	核の凝縮と断片化 アポトーシス小体 細胞の凝縮	細胞内小器官の膨潤 細胞の膨潤と破裂
炎症	伴わない	周囲組織の炎症

し，プロカスパーゼ9と呼ばれる細胞質の蛋白を分解することで，活性型カスパーゼ9に転換させる．システイン・アスパラギン酸特異的蛋白分解酵素であるカスパーゼは異なる遺伝子にコードされる複数の蛋白ファミリーを形成しており，活性型カスパーゼ9は続いてプロカスパーゼ3を切断し，活性型のカスパーゼ3を生じさせる（図2-11）．カスパーゼ3，6，7は細胞の重要な構成要素を分解し，アポトーシス実行に直接的役割を果たすことからエフェクターカスパーゼと呼ばれ，細胞の死刑執行人（executioner）とも称される．がん遺伝子がコードするBcl-2やBcl-XLなどの蛋白はミトコンドリアのチャネルを閉じた状態に保つことでアポトーシスを抑制する．

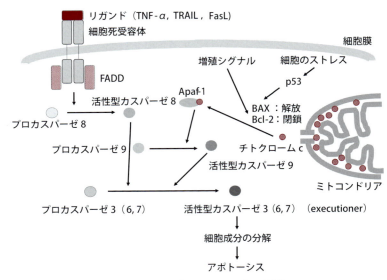

図2-11 アポトーシスの分子機構
例えば，p53蛋白に誘導されたBAXはミトコンドリアのチャネルを開放し，チトクロームcを細胞質に放出させる．これがきっかけとなってカスパーゼ9が活性化され，細胞成分の分解を行うカスパーゼ3，6，7を活性化することでアポトーシスが起こる．またこれらのカスパーゼは細胞死受容体からのシグナルによるカスパーゼ8の活性化によっても活性化される．

　アポトーシスはがんの発生を防ぐばかりでなく，正常組織の維持にも重要である．例えば小腸上皮細胞が絨毛の先端で除去される場合や骨髄における過剰な赤芽球を排除する場合にも生じており，これらは必ずしもp53蛋白を介するとは限らない．その例として，細胞膜に発現した細胞死受容体（death receptors）は，そのリガンド（TNF-α，TRAIL，FasLなどの腫瘍壊死因子，tumor necrosis factorファミリーに属する蛋白）が結合すると細胞質中のFas結合細胞死ドメイン蛋白（Fas-associated death domain protein：FADD）と結合してFADDを活性化させ，カスパーゼ8（10）の活性化を誘導する（図2-11）．活性化されたカスパーゼ8はカスパーゼ3などのエフェクターカスパーゼを活性化し，細胞をアポトーシスへと導く．さらに細胞傷害性T細胞（cytotoxic T lymphocyte：CTL）やナチュラルキラー（natural killer：NK）細胞は細胞死受容体であるFasを介したアポトーシスを誘導するとともに，標的細胞へグランザイムB分子を導入し，それがカスパーゼ3とカスパーゼ8を活性化することでアポトーシスを誘導する．以上のようにアポトーシスは内因性と外因性の複数の経路を介して誘導される．がん細胞ではこれらアポトーシスの誘導に必要な様々な分子の不活化やアポトーシス阻害因子の活性化が認められており，それらがアポトーシスに対する抵抗性というがんの特徴を示す原因であると考えられる．

　オートファジー（autophagy）と呼ばれるアポトーシスに次ぐ第2のプログラム死が近年，着目されている．オートファジーは主に栄養欠乏などの細胞ストレスで誘導され，細胞内小器官のリソソームにおける消化が起こり，その産物が新たな生合成とエネルギー源として細胞に再利用される．Beclin-1などのオートファジーに重要な分子の不活化により，腫瘍の発生頻度が上昇することがノックアウトマウスを用いた研究から明らかとなっており，オートファジーはアポトーシスと同様，がんの発生を防いで

第 2 章　腫瘍の生物学　13

いる可能性が考えられる．一方，がん細胞において栄養不足，放射線照射，細胞障害性薬剤によってオートファジーが引き起こされ，これが周囲の細胞の生存に寄与することでがん細胞の生存に関連している可能性も考えられている．この一見，相反するがんとオートファジーの関連については今後の研究が必要である．

2-5　転　移

　　到達目標：悪性腫瘍の転移の機序を説明できる．

　　キーワード：上皮間葉移行，接着因子，血管新生

1.　転移の分子機構（第 3 章「3-1-6.-2）非連続的成長」も参照）

　ヒトでは原発病巣よりも転移病巣ががんによる死亡の原因である場合がほとんどとされている．がんの転移の分子機構はとても複雑である．なぜなら，転移には以下のような形質が必要であると考えられるからである．すなわち，①浸潤能の獲得，②脈管内侵入，③管外遊出，④転移巣における増殖などの過程が少なくとも必要である．上皮細胞は基底膜によって隔てられているため，浸潤性の獲得には基底膜の突破が必要となる．この際，**上皮間葉移行**（epithelial-mesenchymal transition：EMT）という機構が重要であると考えられている．EMT が起こると上皮細胞は，E カドヘリン，サイトケラチンといった上皮系細胞に発現している細胞間接着に関連しているような蛋白（**接着因子**）が消失し，通常，間葉系の細胞が発現している N カドヘリン，ビメンチンといった蛋白を発現するようになる．EMT はがん細胞のみならず，初期胚の発生や創傷治癒でも認められる現象である．上皮細胞は隣り合う上皮細胞間で E カドヘリンによって連結しており，E カドヘリンは細胞内で α カテニンや β カテニンを介してアクチンなどと結合し，上皮細胞の形態を維持している．EMT における E カドヘリンの消失と N カドヘリンの発現は上皮間の結合の解離と運動性の獲得，線維芽細胞や血管内皮細胞をはじめとする間質細胞への接着に重要であり，浸潤性に寄与していると考えられる．また，E カドヘリンを失うことで遊離した β カテニンは核へ移行し，転写因子として作用することで EMT を進行させると考えられている．E カドヘリンをコードする CDH1 遺伝子は，ヒトの多くのがんでプロモーター領域のメチル化や翻訳領域の変異によって不活化されていることが明らかとなっている．

　がん細胞における EMT の誘導には，トランスフォーミング増殖因子（transforming growth factor：TGF)-β，腫瘍壊死因子（tumor necrosis factor：TNF)-α，上皮増殖因子（epidermal growth factor：EGF），肝細胞増殖因子（hepatocyte growth factor：HGF），インスリン様増殖因子（inslin-like growth factor：IGF)-1 など様々な因子が関与している．例えば，Ras 蛋白の活性化した細胞に TGF-β を作用させると EMT が生じ，さらにその細胞が TGF-β を発現するようになることで EMT が維持されたという報告がある．実際のがん組織においても間質細胞によって TGF-β が産生され，がん細胞の EMT を引き起こしている可能性が考えられている．また，がん細胞が EGF で刺激を受けるとマクロファージ・コロニー刺激因子（macrophage-colony-stimulating factor：M-CSF）を分泌し，腫瘍随伴マクロファージ（tumor-associating macrophages：TAMs）を引き寄せることとなる．TAMs は EGF を産生し，さらにがん細胞を刺激するとともに EMT を引き起こすこととなる．このように EMT の進展には間質細胞とのかかわり合いが重要となる．また，これら間質細胞はマトリックス・メタロプロテアーゼ（matrix metaroprotease：MMPs）を産生し，がん細胞を取り囲んでいる細胞外基質（extra cellular matrix：ECM）を分解することで，がん細胞が広がることを補助する．また，ECM には不活性型で繋ぎとめられている増殖因子が潜在しており，MMPs による ECM の分解によりこれらの因子が活性化することとも

14   第2章　腫瘍の生物学

がんの浸潤に寄与していると考えられる．がん細胞自体が MMP-2 や MMP-9 を分泌している場合も認められるが，TAMs，好中球，線維芽細胞による MMP-9 の産生が転移能と正の相関を示していることから間質細胞による MMP-9 の産生が転移に重要であると考えられている．また，運動性の獲得については EMT と Ras の類似蛋白である Rho ファミリー蛋白群によって制御されていると考えられており，ここでも間質細胞によって産生された増殖因子によるチロシンキナーゼ受容体（receptor tyrosine kinases：RTKs）の活性化が Rho 蛋白を活性化し，アクチン細胞骨格を変化させ，細胞の運動に寄与していると考えられている．このようにがん細胞は間質細胞と協同して EMT を引き起こし，基底膜を破り，間質や血管内に侵入していると考えられる．

　血管内に侵入したがん細胞は微小血栓を形成して多様な臓器の血管内に物理的に引っ掛かる．その管外への遊出機序は明らかではないが，侵入時と同様の機構かもしれないし，生理的な血栓修復機序によっているのかもしれない．転移の標的となる臓器は解剖学的な理由から最初の血管網である肺（消化管のがんのように門脈経由の場合には肝臓）であることも多い．この考え方は，転移臓器は血流とリンパ流の方向や流用に規定されることから anatomical-mechanical 説と呼ばれる．一方，がん腫によっては原発病巣によって特定の傾向が認められることが臨床上多く経験される．この分子機構は明らかではないが，原発病巣で得ていたのと類似した間質細胞からのサポートが得られるような環境をもつ限られた組織に転移が生じやすいのかもしれない．この考え方は，転移臓器はがん細胞の増殖に適した環境に規定されるとされることから seed and soil 説と呼ばれる．

2．血管新生

　正常細胞のみならずがん細胞でも血管から 0.2 mm 以上離れると酸素と栄養の供給が断たれ，また自身の代謝老廃物と二酸化炭素を排除できなくなり，結果として細胞はアポトーシスまたは壊死する．そのため，腫瘍細胞は血管新生（angiogenesis）によって血管系を確保している．例えば，細胞は低酸素に反応して低酸素誘導因子（hypoxia-inducible factor-1：HIF-1）を細胞内に蓄積し，転写因子である HIF-1 は血管内皮増殖因子（vascular endothelial growth factor：VEGF），血小板由来増殖因子（platelet-derived growth factor：PDGF）などの血管新生を促進する因子を産生する．細胞から分泌された VEGF は新しい血管を構築するための内皮細胞を誘引し，その増殖を刺激する．PDGF は内皮細胞と周皮細胞，線維芽細胞などの間葉系細胞を刺激し，血管形成が促進される．また，腫瘍の組織を観察すると腫瘍細胞に加えて，線維芽細胞，筋線維芽細胞，内皮細胞，マクロファージ，リンパ球，肥満細胞など様々な間質細胞が認められる．この中で，腫瘍に随伴した筋線維芽細胞とマクロファージもまた，VEGF を産生し，血管新生に寄与している．がん細胞の中には単球走化性蛋白 1（monocyte chemotactic protein-1：MCP-1）を分泌してマクロファージを引き寄せているものもある．また，がん細胞の中には M-CSF を産生し，単球からマクロファージへの分化を進めている場合もある．このような腫瘍随伴マクロファージ（TAMs）は VEGF のみならず，インターロイキン 8（interleukin-8：IL-8）も分泌して血管新生を誘導する．このように腫瘍細胞自身または TAMs をはじめとする間質細胞が産生する血管新生誘導因子が腫瘍における血管新生を引き起こしていると考えられる．

　一方，生体には過剰な血管新生を抑制するような因子が数多くあることが知られている．前出の HIF-1 は酸素が供給されると速やかに分解され，血管新生を誘導する因子の産生を停止する．ある種のがん細胞ではこの HIF-1 の分解に必要な von Hippel-Lindau 蛋白（pVHL）をコードする *VHL* 遺伝子の異常が認められており，HIF-1 による血管新生誘導が持続することが，がんの発生に関与している可能性を示している．また，トロンボスポンジン 1（thrombospondin-1：Tsp-1）は細胞外基質の 1 つであり，

Tsp-1 は内皮細胞の CD36 と結合することで内皮細胞の増殖を抑制する．さらに Tsp-1 は内皮細胞の細胞死受容体である Fas と結合し，その細胞死を誘導する（興味深いことに内皮細胞における Fas の発現は新しく血管を形成した内皮細胞や増殖の盛んな内皮細胞にのみ認められる）．がん細胞においてプロモーター領域のメチル化により Tsp-1 の不活化が認められることが報告されており，そのような腫瘍では血管新生の抑制能が低くなっていると考えられる．

血管新生阻害剤はがんに対する治療薬として検討されている．アンギオスタチンはプラスミノーゲンの分解産物，エンドスタチンは血管基底膜を構成するXⅧ型コラーゲンの分解産物であり，血管内皮細胞の増殖や遊走を抑制する活性を有する生理的血管新生阻害因子である．がんモデルマウスを用いた初期の研究ではこれら血管新生阻害因子の抗がん作用が報告された．しかしながら，これら因子は分子量の大きな蛋白質であるため，活性を保持したまま大量に精製するのが困難であり，組換え体の品質が安定せずに効果が一定しないことなどから，製剤として期待されたほどの成果は得られていない．現在では VEGF やその受容体を標的とした抗体薬がヒトのがんで承認され，臨床応用されている．血管新生阻害剤による治療では，必ずしも腫瘍を死滅させるわけではなく，腫瘍の増殖を防ぐことが主な目的であると考えられる．

2-6　シグナル伝達系【アドバンスト】

到達目標：腫瘍細胞に特徴的なシグナル伝達系を例示できる．

キーワード：発がん，細胞内シグナル伝達系，ホルモン

1．チロシンキナーゼ受容体とシグナル伝達系

正常細胞が構成する臓器や組織は過不足なく構成される必要があり，例えば，その一部が失われた場合には細胞分裂をして適切に補われる必要がある．このような場合には，増殖因子（growth factors：GFs）が周囲の細胞から分泌され，細胞膜に発現する受容体を介して「細胞が増殖するべき」ということが細胞質，核へと伝達される．中でもチロシンキナーゼ受容体（receptor tyrosine kinases：RTKs）はがんと強い関連性が認められている．前述のように RTKs の 1 つである KIT をコードする *c-KIT* 遺伝子変異は犬の肥満細胞腫で多く認められる．正常細胞では KIT のリガンドである stem cell factor（SCF）が KIT に結合すると二量体を形成することで立体構造が変化し，リン酸化能を獲得する．リン酸化能を獲得した KIT は，自身や細胞内の他の蛋白をリン酸化することで増殖シグナルを核に伝達する（図2-12）．一方，変異を有する KIT は，SCF が結合していなくても，リン酸化能を発現し，常時増殖シグナルを核に伝達すると考えられる．その他，RTKs の遺伝子変異，過剰発現，染色体転座による新規融合蛋白の形成により，GFs の非存在下で細胞増殖シグナルが活性化されてしまうことがヒトの様々な腫瘍で認められている．その他のがんに関連する RTKs としては，Met，EGFR（epidermal growth factor receptor），VEGFR（vascular endothelial factor receptor），PDGFR（platelet-derived growth factor receptor），FGFR（fibroblast growth factor receptor）などがあり，EGFR，VEGFR，PDGFR，FGFR などは血管新生にも重要であると考えられている．特筆すべきことに，RTKs の ATP 結合部位に競合的に結合することでリン酸化を抑制するような分子標的薬が近年，数多く開発されており，その有効性が明らかとなっている．実際，犬の肥満細胞腫で *c-KIT* 遺伝子に変異を有する場合には，分子標的薬メシル酸イマチニブやリン酸トセラニブが有効であることが明らかとなっている．

また，前出のがん遺伝子 *ras* がコードする Ras 蛋白は細胞膜付近に位置し，RTKs からのシグナルを下流に伝える役割を果たしている（図 2-12）．Ras 蛋白は不活性型の時にはグアノシンニリン酸（GDP）

と結合しているが，RTKs が活性化するとグアニン・ヌクレオチド交換因子（guanine nucleotide exchange factor：GEF）が活性化され，Ras 蛋白は GDP の代わりにグアニン三リン酸（GTP）と結合することで活性化し，下流に様々なシグナルを伝達する．GFs がなくなると，RTKs のリン酸化がなくなり，Ras 蛋白と結合した GTP は Ras 自身がもつ GTP 分解酵素活性によって速やかに分解され，Ras 蛋白は GDP と結合することでシグナルを伝達しない不活性型となる．ヒトの様々な腫瘍で認められる変異型 Ras は，GTP 分解酵素活性を失っており，RTKs の活性

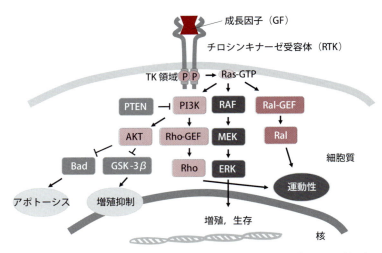

図 2-12 チロシンキナーゼ受容体（RTKs）と Ras 蛋白シグナリング経路
RTKs にそのリガンド（成長因子，GFs）が結合すると Ras 蛋白の活性化をはじめとするシグナルが細胞質，核へと伝わり，細胞は増殖・生存を運命づけられる．がん細胞では RTKs の遺伝子変異によるリガンド非依存性のシグナル継続や，*ras* 遺伝子の変異によるシグナル継続が認められる．図は重要な因子のみを記した簡略版であり，実際には図示した以外のシグナル伝達経路も多く存在する．

化がなくとも核へのシグナルを伝え続けてしまうことで発がんに関わっている．以上のような RTKs や Ras 蛋白の持続的な活性化やその他の受容体，ならびに細胞内シグナル伝達系の持続的な活性化は，増殖刺激因子がなくとも細胞を増殖させることとなり，増殖刺激因子に対する依存性の低下というがん細胞の特徴を示す要因と考えられる．

2．ホルモンとシグナル伝達系

核内ホルモン受容体のリガンドとなるステロイド，レチノインや甲状腺ホルモンは細胞質内や核内で受容体と結合し，主に転写因子として遺伝子発現調節を行う．ヒトの乳癌ではエストロジェン受容体陽性の場合，エストロジェン受容体の阻害薬が有効であり，前立腺癌ではアンドロジェン受容体の阻害薬が適用される．このように性ホルモンを中心としたある種のホルモンは，発がんまたはがん細胞の増殖に重要である．犬では初回発情前の不妊手術で乳腺腫瘍の発生率が著しく低下（生涯で 0.5％）することが明らかとなっている．一方，最初の数回の発情後に不妊手術を実施した犬では数を重ねるごとに乳腺腫瘍の発生頻度が増加し，4 歳以上での不妊手術は乳腺腫瘍の発生予防に関与しないとする報告が多い．また，黄体ホルモン作用を有するプロジェスチンやエストロジェンの投与は，乳腺腫瘍の発生頻度を高めることが知られている．エストロジェンとプロジェステロンは，正常な乳腺組織の発生と成熟に必要であり，乳腺上皮の増殖因子である．そのため，増殖因子とその受容体の結合を介した細胞増殖刺激が発がんと関連している可能性が容易に予想できる．しかしながら，近年の研究から，エストロジェンには受容体結合を介さない遺伝子変異と染色体不安定性の誘発作用があることが明らかとなっている．さらにプロジェステロンは，成長ホルモン（GH）と GH 受容体の発現増強を介して発がんに関連している可能性が明らかとなった．GH は乳腺組織に対し直接的およびインスリン様成長因子 1（IGF-1）を介して作用し，ヒトの乳癌の発生に関与しているとされる．IGF-1 は乳腺上皮細胞の増殖と生存に作用していることが明らかとなっている．

犬の肛門周囲腺腫の発生はほとんどが未去勢雄で認められ，アンドロジェン依存性であると考えられている．一方，肛門周囲腺癌は未去勢・去勢雄，雌にも認められることからホルモン非依存性であると考えられるが，乳腺腫瘍と同様，初期段階におけるホルモン依存性が関連しているか否かは定かではない．

2-7　細胞周期の異常【アドバンスト】

到達目標：細胞周期の異常について説明できる．
キーワード：サイクリン依存性キナーゼ（CDK），CDK阻害蛋白群

　GFsによって開始された細胞分裂は，十分な数の細胞の補完後，終息されなければならない．TGF-βは，がん細胞の浸潤に重要な役割を果たしていることから発見された因子であるが，正常な上皮細胞の増殖を抑制することが知られる．上皮細胞に発現したTGF-β受容体はリガンドであるTGF-βが結合すると$p15^{INK4B}$や$p21^{Cip1}$（$p21^{Waf1}$とも呼ばれる）を発現誘導し，**サイクリン依存性キナーゼ**（cyclin-dependent kinase：**CDK**）複合体を阻害することで細胞周期の進行を停止させる．細胞周期の無秩序な進行はがんの発生に強く関連するため，厳密に制御されている．細胞周期はG_1期，S期（DNA合成期），G_2期，M期（有糸分裂期）から構成され，それぞれの進行にはCDK複合体が中心的役割を果たしている（図2-13A）．特にG_1期からS期への進行はがん発生に重要であり，多くの関連分子が同定されている．G_1期からS期への進行にはサイクリンE/CDK2複合体によるpRbやその近縁蛋白であるp107とp130のリン酸化がキーとなっている．すなわち，pRb（p107，p130）がサイクリンE/CDK2複合体によってリン酸化を受けると転写因子であるE2Fが核内で遊離して，転写因子として作用し，G_1期からS期への進行に必要な遺伝子群を発現させることとなる（図2-13B）．pRbをコードする*Rb*遺伝子は小児に発生する網膜芽腫（retinoblastoma）で発見された最初のがん抑制遺伝子であり，*Rb*遺伝子の不活化が発がんに重要であることが伺える．また，G_1期にCDK複合体やCDKに結合してそのリン

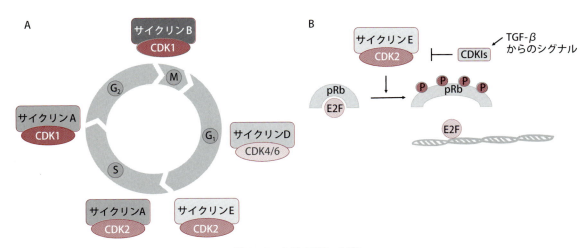

図2-13　細胞周期の制御
細胞周期はG_1期，S期（DNA合成期），G_2期，M期（有糸分裂期）から構成される．それぞれの進行にはCDK複合体が中心的役割を果たしており，各期に特異的なCDK複合体が作用する（A）．G_1期からS期への進行はpRbのサイクリンE/CDK2によるリン酸化が重要であり，これによって転写因子E2FがpRbからかい離してS期に必要な因子を産生する（B）．また，G_1期にCDK複合体やCDKに結合してそのリン酸化能を阻害するCDK阻害蛋白群（CDKIs）である$p16^{INK4A}$，$p15^{INK4B}$や$p21^{Cip1}$，$p27^{Kip1}$もがんに関連することが明らかとなっている．

18 第2章 腫瘍の生物学

酸化能を阻害する **CDK 阻害蛋白群**（cyclin-dependent kinase inhibitors：CDKIs）をコードする遺伝子群 $p16^{INK4A}$，$p15^{INK4B}$ や $p21^{Cip1}$，$p27^{Kip1}$ もまたそれらが不活化することで発がんに関連することが明らかとなっている．特に $p16^{INK4A}$ は犬の T 細胞性リンパ腫における不活化が報告されている．また，最も有名ながん抑制遺伝子である $p53$ がコードする蛋白 p53 は転写因子であり，$p21^{Cip1}$ を発現させ，細胞周期の G_1 停止を起こすことが知られている．以上のように細胞周期の制御に関わるような因子の異常は細胞周期停止を起こすことができなくなる原因となり，結果として TGF-β のような細胞増殖抑制性因子に対する細胞性の反応性の低下というがん細胞の特徴につながると考えられる．

2-8　腫瘍免疫【アドバンスト】

到達目標：腫瘍免疫の機序を概説し，例示できる．

キーワード：腫瘍免疫，サイトカイン，リンパ球

　高等生物における免疫機構は細菌やウイルスをはじめとする感染体や異物を認識し，生体を防御している．マクロファージや樹状細胞といった抗原提示細胞は MHC クラス II 分子を介して抗原を提示し，様々な細胞間相互作用や液性因子である**サイトカイン**によって B 細胞を中心とした液性免疫と T 細胞を中心とした細胞性免疫を誘導し，生体を防御している．

　さらに，体内のほとんどの細胞は細胞内で産生された蛋白の一部（8-11 アミノ酸）を，"外来蛋白に限らず" MHC クラス I 分子を介して恒常的に細胞表面に発現している．MHC クラス I 分子に提示されたペプチドは細胞傷害性 T 細胞（cytotoxic T lymphocyte：CTL, Tc）に提示され，液性免疫と細胞性免疫（獲得免疫）を誘導する．通常，正常細胞に発現する蛋白由来のペプチドを認識するような CTL は制御性 T 細胞（Treg）を介した免疫寛容により生体内から排除，または不活化されており，自己免疫疾患を誘発してしまうような正常組織の破壊は起こらない．Treg（CD4$^+$，CD25$^+$，FOXP3$^+$を特徴とする）は，抗原提示細胞が提示する抗原と結合する T 細胞レセプター（TCR）を有し，リンパ節では樹状細胞によるヘルパー T 細胞（Th）細胞の活性化を抑制し，TGF-β と IL-10 を産生することで Th と Tc を抑制し，獲得免疫の誘導を抑制する．

　また，抗原提示を必要としない自然免疫では，正常細胞には存在しない分子パターンを認識して NK 細胞，マクロファージ，好中球が感染体や異物とそれらの発現細胞を攻撃することで生体を防御している．NK 細胞が分泌する IFN-γ は**リンパ球**を遊走させ，獲得免疫を誘導する．

　このような自然免疫，獲得免疫といった免疫機構は，感染体や異物だけでなく，腫瘍細胞やその前駆細胞の排除に寄与していることが明らかとなっており，これを**腫瘍免疫**と呼ぶ．腫瘍免疫の存在は IFN-γ レセプターノックアウトマウスや，TCR と免疫グロブリン遺伝子再構成に関わる Rag1 と Rag2 のノックアウトマウスにおいてがんの発生率が上昇すること，ヒト臓器移植後の長期免疫抑制剤の投与後や後天性免疫不全症（AIDS）の患者にがんの発生が多いことから明らかとなった．実際，腫瘍組織にはリンパ球浸潤（腫瘍浸潤リンパ球，tumor-infiltrating lymphocytes：TILs）が認められ，ヒトのいくつかの腫瘍で腫瘍組織に TILs が多い方が予後が比較的良いことが示されており，腫瘍細胞が免疫機構の標的となり，生体は腫瘍細胞を除去する機能を有していることが示唆される．さらに，担がん患者の血清には抗腫瘍抗体が存在することも明らかとなっており，以上のことから腫瘍免疫（腫瘍に対する免疫監視機構（immune surveillance）の存在が示唆される．

　にもかかわらず，生体に腫瘍が発生する理由として，いくつかの機構が存在すると考えられる（図 2-14）．第 1 に腫瘍細胞は元来自身の細胞から発生しているため，抗原性が低く，非自己として認識

されにくい可能性が考えられる．また，初期に発生した異常細胞では抗原性が高かったものの，その後，抗原性の低くなった細胞集団が免疫機構から逃れ，腫瘍として検出できるようになる可能性がある（免疫編集機構仮説，immunoediting hypothesis）．また，腫瘍細胞におけるMHCクラスI分子の発現低下もヒトの腫瘍細胞で認められ，免疫監視機構から逃れる機構の1つとして考えられる．

第2の免疫回避機構はTregや骨髄由来免疫抑制細胞（myeloid-derived suppressor cells：MDSCs）などの免疫抑制性細胞による．MDSCsはがんなどの発症時に骨髄から末梢に遊走した未分化単球や顆粒球の総称であり，腫瘍随伴性マクロファージ（TAMs）もこれに含まれることがある．MDSCsは腫瘍細胞やその

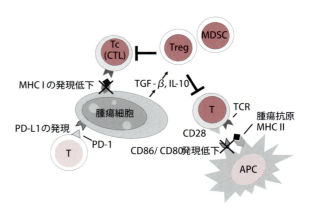

図2-14 腫瘍免疫機構の回避
例えば，腫瘍細胞のMHCクラスI分子の発現低下，腫瘍細胞から産生されたサイトカインによるTregやMDSCsの誘導，APCにおける共刺激発現シグナル分子の発現低下，腫瘍細胞のPD-L1発現による免疫チェックポイントなどにより，腫瘍細胞は免疫監視機構から逃れている．

周囲の細胞から産生される様々なサイトカインやケモカインによって，腫瘍細胞の周りに誘引され，腫瘍微小環境を形成することで腫瘍免疫抑制に寄与している．さらに，腫瘍細胞周囲に浸潤したTAMsをはじめとするMDSCsはMMPsの産生，血管新生などに関与し，腫瘍の浸潤と転移といった腫瘍の増悪に関与していると考えられている（「2-5 転移」を参照）．

MDSCsの免疫回避機構には様々な報告がある．MDSCsはT細胞，NK細胞，樹状細胞を抑制し，TregとTAMsを活性化する．例えば，MDSCsは誘導型一酸化窒素合成酵素（iNOS）や活性酸素（ROS）産生などを介してT細胞を抑制し，TGF-βとIL-10を産生することでTregとTAMsを刺激する．MDSCsによって刺激を受けたTAMsはIL-12産生が抑制され，結果としてNK細胞の機能抑制に作用する．また，前述のようにTregは獲得免疫を抑制することで腫瘍免疫を抑制している．近年，犬の腫瘍においても腫瘍組織や末梢血液にTregが増加していることが明らかとなっている．さらに，腫瘍細胞自身がTGF-βやIL-10を産生することで腫瘍免疫を回避している報告もある．

第3の免疫回避機構として樹状細胞の機能不全があげられる．実際，ヒトの様々な腫瘍組織や末梢血で樹状細胞数が減少している，またはT細胞を活性化できないような未成熟な樹状細胞が増加しているとの報告がされている．例えば，T細胞を活性化できないような樹状細胞は，共刺激シグナル分子（co-stimulatory molecules）としてT細胞に発現しているCD28と結合するCD86分子の発現が低く，T細胞を活性化できないなどの機構が存在する．

第4の免疫回避機構としては，免疫チェックポイント（免疫制御）分子の発現があげられる．これは活性化T細胞やNK細胞表面に発現するprogrammed death-1（PD-1）分子に結合し，それらの機能を阻害するようなリガンド（PD-L1）を腫瘍細胞自身が発現することで，腫瘍免疫から回避していることが明らかとなっている．

以上のように生体は腫瘍の発生と増殖を，免疫を利用して防ぐ腫瘍免疫機構を有しており，腫瘍の発生は抗腫瘍免疫機構を回避することによって生じていると考えられる．現在，腫瘍免疫に関わる治療法として，腫瘍細胞に発現する分子に対する抗体療法（ヒトのB細胞性腫瘍に対する抗CD20抗体療法），

20　　第 2 章　腫瘍の生物学

樹状細胞を活性化するための GM-CSF を用いたサイトカイン療法などがあるが，腫瘍免疫の回避機構を詳細に解析し，それを標的とすることは抗腫瘍療法の戦略として有望であり，現在も研究が進められている．

演習問題（「正答と解説」は 157 頁）

問 1．がん抑制遺伝子はどれか．
　　a. *Bcl-2*
　　b. *c-KIT*
　　c. *myc*
　　d. *p53*
　　e. *H-ras*

問 2．アポトーシスの特徴として正しいものはどれか．
　　a. 病理的細胞死
　　b. 細胞内小器官の膨潤
　　c. 細胞内小器官の消化
　　d. 細胞の凝縮
　　e. 周囲組織の炎症反応

第3章　腫瘍の病理学と病態

一般目標：腫瘍の病理形態学的特徴を理解するとともに，腫瘍増殖がもたらす宿主への諸々の影響
（病態）について説明できる．

　腫瘍は，その原因にかかわらず自己由来の細胞が自立的かつ無秩序に，また無目的に増殖し，しばしば無制限に増殖する病変である．腫瘍はその増殖に大量の栄養や酸素を必要とし，その供給や代謝産物の処理は宿主に依存する．無制限に増殖する悪性腫瘍は，発生臓器の機能を低下させるとともに宿主に強い栄養障害や代謝障害を引き起こし，生命にかかわる病態を招く．腫瘍病理学は病理組織学的検索を通して，腫瘍の発生母地を特定し，腫瘍の診断に貢献する科学である．特に生検による腫瘍の診断は，治療の要・不要，治療法の選択，予後の判定に必要不可欠であり，腫瘍の診断なくしては適切な治療行為はなし得ない．

　腫瘍が宿主に与える影響は，軽微なものから，時には生命を奪うものまで多彩である．体内における腫瘍の振る舞いを生物学的性状といい，それによって予後が良い（良性）腫瘍と悪い（悪性）腫瘍とに分ける．また，発生母細胞に関して，上皮細胞に由来する上皮性腫瘍と上皮以外の細胞に由来する非上皮性腫瘍に分ける．現代の腫瘍分類は，腫瘍の発生組織による分類と生物学的性状による分類の組合せを原則としている．

3-1　腫瘍の形態学的分類と生物学的性状

　到達目標：腫瘍の肉眼的ならびに成長様式を理解し，かつ生物学的性状を踏まえた腫瘍分類の基本的考え方を説明できる．

　キーワード：上皮性腫瘍，非上皮性腫瘍，良性腫瘍，悪性腫瘍，がん臍，髄様癌，硬癌，転移

1. 発生組織による分類

　生体は基本的に外界と接し，身体の保護，環境情報の受容，栄養や酸素などの物質交換に直接携わる上皮組織と，これを支える非上皮組織（支持組織）からなる．腫瘍はその発生母細胞に関して，内胚葉あるいは外胚葉性の上皮細胞に由来する**上皮性腫瘍**（epithelial tumors）と支持組織に由来する**非上皮性腫瘍**（non-epithelial tumors）に分けられる．良性上皮性腫瘍は上皮組織特有の構造を保持しているために組織学的に診断が比較的容易であるが，悪性上皮性腫瘍は上皮細胞や組織の特徴を失うために発生母組織の判断が難しい．

　非上皮性腫瘍は諸々の臓器組織を支持する結合組織から発生する．この結合組織は線維芽細胞や血管，リンパ管などからなり，全ての臓器組織に共通して存在し独立した固有の構造はもたない．したがって，結合組織に由来する腫瘍は，由来組織の判断が困難である．しかし，骨組織あるいは軟骨組織，筋組織，血液細胞など特有の形態像を示すものもあり，分化度の高い腫瘍では，その特徴を保持しているため，由来組織の判断は容易なことが多いが，低分化な腫瘍では特有の形態を失うために診断が難しい．

2. 良性腫瘍と悪性腫瘍

　腫瘍は発生母組織や宿主に与える影響力で良性か悪性かの判断がなされる．宿主にほとんど影響を与えないものから，組織を破壊し，末期には宿主の生命を奪うほどの腫瘍まで多様である．こうした宿主

に与える腫瘍の性質を生物学的性状といい，腫瘍は，これに基づき**良性腫瘍**（benign tumor）と**悪性腫瘍**（malignant tumor）とに分類される．良性腫瘍は発育が遅く増殖にも限度がある．発生母組織においても圧迫による機械的な影響を与える軽微なものである．しかし，脳，脊髄などの骨組織に囲まれる中枢神経系においては圧迫による機械的作用が重篤な機能障害を与える．また，内分泌臓器由来の腫瘍では分泌するホルモンの作用が全身性に現われることがある．一方，悪性腫瘍は成長速度が早く周囲組織に浸潤し，これを破壊しながら成長する．頻繁に血管やリンパ管に侵入して全身性に広がり，遠隔臓器へ転移することによって，究極的に宿主を死にいたらしめる（表3-1）．

表3-1 良性腫瘍と悪性腫瘍の肉眼的性状の比較

	良性腫瘍	悪性腫瘍
境界	明瞭	不明瞭
癒着	少ない	多い
辺縁	滑らか	不規則
硬度	硬い	柔らかい
色調	一様	多彩
出血	少ない	頻発
壊死	少ない	頻発

3．腫瘍の肉眼的形態

外表，体腔，管腔内などの自由表面で外向性に発育するものは，隆起状，ポリープ状（有茎状），乳頭状，腫瘤状，樹枝乳頭状，花キャベツ状などの形態をとる．有茎性腫瘍のうち，付着部の細いものは良性のものが多く，腫瘤状，樹枝乳頭状，花キャベツ状などのような形状を示す腫瘍は悪性のものが多い．隆起状のもののなかには中心部に壊死を起こして消失し，皿状あるいは土手状の形を取るものもある．これらは悪性の上皮性腫瘍に見られ，腫瘤の中心部が血液供給のバランスの崩れによって壊死あるいは潰瘍を起こしたものである．これを**がん臍**（cancer umbilicus）といい，がんの肉眼的所見の1つである．管腔あるいは嚢胞状の臓器では，管腔壁あるいは嚢胞壁のどの深さまで腫瘍細胞が侵入するか（浸潤度あるいは深達度）が，他の臓器への拡大に関与する．血管やリンパ管に侵入すれば遠隔臓器に転移し，体腔面に達すれば対側の漿膜面に接触転移を，あるいは体腔内に広域に広がる播種性転移を引き起こす（図3-1）．

一方，臓器・組織の内部で増殖する内在性腫瘍は，図3-2に示すように良性のものでは膨張性に増殖し，境界が明瞭で周囲組織とは明瞭に区分されることが多い．また，境界部が厚い結合組織（被膜）で囲まれるものや被膜をもたないもの，

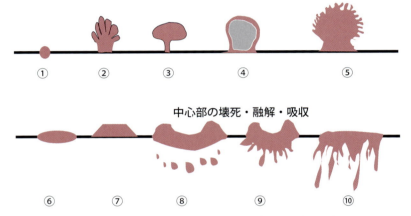

図3-1 自由表面に形成される腫瘍の肉眼的形態モデル
①結節性，②乳頭状，③ポリープ状，④嚢胞状，⑤カリフラワー状（付着部が太い広基性のものは悪性の可能性大，⑥隆起性円盤状，⑦丘疹状，⑧がん臍と娘結節，⑨噴火状潰瘍と浸潤性，⑩浸潤性．

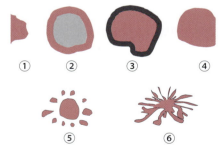

図3-2 臓器内に形成される腫瘍の肉眼的形態モデル
①接触転移，②嚢胞状，③被包化（結合組織で囲まれる），④非被包化，⑤娘結節，⑦浸潤性

さらに内部に液体を含む嚢胞状のものなどがある．悪性の物では境界不明瞭で不規則な大小の腫瘍塊を形成することが多い．また，腫瘤を形成しない白血病のような腫瘍もある．

4. 腫瘍の色調

腫瘍の色調は白色が基本であるが，発生母組織の固有色を反映することもある．黄色調を呈するものは，腎癌，脂肪腫，脂肪肉腫など，一般に脂肪を多く含む腫瘍に見られる．黒色はメラニンを含む腫瘍で悪性黒色腫や基底細胞癌など見られるが，メラニンの含有量によっては褐色調を呈するものもある．また，肝臓癌の中には胆汁を産生するものがあり，腫瘍は緑色ないし黄緑色調を呈する．特にホルマリンで固定した後の腫瘍組織の緑色は鮮やかさを増す．血管腫や血管に富み出血しやすい腫瘍は赤色ないしは暗赤色調を呈する．悪性腫瘍は壊死を起こしやすく，組織の混濁，褐色化あるいは黒色化など多彩な色調を呈する．したがって，多彩な色調を呈する腫瘍は悪性腫瘍の可能性が高い．

5. 腫瘍の質感

腫瘍の質感は，非常に硬いものから，軟らかく脆弱なものまで多様である．腫瘍に硬度を与えるものは腫瘍間質に形成される膠原線維であり，硬さは主にその量によって決まる．また，骨組織や軟骨組織を作る腫瘍もあり，刃での割断が困難なことがある．間質の極めて少ない腫瘍では，血管の新生が乏しく，腫瘍細胞の代謝に必要な酸素や栄養の供給あるいは老廃物の排出などのバランスに異常が生じる．したがって，腫瘍組織の中心部では壊死が生じやすく，組織の軟化さらには液化が生じ，割面では内容物が流出し嚢胞状を呈することがある．このように，間質が乏しく充実性に増殖する上皮性悪性腫瘍の場合は**髄様癌**（medullary carcinoma）といい，高度の間質の増生が誘導され，少数の腫瘍細胞がまばらに存在するような上皮性悪性腫瘍を**硬癌**（schirrous carcinoma）という．腫瘍細胞に誘導される結合組織の増生を間質反応（stromal reaction）といい，犬の胃癌や猫の小腸腺癌，牛の子宮腺癌などの腺癌で見られる．線維芽細胞由来の線維腫や線維肉腫では，分化度が高く膠原線維産生能の高いものは硬く，未分化で膠原線維産生能の低いものは軟らかい．非上皮性腫瘍では悪性のものほど軟らかく，良性のものほど硬い．

6. 腫瘍の成長様式

進行性に増殖する腫瘍の多くは，その成長を止めることはない．腫瘍は常に増殖し続けて周囲組織へと拡大していく．その成長様式は，原発巣から連続的に成長する場合と非連続的に成長する場合があり，前者の連続的成長では周囲組織を押しのけるように成長する膨張性増殖と周囲組織の間隙を破壊しながら成長する浸潤性増殖とに区別される．一方，後者の非連続的成長は転移という．

1）連続的成長

（1）膨張性増殖

膨張性増殖は図3-3（左）のように，腫瘍周囲組織を圧排しながら増殖する．腫瘍は限局性で明瞭な境界をもち周囲組織から区別される．腫瘍が大きく成長すると周囲組織に線維性結合組織が増殖し，腫瘍を被包する被膜を形成することがある．良性腫瘍の特徴的所見であるが，悪性腫瘍でも初期には膨張性に増殖することがあ

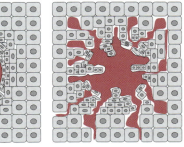

図3-3 腫瘍の膨張性増殖と浸潤性増殖
膨張性増殖では周囲の細胞は直接的圧迫および局所栄養障害によって萎縮する．浸潤性増殖では周囲細胞間に木が根を生やすように侵入し，細胞を分断，組織を破壊するため組織への悪影響が著しい．

（2）浸潤性増殖

浸潤性増殖は図3-3（右）のように，腫瘍周囲組織の間隙に腫瘍細胞が迷入するように増殖する．悪性腫瘍の特徴である．腫瘍細胞は蛋白質分解酵素（マトリックスメタロプロテイナーゼ：MMP）を分泌，周囲細胞外基質を分解しながら増殖し，周囲細胞間あるいは結合組織内に浸潤する．後述する転移においてもこのMMPが大きな役割を担う．肉眼的には腫瘍組織と周囲組織との境界は不整形でかつ不明瞭である．悪性度の高い腫瘍は周囲の正常組織内に浸潤し，破壊性に成長するため，明瞭な境界を欠くことが多い．このため外科的手術による腫瘍の切除は困難なことがあるので，腫瘍が限局性に見えても，周囲の正常組織を十分に広く切除することが要求される（サージカルマージンの確保）．

2）非連続的成長

腫瘍細胞は血管壁あるいはリンパ管壁の基質をMMP分泌によって分解して管腔内に侵入，下流域へと移動する．侵入した腫瘍細胞の多くは脈管内で死滅すると考えられているが，一部に残ったものが再びMMPを作用させ，脈管外へと脱出，増殖環境があれば転移巣として定着する（図3-4）．このように原発巣から遠く離れた臓器・組織に腫瘍が移動し，新たに浸潤増殖をすることを**転移**（metastasis）という（第2章「2-5 転移」も参照）．悪性腫瘍の最も重要な所見である．図3-5は乳腺癌の肝転移の肉眼像であり，無数の転移巣が形成されている．転移にはその経路によって，血行性転移，リンパ行性転移および播種（体空内性）性転移がある．

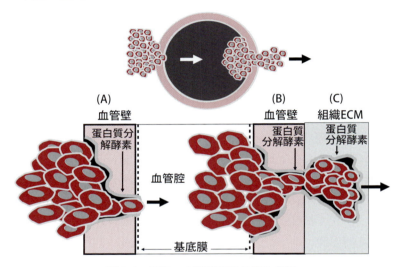

図3-4 脈管への腫瘍細胞の侵入機序
腫瘍細胞はMMPを分泌し，血管壁を融解しながら血管腔へと侵入する（A）．血管腔に侵入した腫瘍細胞は末梢の血管で再びMMPを分泌，血管壁を融解しながら（B）血管外へと浸潤，増殖し，転移を完成させる（C）．

（1）血行性転移

腫瘍細胞が血流に乗り，遠隔臓器に2次性腫瘍を形成することをいう．毛細血管や静脈はその血管壁の構造の違いから動脈よりも腫瘍細胞に侵襲されやすい．血流に乗った腫瘍は下流域に運ばれ，腫瘍性塞栓（tumor embolus）を形成，あるいは血管に接着して遠隔臓器に運ばれる．消化管や脾臓に発生した腫瘍は門脈を介して肝臓に転移しやすい．さらに，全ての静脈流は右心室を経て肺に流

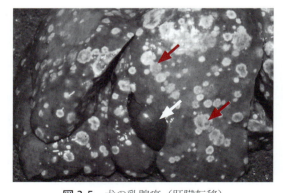

図3-5 犬の乳腺癌（肝臓転移）
無数の転移巣（赤矢印）が形成されている．白矢印は胆嚢．
（カラー口絵参照）

れ込むため，肺には血行性転移（hematogenous metastasis）が起こりやすい．また，腫瘍の種類によって転移が生じやすい臓器がある．例えば，犬の口腔内悪性黒色腫は脳に，前立腺癌，乳癌などは骨に，リンパ腫や肥満細胞腫は肝臓や脾臓に転移しやすい〔転移の臓器特異性（organ tropism）〕．

（2）リンパ行性転移

リンパ管に侵入した腫瘍細胞が，リンパ流に乗って所属リンパ節あるいは遠隔の臓器組織に腫瘍を形成することをリンパ行性転移（lymphatic metastasis）という．リンパ管は基底膜を欠くため腫瘍細胞は侵入しやすい．リンパ節内においてはリンパの流入路に沿って腫瘍の増殖が認められる．初期には辺縁洞に転移巣が形成される．さらにリンパ管を伝わって次々とリンパ節を侵し，最終的には胸管から前大静脈さらに右心室に入り，血流に乗って肺ならびに全身臓器に散布される．

（3）播種性（体腔内性）転移

腹腔あるいは胸腔内の漿膜におおわれた臓器，例えば肺に原発あるいは転移した腫瘍が増殖し，肺の漿膜面に達すると，被膜を破り表面に現れる．腫瘍細胞は体腔内の浸出液（胸水）中に遊離し，あたかも種を蒔いたかのように広がり，広範囲の漿膜面に定着し増殖を始める．腫瘍の播種性転移（dissemination）によって，腹腔ではがん性腹膜炎（cancerous peritonitis）が，胸腔ではがん性胸膜炎（cancerous pleuritis）が起こり，漿液中には無数の腫瘍細胞が浮遊しているのが観察される．牛の悪性中皮腫，悪性顆粒膜細胞腫，子宮癌や豚の回腸リンパ腫，犬の卵巣癌などの報告がある．

3-2　腫瘍細胞ならびに腫瘍組織の形態学的特徴

到達目標：腫瘍の実質である腫瘍細胞および腫瘍組織に生じる形態学的変化について，正常細胞・組織と比較して説明できる．

キーワード：異型性，粘液腺癌，印鑑細胞癌，細胞骨格，実質，間質，分化，未分化癌，脱分化，退形成癌

1．腫瘍細胞の特徴

進行性に増殖する腫瘍組織は，脱分化，脱統御性を獲得し，その発生母細胞や母組織との形態学的な類似性を失う．この発生母細胞や母組織との形態学的相違を**異型性**（atypia, atypism）という．良性腫瘍は母細胞や母組織との類似性が高いので異型性に乏しく，悪性腫瘍では類似性が認められなくなるため異型性に富むという．すなわち，異型性に富む腫瘍ほど悪性腫瘍と分類される．表 3-2 に良性腫瘍と悪性腫瘍の細胞学的特徴を示す．

1）腫瘍細胞の核

腫瘍細胞の異型性を端的に表現するものは核の形および大きさである．正常細胞の核の形や大きさはほぼ一定で，均一であるのに対し，腫瘍細胞では母細胞よりも大型で，核と細胞比（核／細胞質）が大きくなり，かつ大小不同である（図 3-6）．また異型性が強ま

表 3-2　良性腫瘍と悪性腫瘍の細胞学的比較

項目	良性腫瘍	悪性腫瘍
大きさ	均一	大小不同
形	均一	不整形，多形性
細胞の極性	保持	消失
核／細胞質比	小（正常に類似）	増加
核の大きさ	均一	大小不同
核の形	均一	大小不同
クロマチン量	小変化	増加
核小体	小	大型，多形性
核分裂	まれ	増加
分化度	高分化	高～未分化（多様）
異型性	乏しい	著しい
機能の保持	保持	喪失
異常機能発現	低（まれ）	高

るにつれ，この大小不同は著しくなる傾向がある．これは核に含まれる核酸の量が異なるためと考えられており，異型性が高まるとともに核の形もいびつなものになり，時には多核の腫瘍細胞になる．核の染色性も多彩となり，正常では均質で微細顆粒状のクロマチンが，腫瘍細胞では粗大顆粒状を呈する．また核縁に凝集すると核膜が肥厚して見える．核の異型性とともに核小体も異型性を示し，大型の核小体や複数の核小体を有する腫瘍細胞が観察される．核分裂像も観察され，その単位面積あたりの出現数（mitotic index）は良性か悪性かの判定に極めて有効な所見となる．悪性腫瘍で，その出現頻度は高まり，加えて三極分裂像や環状分列像といった異常な核分裂像が観察される．

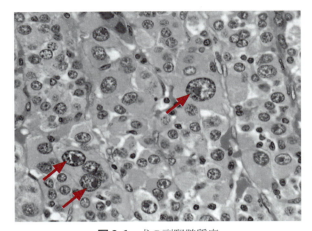

図 3-6　犬の副腎髄質癌
腫瘍細胞の核は著しい大小不同を示す．核小体も巨大化している（矢印）．　　　　　（カラー口絵参照）

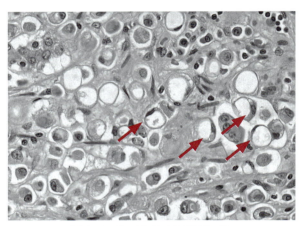

図 3-7　犬の胃癌（印鑑細胞癌）
腫瘍細胞は細胞質に分泌物が貯留し，風船状に腫大，核は辺縁に押しやられている（矢印）．（カラー口絵参照）

2）腫瘍細胞の細胞質

一般に増殖する腫瘍細胞の細胞質は，ヘマトキシリン・エオシン染色では好酸性が減弱し，好塩基性が強くなる．これは細胞質のミトコンドリアが減少することによって好酸性が弱くなり，遊離リボゾームやポリゾームが増加するため好塩基性が強くなることによる．しかし，ミトコンドリアに富む腫瘍細胞もあり，細胞質は強い好酸性を示す．悪性上皮性腫瘍では細胞質小器官の未発達と極性の喪失が特徴的である．低分化型の腫瘍細胞では細胞小器官の発達ははなはだしく悪く，それぞれの細胞に特有の小器官が減少し，胎子期の未熟な細胞に似てくる．一方で，分化機能が異常に亢進する腫瘍もあり特徴的所見を呈する．例えば，粘液分泌能が異常に亢進した腺癌では，分泌した分泌液の中に浮いてしまうものや〔粘液腺癌（mucus adenocarcinoma）〕，分泌物を排泄できなくなって細胞質に分泌地物が充満し，核が一方向に押しやられた腫瘍〔印鑑細胞癌（signet cell carcinoma）〕がある（図 3-7）．

3）腫瘍細胞の細胞骨格

細胞がその固有の形態を示す理由には，細胞質内に充満する細胞骨格の存在がある．細胞質には，マイクロフィラメント，中間系フィラメント，微小管という 3 種の線維が細胞骨格を形成し，細胞の形態維持，運動，細胞小器官の配列，細胞内情報伝達に重要な役割を担っている．腫瘍細胞ではこれらの細胞骨格に異常が観察され，細胞の形態，運動能，細胞同士の接着能や基底膜との接着能などに変化をもたらす．特に悪性腫瘍における強い腫瘍細胞の異型性や結合能の低下，細胞極性の消失，運動能の獲得などは，これらの細胞骨格の異常によって生じる．中間系フィラメントは細胞の種類によって異なっ

ており，上皮系細胞ではサイトケラチン，間葉系ではビメンチン，筋細胞ではデスミン，神経細胞ではニューロフィラメント，グリア細胞ではグリア酸性蛋白が発現しているため，腫瘍の由来を調べる際の有力な手がかりになる．しかし，腫瘍細胞ではこれらの細胞骨格の発現に異常が見られる場合もあるので注意が必要である．例えば，上皮系の腫瘍細胞ではサイトケラチンが減少・消失したり，また筋肉系の腫瘍ではデスミンが減少・消失したりする．また，間葉系細胞に特有のビメンチンが上皮性腫瘍細胞に出現することもある．

4）腫瘍細胞の細胞膜

正常な上皮細胞の特徴として，互いの細胞は直接接着し細胞間に血管結合組織をもたない．また，基底膜に接着し細胞極性（方向性）を示す．腫瘍細胞はこれらの特性を喪失していることが多く，悪性腫瘍においてはこの変化が著しい．腫瘍細胞同士の接着性が減少するため隙間が拡大し，互いの細胞膜が不規則に入り込む．これらの変化は，細胞間結合装置（密着結合，接着結合，ギャップ結合，デスモゾーム）の減少や構造異常によって生じ，その結果，細胞相互間の接着力と細胞間の情報のやり取りが減弱する．また，全ての細胞は，その細胞膜上に外界からの情報を受け取るため多様な受容体（receptor）をもっており，この受容体を介して細胞質や核に情報として伝達している．細胞膜の異常は，これら外界からの情報の受け取りや細胞内へ伝達する機能を阻害し，制御されている細胞の機能，増殖，分化などに大きな影響を与える．

2．腫瘍組織の特徴

良性腫瘍と悪性腫瘍の組織学的特徴を表3-3に示す．腫瘍組織は増殖の主体である細胞からなる**実質**（parenchyma）と，その細胞の間を埋め，その増殖を支持する局所由来の**間質**（stroma）からなる（図3-8）．

1）腫瘍の実質

腫瘍の**実質**は増殖する腫瘍細胞そのものであり，腫瘍の性質はこの細胞によって規定される．腫瘍細胞は発生組織の性質を保持していることが多いので，腫瘍を構成する実質細胞がどの細胞に最もよく似ているかで組織学的に分類し，さらに異型性や成長様式によって良性か悪性かを区別する．腫瘍は一般にその発生母地によって上皮性と非上皮性に区別する．上皮細胞は極性をもち，細胞間に間質や血管をもたずに基底膜に接着するという特徴を有する．良性の上皮性腫瘍は，これらの特徴を保持しているため腫瘍細胞は互いに接着しながら増殖して細胞塊を形成し間質はそれを

表3-3 良性腫瘍と悪性腫瘍の組織学的比較

項目	良性腫瘍	悪性腫瘍
母組織との類似性	あり	乏しい，欠如
配列の乱れ	軽微	顕著
発育様式	圧排性	浸潤性
間質への浸潤	なし	あり
間質反応	軽微	高度（硬癌）
病巣の大きさ	均一	不揃い
壊死・出血	まれ	頻発
基底膜	保持	欠損，破壊
線維性被膜	あり	欠如
境界	明瞭	不明瞭

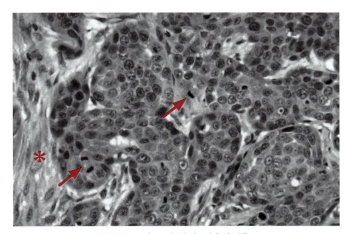

図3-8 犬の乳腺癌（充実型）
実質（乳腺上皮由来の腫瘍細胞）と間質（＊）．矢印は核分裂像を示す．
（カラー口絵参照）

取り囲むような構造を取るため，その母組織を判定しやすい．しかし，悪性の上皮性腫瘍では腫瘍細胞の接着性が弱まり，バラバラに存在すると間質との区別がつかないこともある．一方，非上皮性腫瘍は結合組織を構成する細胞から発生するので，上皮細胞とは異なり極性や基底膜との接着，腫瘍細胞の相互接着はない．腫瘍細胞の周囲には必ず結合組織成分（膠原線維）が証明される．したがって，実質とこれを支持する間質（非腫瘍性の結合組織）を厳密に区別することは甚だ困難である．

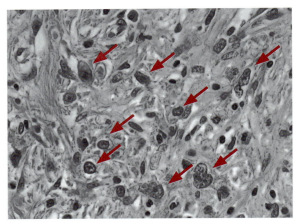

図 3-9 犬の胃癌（硬癌）
矢印は上皮性腫瘍細胞（実質）を示す．紡錘形の線維芽細胞と膠原線維のからなる線維性結合組織（間質）の中にバラバラの腫瘍細胞（矢印）が存在し，圧倒的に間質が優勢である．（写真提供：河村芳郎氏）（カラー口絵参照）

2）腫瘍の間質

間質は血管と結合組織（血管結合組織）からなる．これは正常な組織を構成する結合組織とほぼ同じ成分からなり腫瘍増殖を支持する．間質と実質の量の関係は腫瘍によってまちまちで，悪性上皮性腫瘍で実質に富み間質が乏しい場合には，腫瘍は柔らかく（髄様癌），逆に実質に乏しく間質が豊富な場合には，腫瘍は硬く（硬癌）触れる（図 3-9）．

3）腫瘍細胞の分化

個体発生の過程で，胚細胞は決められた細胞へと変化し，合目的的に臓器・組織を構成する．定められた方向性に沿って特殊化していく過程を分化（differentiation）という．腫瘍ではこの分化に異常が認められる．腫瘍の発生母組織との形態学類似性に基づいて，高分化型，低分化型，未分化型と分類する．悪性上皮性腫瘍では，高分化癌（well-differentiated carcinoma），低分化癌（poorly differentiated carcinoma），未分化癌（undifferentiated carcinoma）などと細分類する．高分化型では母組織に類似性が認められが，低分化，未分化となるにつれて認められなくなる．

母細胞，母組織のもつ形態学的ならびに機能的特徴を喪失し，胎子期の状態に戻ったような腫瘍が発生する．このような状態を脱分化（dedifferentiation）または退形成（anaplasia）といい，そのような悪性上皮性腫瘍を退形成癌（anaplastic carcinoma）という．退形成癌は発生母細胞との類似性が認められなくなるほどの未分化な上皮性腫瘍で，未分化癌ともいう．

3-3 特殊な腫瘍【アドバンスト】

到達目標：特殊な腫瘍について，具体的例を挙げて説明できる．

キーワード：混合腫瘍，多能性細胞，間葉腫，癌肉腫，奇形腫，過誤腫，分離腫，早期がん，上皮内癌

1．混合腫瘍

腫瘍の実質細胞が，2 種類以上の異なる組織に属する細胞から構成されるものをいう．この場合，腫瘍の支持組織である間質は含まれない．胎生初期に諸々の組織へ分化する能力をもった未分化な細胞〔多能性細胞（pluripotential cell）〕が，同所性あるいは異所性に腫瘍芽となり形成されるものである．混合腫瘍（mixed tumor）の組織構成は，比較的単純なものから極めて複雑なものまである．構成成分に

より，非上皮性（間葉性）混合腫瘍，上皮性・非上皮性混合腫瘍，奇形腫（三胚葉腫）の3つに大別される．

1）非上皮性混合腫瘍

腫瘍の実質細胞が，2種類以上の非上皮生細胞からなるもので，多分化能をもった未熟な間葉系細胞から発生する．間葉性混合腫瘍あるいは**間葉腫**（mesenchymoma）とも呼ばれる．良性間葉腫と悪性間葉腫があり，良性には線維脂肪腫や骨軟骨腫などが，悪性には線維脂肪肉腫，骨軟骨肉腫，横紋筋肉腫や骨肉腫，脂肪肉腫が混合して増殖するものなどがある．腫瘍組織内に含まれる腫瘍間質の線維組織や血管は支持組織で腫瘍成分には含まれない．

2）上皮性・非上皮性混合腫瘍

上皮性細胞と非上皮性細胞がともに腫瘍実質を構成している腫瘍である．その由来は多分化能を有する多能性細胞あるいは上皮由来と非上皮由来の2つの母細胞である．代表として犬の乳腺に発生する良性の混合腫瘍がある（図3-10）．乳腺上皮細胞や筋上皮細胞に類似した上皮性成分と線維芽細胞様細胞からなる間葉系成分が種々の割合で混合して存在する．この間葉系成分は筋上皮由来腫瘍細胞の化生と考えられており，軟骨や骨，脂肪組織の形成をしばしば伴うことがある．猫にも発生するが，犬に比べ少ない．この他，腺上皮由来の腫瘍細胞と線維芽細胞由来の間質細胞，

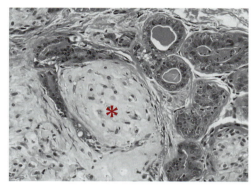

図 3-10 犬の乳腺混合腫瘍
腺腫と軟骨化生（＊）．（写真提供：河村芳郎氏）
（カラー口絵参照）

これに筋上皮細胞由来腫瘍細胞が混在する線維腺腫（fibroadenoma）が犬や猫の乳腺に発生する．**癌肉腫**（carcinosarcoma）は，同一腫瘍組織内に癌腫と肉腫の組織成分が混在し，多様な組織像を示すものをいう．組織発生的には，多分化能を有する多能性細胞が上皮と間葉に分化した腫瘍〔連合腫瘍（combination tumor）〕，癌腫と肉腫がそれぞれ独立して発生し，浸潤増殖後互いの成分が混ざり合ってできた腫瘍〔衝突腫瘍（collision tumor）〕，そして，癌腫の間質が腫瘍化し肉腫となったもの，あるいは肉腫に巻き込まれた上皮性成分が腫瘍化し癌腫となったもの〔組立腫瘍（composition tumor）〕などがあると考えられている．動物の癌肉腫は，犬の甲状腺，膀胱，乳腺，肺，猫の胆管，膵臓，前立腺，汗腺，子宮，牛の気管，篩骨，馬の皮膚に報告がある．

2．奇形腫

3胚葉（内胚葉，中胚葉，外胚葉）由来の様々な分化程度を示す複数の組織成分からなる腫瘍を**奇形腫**という．三胚葉腫（tridermoma）ともいわれるが，時に2胚葉由来の種々の組織からなる組織塊や，1胚葉由来のみの組織成分からなることもある．一般に，卵巣や精巣に発生することが多く，卵巣奇形腫や精巣奇形腫と呼ばれている．構成する三胚葉組織が分化しているものを成熟奇形腫（mature teratoma）または良性奇形腫（benign teratoma）という．卵巣の皮様嚢腫（dermoid cyst）は皮膚成分が主体をなす成熟奇形腫である．一方，早期の未分化な胎子性組織に類似した3胚葉由来組織からなる組織塊を未熟奇形腫（immature teratoma）または悪性奇形腫（malignant teratoma）という．この他，胎子性未分化細胞から胚細胞腫瘍（胎芽性癌，卵黄嚢癌，絨毛癌など）を併合しているものもあり，併合奇形腫（combined teratoma）という．

30 第3章 腫瘍の病理学と病態

3. 過誤腫

先天的な組織発生の異常による病変で，組織奇形の一種と考えられる．組織を構成する成分の割合が異常となり，配列の乱れた成熟組織や細胞が腫瘤様に過剰発育したものである．正常な組織構成のなかに混在したり，先天的に迷入したり，あるいは本来は退縮するはずの組織の残骸が残って腫瘤を形成するものと考えられている．その発育は限局性で生物学的には良性の病変であり，真の腫瘍ではない．犬に見られる血管腫やリンパ管腫，豚などに見られる心臓横紋筋腫は**過誤腫**と考えられている．

4. 分離腫

発生過程にある組織が本来の正常組織との連続性が断たれて他の臓器や組織内に迷入し，生残および増殖した異所性遺残（heterotopic rest）を**分離腫**という．発生途上の組織の位置異常に基づく病変で，真の腫瘍ではない．例として，膵臓の残屑が肝臓，胃，小腸に見られたり，胃粘膜組織が小腸に見られたりする．まれにこのような分離腫から腫瘍が発生することもある．

5. 不顕性がん

不顕性がんとは，臨床徴候が認められないがんの総称で，通常の臨床検査ではその存在を明らかにできない癌腫を指し，非臨床がんともいう．現在では，高機能の MRI（magnetic resonance imaging），CT（computed tomography），X線診断装置や超音波診断装置などの医療用画像診断機器の開発で，小さな腫瘍でも発見できるようになったが，それでも限界がある．他の病気の病理組織学的検査のために切除された臓器・組織片の中に偶然に腫瘍が発見されることがある．これを偶発がん（incidental carcinoma）という．また，非腫瘍性疾患で死亡した個体の剖検時に発見されるものをラテントがん（latent carcinoma）という．腫瘍の転移病巣が確認されながら，原発巣が確認できない腫瘍や，その後の検査あるいは，剖検によって原発巣が確認できた腫瘍をオカルトがん（occult carcinoma）という．

6. 早期がん

発生部位に止まり，周囲への浸潤を見せない腫瘍を**早期がん**または初期がん（early cancer）という．臨床的には，治療によって永久的ないし長期治癒での完治が期待できる初期の段階にあるものをいう．がんの種類によって早期がんの定義は異なるが，その大きさと深達度が重要な指標になる．**上皮内癌**（carcinoma *in situ*），非浸潤がん，微小がん（minute cancer）なども早期がんに含まれる．上皮内癌は，明らかに悪性の腫瘍細胞が上皮層内に存在するが，基底膜を超えた増殖を示さないものをいう．これら上皮内癌の一部には，基底膜を超えて破壊性に増殖し，周囲組織への著しい浸潤性を示す浸襲性がん（invasive or aggressive carcinoma）へと進んでいくものがある．

3-4 非腫瘍性増殖性疾患【アドバンスト】

到達目標：非腫瘍性の増殖性疾患を例示できる．

キーワード：過形成，肥大，増生，化生，異形成，萎縮

1. 過形成（肥大と増生）

臓器組織がその固有の位置，形，構造を保ちながら，容積を増して正常の範囲を超えて大きくなることがある．個々の臓器組織を構成する個々の細胞が容積を増大させたために全体の容積が増加したものを**肥大**（hypertrophy）という．一方，構成細胞数の増加による容積の増加を**増生**または**過形成**（hyperplasia）と呼ぶ．しかし，実際には肥大と増生の両者がともに生じていると思われる病変も多くあり，肥大か過形成かを厳密に区別することは困難である．個々の細胞がその容積を増して臓器組織が大きくなることを肥大というが，その原因にはいくつかの要因がある．

1）肥　大

（1）労働性肥大

臓器組織に機能的負荷が加わると，次第に肥大増生して機能を高め，負荷に適応するようになる．これを労働性肥大（work hypertrophy）という．心肥大は，心臓弁膜症，慢性肺炎，腎炎などの循環障害よって，生理的範疇を超えた活動が要求される場合に見られる．心筋は**肥大**し，心壁は厚くなり，心臓全体が時には数倍の大きさに達することがある．同様の機序による肥大は，食道，胃，腸管，膀胱および尿道の一部に見られる狭窄などによる通過障害時に平滑筋に起こる．このように何らかの病的背景をもって生じるものを病的肥大（pathological hypertrophy）と呼ぶ．一方，競走馬においては心臓，骨格筋の肥大が，妊娠動物においては子宮，乳腺の肥大が見られる．このような生理的範疇の負荷に適応する肥大を生理的肥大（physiological hypertrohy）という．

（2）代償性肥大

対をなす臓器，例えば腎臓では，片方が先天的に欠如，または慢性の機能不全に陥った場合，残された腎臓が不足する機能を代償するために肥大をきたす．これを代償性肥大（compensatory hperplasia）という．この他，精巣，卵巣，副腎，甲状腺に生じる．また，対をなさない臓器においても，例えば，肝臓の一葉が欠損，あるいは機能不全に陥った場合，残存する組織が欠損部の機能を代償する意味で肥大が生じる．

（3）ホルモン性肥大

ホルモン性肥大（hormonal hypertrohy）は内分泌腺ならびにその標的臓器において見られる．内分泌腺と標的臓器が互いにホルモンを介した関係（hormonal relationship）を有し，機能の促進あるいは抑制を通して制御する関係にある．妊娠動物で子宮腺，乳腺が肥大するのは下垂体ホルモンが卵巣に作用して起こる変化である．性ホルモンエストロジェン（estrogen）は乳腺の肥大と子宮内膜の増殖を起こす．下垂体前葉の好酸性細胞の腺腫による成長ホルモンの過剰分泌は，成長期の動物では体が異常に成長する巨人症を招き，成熟後の動物では末端肥大症を起こす．末端肥大症では四肢，顔面，その他の体の先端部の著しい肥大が観察される．

（4）機械的抑圧の排除による肥大

機械的圧迫の解除あるいは体の一部の組織容積が縮小した場合にはその周囲の組織の増殖をみることがある．例えば腎臓，リンパ節，骨髄，筋肉などの萎縮のあとに脂肪組織の増殖が起こる〔仮性肥大（pseudohypertrophy）〕．

（5）特発性肥大

特発性肥大（idiopathic hypertrohy）は，先天的にも後天的にも原因が不明の病態で，全身性と局所性とがある．魚鱗癬（ichthyosis）は全身皮膚の角質の増殖によるものであり，皮角（cornu cutaneum）は局所的な角質の増殖よるものである．臓器の特発性肥大は乳腺，肝臓などの腺臓器に現れる．

2. 化生と異形成

化生（metaplasia）は，正常に分化および成熟した細胞または組織が，その潜有能の範囲内で形態および機能が異なる系統の細胞または組織に変化する現象をいう．化生は刺激に対する細胞または組織の適応現象の1つであり，異常な刺激を受けた成熟細胞が，組織修復のための増殖の際に，異なる方向への分化を示す再生増殖細胞の分化異常である．一般に刺激に対してより安定した分化型に変化する．例えば，腺細胞は刺激に抵抗性の高い扁平上皮に変化することはあるが，扁平上皮が腺上皮に化生することはない．一般に，この変化は可逆的で刺激が消失すると元の腺上皮に戻る．化生は同一胚葉組織の

中での変化に留まり，異なる胚葉組織間で生じることはない．また，変化の方向性は一般に一方向であり，例えば，結合組織から骨組織（骨化性）ができても，骨細胞から結合組織が生じることはない．成熟した組織が直接他の組織に変化する場合を直接化生といい，新たに幼若な細胞を新生させ，これを介して他の組織に変わることを間接化生と呼ぶことがある．また，化生の結果，もとの組織より高級な組織に変わったことを進行性化生（progressive metaplasia），これに反して，高級な組織が低位の組織に変わることを退行性化生（regressive metaplasia）と呼ぶ．前者には胆管細胞が肝細胞に変化する化生があり，後者には皮脂腺が皮膚上皮に変化する化生がある．化生の原因には，なお不明な点が多いが，慢性の炎症や化学的，物理的刺激あるいは細胞回転の変化などが考えられている．ビタミンA欠乏症では，気道や唾液腺の輸出管上皮の扁平上皮化生が見られる．

1）上皮組織の化生

上皮組織においては，種々の種類の上皮細胞が扁平上皮に変化するいわゆる扁平上皮化生（squamous metaplasia）することが多い．立方上皮や円柱上皮，あるいは移行上皮が，刺激によって重層扁平上皮に変わる．エストロジェンの過剰分泌をきたすセルトリ細胞腫では，前立腺の腺上皮に扁平上皮化生が生じる．乳腺や肺に発生する腺癌では，その腫瘍組織中に扁平上皮化生が生じ，部分的に扁平上皮癌の組織像を呈することがある．これらは腺組織，腺細胞あるいは円柱上皮が，がん化の過程において幼若な多能性細胞が生じ，これが分化の方向を変化させ，扁平上皮癌となったものである．

2）結合組織（間葉系組織）の化生

結合組織における化生には，骨組織への変化（骨化性）や軟骨組織への変化（軟骨化生）などが代表的である．腫瘍における結合組織の化生は，犬の乳腺腫において頻繁に認められる．犬の乳腺混合腫瘍では，乳腺組織の筋上皮細胞由来とされる未分化間葉系細胞が増殖し，その組織中に骨組織および軟骨組織が形成される．悪性の乳腺混合腫瘍では，骨肉腫や軟骨肉腫の組織像を示すものもある．

3）異形成

この言葉は厳密な意味では個体発生の異常に使用されるべき用語であり，定められた法則に従わない細胞や組織の異常な分化，異常な発育について用いるべきである．しかし，現実には腫瘍に見られるような異常な形態や組織構造を占めす病変についても使用されてきており，その使用においては注意を要する．細胞は多形性を示し，核の大きさが増大し，好塩基性が高まる．また，組織の構造も変化し，正常な構造を喪失していることが多い．一部のがんは異形成（dysplasia）を経て発生することもあり，前がん病変と考えられているが，全ての異形成組織ががんに進行するわけではない．

3. 萎 縮

萎縮（atrophy）とは一旦，正常の大きさに成長した臓器，組織が，その容積を減ずることをいう．臓器組織は，その特有の機能を有する実質細胞と，これを支える支持組織からなる．狭義の萎縮は実質細胞に起こるものを指す．個々の実質細胞の容積が縮小して生じるものを単純萎縮（simple atrophy），実質細胞の数が減少して生じるものを数的萎縮（numerical atrophy）という．数的萎縮にはアポトーシス（apoptosis）による細胞死が関与している．実際には両者が重なって現れる場合も少なくない．縮小した細胞はその機能を低下させるが，死滅することなく，むしろ縮小することで悪化した環境下で生存を図る一種の適応と考えられている．

1）萎縮の種類

（1）全身萎縮

全身萎縮（general atrophy）は全身に均等に萎縮が起こる病態をいう．飢餓，老齢，消耗性疾患など

で生じるもので，脂肪組織および筋肉組織の萎縮に始まり，内部諸臓器へと広がるが臓器によってその程度が異なる．種々の慢性消耗性疾患における栄養不良の終末像を悪液質（cachexia）と呼ぶが，これは基礎疾患に関連して生ずる複合的代謝異常症候群で，あり，脂肪量の減少の有無に関わらず筋肉量の減少を特徴とする．栄養や酸素の供給を宿主に強く依存する悪性腫瘍では，その末期には不可逆的で進行性の高度の全身萎縮が見られる．腫瘍の進展に伴う複雑な栄養不良症候群である．

（2）局所萎縮

圧迫萎縮（pressure atrophy）は持続的圧迫による萎縮をいう．圧迫による組織自体の機能低下もあるが，多くの場合，血液やリンパ液の局所循環障害に起因する栄養障害の結果である．腫瘍増殖に伴う周囲組織に見られる圧迫萎縮は局所萎縮（local atrophy）の代表例である．例えば精巣腫瘍が周囲の精細管を圧迫して萎縮を招くことや，脳腫瘍の増殖が周囲の正常脳組織の圧迫萎縮を引き起こし，著しい中枢神経機能障害を招く．

3-5　悪性腫瘍の組織型【アドバンスト】

到達目標：代表的な悪性腫瘍の組織型を例示できる．

キーワード：扁平上皮癌，腺癌，カルチノイド腫瘍，神経内分泌腫瘍，悪性黒色腫，肥満細胞腫，線維肉腫，骨肉腫，リンパ腫

1. 悪性上皮性腫瘍

1）扁平上皮癌

皮膚，口腔・食道の粘膜，尿道表面などをおおう上皮は重層扁平上皮と呼ばれ，幾重にも重なる扁平な上皮細胞からなる．**扁平上皮癌**（squamous cell carcinoma）はこの上皮細胞に由来し，その組織学的特徴を保存していることが多い．がん細胞は角（質）化（cornification）し，明確な細胞間橋（intercellular bridge）を形成することがある．類表皮癌（epidermoid carcinoma）ともいう．皮膚の表皮に由来する扁平上皮癌は，成長速度は比較的遅く，転移も所属リンパ節に広がる程度で，悪性度は低いとされている（図3-11）．一方，口腔や食道の粘膜から発生する扁平上皮癌は，浸潤性に富み，所属リンパ節や遠隔組織への転移が起こりやすい．腫瘍細胞には角化が見られるが，その程度は症例によって異なっており，単一細胞の角化からがん巣の中心部に同心円状の角質層からなる構造物〔がん真珠（cancer pearl, horny pearl），図3-11〕が形成されるものまで様々である．また，扁平上皮癌は，気管，気管支，鼻腔などの円柱上皮に被覆された臓器組織からも発生することがあるが，これらは円柱上皮の化生によって生じる．膀胱，尿管などの尿路上皮は移行上皮（transitional epithelium）におおわれており，この上皮から発生するがんを移行上皮癌（transitional cell carcinoma）といい，扁平上皮癌の特殊型である．同様の腫瘍は鼻腔内の上皮からも発生する．この他，細胞間橋形成の著しい有棘細胞（prickle cell）からなるものを棘細胞癌（prickle cell carcinoma），皮膚および皮膚附属器の基底細胞に類似した腫瘍を基底細胞癌（basal cell carcinoma）といい，低悪

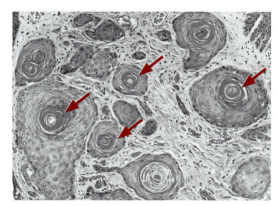

図3-11 犬の扁平上皮癌（皮膚）
表皮に似た円形の腫瘍組織を形成，中心部にがん真珠が認められる（矢印）．（写真提供：河村芳郎氏）
（カラー口絵参照）

性度の腫瘍である．

2) 腺　癌

　腺構造を形成する癌腫で，腺を有する組織に発生する．腺組織は導管を内張りする被覆上皮と腺腔を形成する腺上皮からなるが，いずれの上皮からもがんは発生し腺腔を形成するので，ともに腺癌と呼ばれる．実際には明確な腺腔を形成するものから，明らかな腺腔の形成のないものまで多様な組織像を示す．腺細胞は基本的には分泌細胞であることから粘液などの産生能が確認できれば**腺癌**（adenocarcinoma）として取り扱う．腺癌は組織学的分化度に応じて細分類され，優勢をなす分化度の組織で診断名をつける．高分化型の腺癌は細胞や組織に異型性は乏しく，腺腔の形成様式によって，乳頭状腺癌（papillary adenocarcinoma），管状腺癌（tubular adenocarcinoma），乳頭管状腺癌（papillotubular adenocarcinoma，図 3-12），嚢腺癌（cystadenocarcinoma）などに分類する．中分化型腺癌では，組織構造や細胞に強い異型性が現れ，腺管構造の不鮮明なものや，腫瘍細胞が充実性に増殖し間質の少ない組織となる．腺様構造が

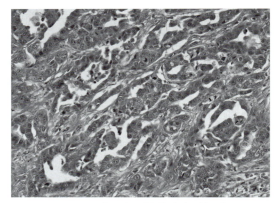

図 3-12　犬の乳頭管状腺癌（乳腺）
管腔形成と管腔内への腫瘍細胞の乳頭状増殖が認められる．（写真提供：河村芳郎氏）（カラー口絵参照）

不完全で充実性の組織に複数の中空の孔が形成され，一見，「篩」（ふるい）のように見えるものを篩状癌（cribriform carcinoma）という．低分化型では，管腔の形成はほとんどなく，充実性ないし索状の胞巣を形成する．低分化型腺癌には，がん細胞数が極端に少なく間質が豊富で硬く触れる硬癌（scirrhous carcinoma）や，逆にがん細胞に富み間質に乏しく軟らかい髄様癌（medullary carcinoma）が含まれる．がん細胞が産生分泌し貯留した粘液の中にがん細胞が浮遊する状態のものを膠様癌（gelatinous carcinoma, colloid carcinoma）あるいは粘液癌（mucoid carcinoma）という．一方，産生する粘液を分泌する能力のない腫瘍があり，産生した粘液を細胞質に貯留させているがん細胞が見られることがある．このがん細胞では核が一方向に押しやられ，印鑑のような像を示すことがある．このようながん細胞が主体をなす腺癌を印鑑細胞癌と呼ぶ．胃・腸に発生する腺癌で見られる．また，腺癌と扁平上皮癌が同一組織内に併存することがあり，これを腺扁平上皮癌（adenosquamous carcinoma）という．腺癌の一部に扁平上皮化生が生じたものである．

3) カルチノイド腫瘍／神経内分泌腫瘍

　カルチノイド腫瘍（carcinoid tumor）は「類癌腫」とも呼ばれ，ヒトの肺や腸の粘膜上皮に由来し，腺癌に類似した組織像を示す予後良好な腫瘍とされてきた．腫瘍細胞の同定には鍍銀染色法が用いられ，肺や腸管粘膜に存在する銀親和性細胞〔argentaffin cell（Kultschizky cell）〕や好銀性細胞（argyrophil cell）が，その由来細胞とみなされてきた．しかし，電子顕微鏡観察によって，これらの細胞は，一般の粘膜上皮細胞とは異なり微細な分泌顆粒を細胞質にもつことが明らかになった．さらに，免疫組織化学的染色法によって分泌顆粒に含まれる分泌物の同定が可能になった．現在では，神経内分泌細胞の同定に使用されているクロモグラニン A，シナプトフィシン，NSE（neuron specific enolase），NCAM/CD56（neural cell adhesion molecule）などの特異抗体を用いた検索で，これらの腫瘍細胞が神経内分泌細胞への分化を示すことが明らかにされた．このうちクロモグラニン A が最も信頼性が高いとされ

ており，本腫瘍の診断に欠かせないマーカーとされている．ヒトでは神経内分泌細胞への分化傾向を示す腫瘍は**神経内分泌腫瘍**（neuroendocrine tumor：NET）とされており，カルチノイド腫瘍もこれに含まれる．さらに NET の発育には時間がかかるが，浸潤性を示し，しばしば転移するなど悪性腫瘍の性質をもつ．かつて良性腫瘍と考えられてきたカルチノイド腫瘍も，現在は低悪性腫瘍と位置づけられている．このクロモグラニン A に反応する細胞は，胃・腸管などの消化管以外にも，多くの粘膜組織の中に分布することが明らかにされるようになり，NET の発生母地も拡大の一途をたどっている．腫瘍細胞の分泌顆粒には，セロトニン，ブラジキニン，ヒスタミン，プロスタグランジン，ポリペプチドホルモンなどが含まれており，分泌物の放出によって臨床的にカルチノイド症候群が現れることがある．獣医学領域おいても，カルチノイド腫瘍の報告がなされているが，近年，免疫組織化学的手法の活用によって，NET の診断名（WHO 分類）で報告されるようになった．犬では胃・腸管に好発し，その他，胆嚢，肝臓，肺，乳腺，肛門嚢に報告がある．猫の報告は少なく，腸，胆管，膵臓などの報告がある．また，ヒトでは，腺癌の一部に神経内分泌への分化を呈する腫瘍が報告されている．この場合，神経内分泌細胞が優勢を示さないものについては，神経内分泌への分化を伴う腺癌（adenocarcinoma with neuroendocrine differentiation）と診断されている．犬の鼻・副鼻の腺癌，肝内胆管癌や肛門嚢腺癌の例がある．

2. 悪性非上皮性腫瘍

1）悪性黒色腫

メラニン産生細胞は発生学的に神経堤由来の細胞で，表皮，真皮，網膜，虹彩，脈絡膜，髄膜などの外胚葉組織に遊走し定着する．このメラニン産生細胞に由来する腫瘍をメラノーマ（黒色腫，melanoma）という．良性と悪性がある．悪性のメラノーマを**悪性黒色腫**（malignant melanoma）という（図 3-13）．メラノーマはメラニン産生細胞を含む全ての組織から発生するが，その発生母地によって生物学的性状が異なるとされている．皮膚においては犬，馬などに好発するがいずれも悪性度は高くなく，所属リンパ節への転移も少ない．馬では長期観察中に内臓器への転移を示した例も

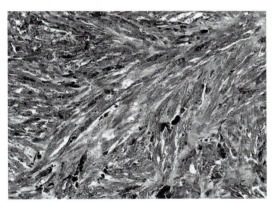

図 3-13 犬の悪性黒色腫（口腔粘膜）
メラニン色素を富裕する紡錘形の腫瘍細胞が束状配列をしながら増殖する．（写真提供：河村芳郎氏）
（カラー口絵参照）

報告されている．犬では眼球と口腔に好発するが，前者の多くは良性腫瘍である．一方，後者の口腔粘膜に発生するものは，ほとんどが悪性であり，周囲組織への浸潤，所属リンパ節あるいは遠隔組織臓器への早期転移を起こしやすい．腫瘍細胞は細胞質にメラニン顆粒を富裕しており，一般に黒色を呈するが，その含有量によって色調は変化する．メラニン産生能のないものを無色素性メラノーマ（amelanotic melanoma）と呼ぶ．腫瘍細胞は上皮様あるいは紡錘形細胞様の形態を示し，び漫性に増殖を示す肉腫様構造を形成する．

2）肥満細胞腫

皮下組織や種々の臓器組織の血管結合組織に分布する肥満細胞由来の腫瘍である．肥満細胞は結合組織中の血管壁周囲に位置し，刺激に応じてヒスタミン，ヘパリンを含む分泌顆粒を放出する．**肥満細胞腫**（mast cell tumor）は犬，猫，牛など多くの動物に発生が報告されているが，最も報告例が多いのが

犬と猫である．犬の肥満細胞腫は腫瘍細胞の分化度や浸潤性などに基づいて3つのグレードに分類したPatnaikの分類がよく用いられており，グレードが高まるにつれ，生物学的に悪性の傾向を示す．臨床的には，高ヒスタミン血症，胃十二指腸潰瘍，血液凝固時間の遅延，ショックなど腫瘍随伴症候群（paraneoplastic syndrome）を伴うことが多い．組織学的にはグレードⅠ（高分化型）は，豊富な分泌顆粒を有する細胞質と小型円形の核をもつ細胞で，核分裂像はほとんど認められない．深部への浸潤はほとんどなく，真皮内に限局している．グレードⅡ（中分化型）は，核に異型性が現れ，細胞質の分泌顆粒の減少が認められる．時お

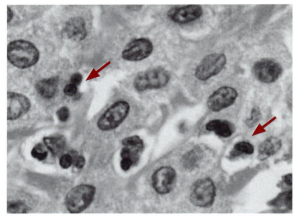

図3-14　犬の肥満細胞腫（皮膚）
細胞質に弱好酸性性の微細顆粒を富裕する．好酸球の浸潤を伴う（矢印）．（写真提供：河村芳郎氏）
（カラー口絵参照）

り，巨細胞，紡錘形細胞，2核の細胞が混在する．好酸球の浸潤がともに認められる（図3-14）．深部への浸潤は真皮から皮下織に及ぶ．グレードⅢ（未分化型）では，細胞の異型性，多形性は高度になり分泌顆粒は認められないか，わずかの量をもつにすぎない．大小不同の核，不整形の核，多核の巨細胞が出現し，核分裂象も頻発する．好中球の浸潤も高度に観察される．病巣は皮下織からさらなる深部にも及ぶ．

猫の皮膚肥満細胞腫のほとんどは，高分化型で良性とされる．まれに低分化型と組織球様に分類される腫瘍が発生することがある．Patnaikの分類は適用されない．細胞の大小不同，核の過染性，細胞分裂像が特徴的に認められ，好中球の浸潤が高度になるなどの特徴をもつ．脾臓に発生した場合には，末梢血液中に腫瘍細胞を認めたり，皮膚に多発することがある．組織球様肥満細胞腫（hysticytic mast cell tumor）はシャム猫に後発し，組織学的には組織球に類似した大型多角形〜円形細胞からなり，好中球浸潤とリンパ球浸潤を伴い，肉芽腫性炎に類似した組織像を呈する．

3）線維肉腫

線維芽細胞に由来する悪性腫瘍である．線維芽細胞は結合組織を構成する主成分であり，全ての臓器組織で実質細胞を支持する細胞である．したがって，線維肉腫（fibrosarcoma）はいずれの場所でも発生する．紡錘形の腫瘍細胞が増殖し，ニシンの骨徴候（herringbone appearance, herringbone pattern）という独特の組織様式を示す（図3-15）．被膜の形成は乏しく腫瘍の境界は不明瞭である．細胞間には腫瘍細胞が産生する膠原線維が存在する．腫瘍は浸潤性の増殖を示し，再発することがあるが，転移を起こすことはまれである．腫瘍は分化度に従って多彩である．細胞成分に富み，膠原線維の少ない未分化な腫瘍は比較的軟らかい質感を与えるが，膠原線維

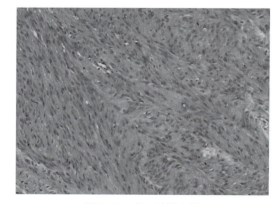

図3-15　犬の線維肉腫
犬の皮膚組織に発生した線維肉腫．紡錘形の腫瘍細胞束が索状に配列（herringbone appearance）した組織像を示し，細胞間は膠原線維で満たされる．（写真提供：平山和子氏）（カラー口絵参照）

を高度に産生する分化度の高い腫瘍は極めて硬い．未分化型では腫瘍細胞は著しい多形性を示し，卵円形，多角形，多核巨細胞などが認められ，巨大な円形ないし卵円形の核小体を有し，核分裂像も多彩で，リンパ球浸潤を伴うこともある．本腫瘍は，全ての家畜で報告されているが，高齢の猫，犬での発生が多い．猫ではワクチン接種後の皮下組織に発生するものが多く，発生時の平均年齢は8歳前後とされている．浸潤性が高度であり，局所の再発を繰り返す．原因はワクチンに含まれるアジュバンドとされてきたが，炎症など，他の要因の可能性も示唆されるようになった．また，犬では高分化型の肉腫も報告されており，上顎骨，歯肉周囲に発生し，組織学的には良性腫瘍様であるが，頬骨への浸潤性，骨に沿っての拡大を示すのが特徴的である．ゴールデン・レトリーバーやほかの大型犬で発生が見られる．

4) 骨肉腫

組織中に骨ないし類骨を形成する悪性腫瘍を**骨肉腫**（osteosarcoma）という（図3-16）．主に犬と猫に発生し，他の家畜ではまれである．犬，猫の四肢骨に好発し，骨に原発する悪性腫瘍のうち，犬では80％，猫では70％を占める．犬では大型種成犬の四肢長管骨の骨端に好発する．腫瘍は骨組織へ破壊性に深く浸潤し，肺への血行性転移を起こしやすい．所属リンパ節への転移はまれである．類骨形成の乏しい骨肉腫もあり，診断に苦慮することもある．組織学的に優勢を占める腫瘍細胞の形態像から，未分化型，骨芽細胞型，軟骨芽細胞型，線維芽細胞型，毛細血管拡張型と巨細胞型に細分類されるが，多くの症例ではこれらの組織型が混在して観察される．原発部位によって，中心型（骨髄腔原発），傍骨型および骨周囲型に分類され，中心型が最も多く，かつ予後が悪いとされている．また，乳腺や胃・腸管，脾臓，肝臓など本来骨組織のない臓器にも原発することがあり，これらを骨外性骨肉腫（extraskeletal osteosarcpma）と呼ぶ．

5) リンパ腫

リンパ節およびリンパ装置を有する組織・臓器に発生するリンパ球系の悪性腫瘍を総称して**リンパ腫**（lymphoma）という（図3-17）．原発部位により節性リンパ腫と節外性リンパ腫と区別することもあるが，リンパ球は全身くまなく存在するため全ての臓器・組織に発生し得る．リンパ腫の分類は，腫瘍細胞の免疫学的性状や機能，さらには正常リンパ球の分化成熟段階との対応関係を視野に入れた分類，ならびに原発組織の部位を考慮に入れた分類がなされ，現在でもさらなる検討が加えられている．現在は，リ

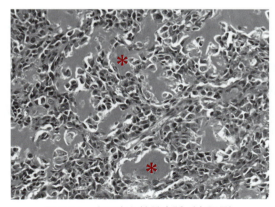

図3-16 犬の中心性骨肉腫（大腿骨）
類骨形成（＊）とそれを取り巻く骨芽細胞様の腫瘍細胞が認められる．（写真提供：河村芳郎氏）
（カラー口絵参照）

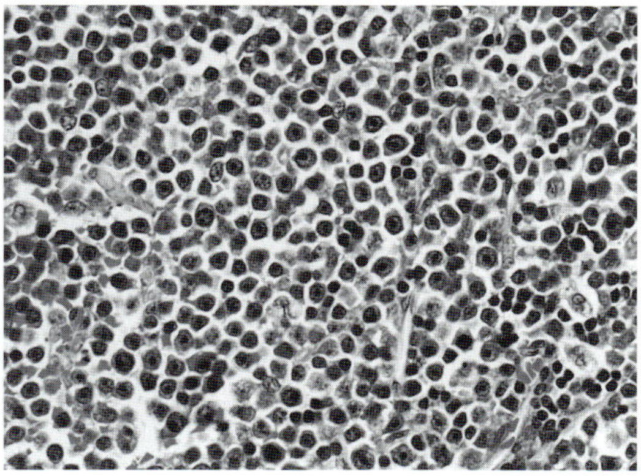

図3-17 犬のリンパ腫
無数のリンパ球様細胞の敷石状（シート状）増殖を特徴とする．（写真提供：河村芳郎氏）
（カラー口絵参照）

ンパ球の種類によって，B細胞，T細胞およびNK細胞由来のリンパ腫に分けられ，さらに母組織の模倣性や腫瘍細胞の分化成熟段階の特徴を表す細分類がなされている．

B細胞性リンパ腫：前駆Bリンパ芽球性白血病／前駆Bリンパ芽球性リンパ腫，B細胞性慢性リンパ球性白血病／小リンパ球性リンパ腫，リンパ形質細胞性リンパ腫，マントル細胞性リンパ腫，濾胞性リンパ腫，濾胞辺縁帯リンパ腫，び漫性大細胞型リンパ腫，形質細胞性腫瘍などがある．

T細胞性リンパ腫：前駆Tリンパ芽球性白血病／前駆Tリンパ芽球性リンパ腫，皮膚型T細胞性リンパ腫，ガンマデルタT細胞性リンパ腫，末梢T細胞性リンパ腫などがある．

NK細胞由来リンパ腫：大顆粒リンパ球性リンパ腫／白血病．

ヒトのリンパ腫は，非ホジキンリンパ腫とホジキンリンパ腫に大分類されているが，動物のリンパ腫はそのほとんどがヒトの非ホジキンリンパ腫に相当し，ホジキンリンパ腫は犬と猫で類似のリンパ腫としてわずかに報告されているに過ぎない．

3-6　機能性腫瘍【アドバンスト】

到達目標：機能性腫瘍について説明できる．

キーワード：機能性腫瘍，正所性ホルモン産生腫瘍，異所性ホルモン産生腫瘍，多発性内分泌腫瘍症候群

内分泌臓器由来の腫瘍は多かれ少なかれ特有のホルモンを産生分泌している．この産生分泌されたホルモンの作用が全身性に現れることがある．また，内分泌臓器以外から発生した腫瘍でもホルモンやホルモン類似の生物学的活性物質を産生分泌する腫瘍がある．このような腫瘍を総称して**機能性腫瘍**（functioning tumor）あるいはホルモン産生腫瘍という．本来ホルモンを産生する臓器から発生する腫瘍を，**正所性ホルモン産生腫瘍**といい，ホルモンを産生しない臓器から発生した腫瘍を**異所性ホルモン産生腫瘍**として区別する．内分泌細胞由来ではないが，肥満細胞腫も生理活性物質を放出する機能性腫瘍である．

ヒトでは，複数の内分泌臓器に腫瘍や過形成などの増殖性病変が同時に発生することがある．これを**多発性内分泌腫瘍症候群**〔multiple endocrine neoplasia（MEN）syndrome〕といい，遺伝性の疾患と考えられている．MEN1型と2型が知られており，1型は第11染色体長腕11q13を座とするがん抑制遺伝子（MEN1）の欠落が甲状腺，膵臓および下垂体の過形成あるいは腺腫を発生させる．MEN2型では，第10染色体長腕10q11.2に座をもつRETがん遺伝子が責任遺伝子である．2A型と2B型があり，2A型ではC細胞過形成を伴う甲状腺髄様癌，副腎髄質褐色細胞腫および上皮小体過形成からなる．2B型はまれな発生を示し，甲状腺と副腎に2A型同様の病変を形成するが，上皮小体機能亢進症を欠き，口唇・舌・消化管粘膜に神経節細胞腫（ganglioneuroma）を発生させる．臨床的にはマルファン症候群（Marfan's syndrome）様の体型が特徴的である．一方，動物においても，犬で多発性内分泌腫瘍が報告されているが，そのほとんどがヒトのMENとの類似性は明らかにされていない．しかし，甲状腺髄様癌，副腎髄質褐色細胞腫および上皮小体腺腫が同時に発生した例も報告されており，臨床的にはヒトのMEN2型に類似した犬の例として報告されている．この他，フェレットでインスリノーマと副腎皮質腫瘍の同時発生例が報告されている．しかし，犬およびフェレットともに遺伝子学的背景は明らかにされていない．

第3章　腫瘍の病理学と病態　39

表3-4　機能性腫瘍の分類

腫瘍名	ホルモン・分泌物	腫瘍・由来細胞	動物種
正所性ホルモン産生腫瘍			
1.　成長ホルモン産生下垂体腺腫	成長ホルモン	下垂体前葉好酸性細胞	猫，犬，羊
2.　プロラクチン産生下垂体腺腫	プロラクチン	下垂体前葉好酸性細胞	カニクイザル，（ヒト）
3.　副腎皮質刺激ホルモン産生下垂体腺腫	ACTH	中間葉腺上皮	犬，フェレット
4.　性腺刺激ホルモン産生下垂体腺腫	ゴナドトロピン	下垂体前葉好塩基性細胞	
5.　甲状腺腺腫・腺癌	甲状腺ホルモン	濾胞上皮	犬，猫
6.　甲状腺髄様癌	カルシトニン	傍濾胞細胞（C細胞）	牛，馬，ラット
7.　上皮小体腺腫・腺癌	パラソルモン	主細胞	犬，猫，ラット，マウス
8.　インスリノーマ	インスリン	β細胞（膵島細胞）	犬，フェレット
9.　副腎皮質腺腫・腺癌	ステロイドホルモン	副腎皮質	フェレット，ラット，犬
10.　副質髄質腫	カテコールアミン	副腎髄質	犬，牛，ラット
11.　肥満細胞腫	ヒスタミン，ヘパリン，セロトニンなど	肥満細胞	犬，猫
異所性ホルモン産生腫瘍			
1.　ACTH産生腫瘍	副腎皮質刺激ホルモン	肺腫瘍	犬
2.　PTH産生腫瘍	パラソルモン	リンパ腫，肛門嚢アポクリン腺癌，甲状腺癌，他	犬，猫
3.　ゴナドトロピン産生腫瘍	ゴナドトロピン	副腎皮質癌，乳腺腫瘍	猫，犬
4.　プロラクチン産生腫瘍	プロラクチン	乳腺腫瘍（腺腫，腺癌）	犬
5.　成長ホルモン産生腫瘍	成長ホルモン	乳腺腫瘍	犬
6.　エリスロポイエチン産生腫瘍	エリスロポイエチン	腎癌，腎臓のリンパ腫	犬
7.　PTH-rP産生腫瘍	PTH-rP*	リンパ腫，肛門嚢アポクリン腺癌，甲状腺癌，他	犬，猫
8.　インスリン様成長因子	IGF I & II**	肝細胞癌，リンパ腫，血管肉腫，他	犬

* PTH-rP：parathyroid hormone related protein
** IGF I & IGF II：insulin-like growth factor

3-7　腫瘍随伴症候群

到達目標：腫瘍随伴症候群について説明できる.

キーワード：腫瘍随伴症候群，高カルシウム血症，高ヒスタミン血症，高エストロジェン血症，高アンドロジェン血症，クッシング症候群，低血糖症，多血症，好中球増加症，貧血，DIC，重症筋無力症，カルチノイド症候群，ADH不適切分泌症候群，肥大性骨関節症

　腫瘍細胞がつくり出したホルモンやサイトカイン，その他の蛋白質などの物質が，血流循環を介して全身の組織や器官の働きに影響して生じる様々な症候が生じる状態を**腫瘍随伴症候群**（paraneoplastic syndrome）と呼ぶ. こうした物質の中には，自己免疫反応を起こして組織や器官を傷害するものや，直接，

臓器の機能を傷害もしくは組織を破壊するものがあり，その結果，低血糖や下痢，高血圧などの全身性の症候を引き起こすことがある．本症候群は，腫瘍自体が良性であるか悪性であるかを問わずに現れる．

1. 高カルシウム血症

　腫瘍に随伴する高カルシウム血症（hypercalcemia）は，犬では 2/3，猫では 1/3 の症例に認められる．本症を随伴する腫瘍として，リンパ腫，肛門嚢のアポクリン腺癌，多発性骨髄腫，上皮小体腫瘍があげられ，この他に，甲状腺癌，骨腫瘍，胸腺腫，扁平上皮癌，乳腺癌，黒色腫，原発性肺癌，慢性リンパ球性白血病などの報告がある．高カルシウム血症の原因は，腫瘍細胞による異所性の副甲状腺ホルモン（PTH）あるいは副甲状腺ホルモン関連蛋白質（PTH-rP）の産生分泌，骨転移による広範囲な骨融解，原発性高 PTH 血症や腫瘍が産生するプロスタグランジン $PGE_{1/2}$，インターロイキン -1β（IL-1β），トランスホーミング増殖因子β（TGF-β）などサイトカインの作用などが考えられている．上皮小体の機能性腫瘍によるものは，主細胞腺腫や主細胞癌が PTH を産生分泌（正所性ホルモン産生腫瘍）し，原発性上皮小体機能亢進症を発症する．

　臨床徴候には食欲不振，嘔吐，便秘などがあり，血液検査では血中 PTH あるいは PTH-rP 濃度の異常な上昇と持続性の高カルシウム血症 / 低リン血症が観察される．過剰な PTH 分泌によって骨からカルシウムが奪われて，骨の脆弱化を引き起こす．また，持続性の高カルシウム血症は，2 次性に腎石灰化症（nephrocalcinosis）や骨格筋，肺，胃壁などの軟部組織に石灰沈着を誘発する．

2. 高ヒスタミン血症

　高ヒスタミン血症（hyperhistaminemia）は肥満細胞腫や好塩基性細胞腫に随伴する症候群である．肥満細胞腫は犬の皮膚に最も多く発生する非上皮性腫瘍で悪性あるいは悪性度の高い腫瘍である．増殖する腫瘍性肥満細胞の脱顆粒や腫瘍組織が広範囲な壊死を起こすことで，血中にヒスタミン，ヘパリン，蛋白質分解酵素などが放出される．罹患犬には胃や十二指腸粘膜の潰瘍，抗体産生不全，血液凝固時間の遅延，皮下水腫，出血や壊死，ショック（アナフィラキシーショック）が観察されることがある．肥満細胞腫では生理活性物質の放出に伴って，皮膚に瘙痒感，発赤，色素沈着を伴う色素性蕁麻疹が現れる〔ダリエ徴候（Darier's sign）〕ことがある．

3. 高エストロジェン血症

　卵巣の精索間質細胞腫瘍に含まれる顆粒膜細胞腫は多くの動物で認められるが，犬および猫では精索間質細胞腫瘍の半数は顆粒膜細胞腫である．馬および犬の顆粒膜細胞腫は良性であることが多いが，猫および牛の場合は悪性腫瘍が多い．腹腔内播種を示す悪性腫瘍もあるが，一般に臓器への浸潤や遠隔転移を示すものは少ない．顆粒膜細胞腫の中には，良性および悪性腫瘍ともにエストロジェンを産生分泌し，高エストロジェン血症（hyperestrogenism）を引き起こすものがある．雌犬では子宮蓄膿症，囊胞性卵巣疾患または囊胞性子宮内膜過形成が見られる．高エストロジェン血症は雄の精巣セルトリ細胞腫においても認められることがあり，乳房の腫脹など雌性化が起こる．また，非再生性貧血，顆粒球減少症，血小板減少症，甲状腺機能低下症，精巣上体腺筋症，前立腺腺上皮の扁平上皮化生などを引き起こすことがある．

4. 高アンドロジェン血症

　高アンドロジェン血症（hyperandrogenism）は精巣間質細胞腫である間細胞腫（ライディッヒ細胞腫）に随伴することがある．アンドロジェンを分泌し，雄犬では前立腺肥大や肛門周囲腺腫瘍を誘発する．また，卵巣顆粒膜細胞腫においてもアンドロジェンが分泌されることがあり，雌の雄性化が見られる．この他，副腎皮質網状帯の腫瘍にも同様の症状が見られることがある〔副腎性器症候群（adrenogenital syndrome）〕.

5. クッシング症候群

クッシング症候群（Cushing syndrome）はグルココルチコイドの過剰分泌に対する全身性の反応状態を総称する疾患である．最も多い原因として副腎皮質束状帯細胞の腺腫や腺癌（正所性ホルモン産生腫瘍）におけるグルココルチコイドの過剰分泌がある．これを副腎性クッシング症候群という．また，脳下垂体における副腎皮質刺激ホルモン（ACTH）産生腺腫（corticotroph adenoma）（機能性腫瘍）による下垂体性クッシング症候群がある．一般に高齢犬の下垂体前葉あるいは中間葉から発生する良性腫瘍で，ACTH を分泌し副腎皮質機能亢進症を引き起こす．本症候群は犬やフェレットに多発し，多飲多尿，食欲亢進，肥満，皮膚のひ薄化と石灰沈着，全身性の脱毛，無発情，精巣萎縮などの臨床徴候を呈する．動物では，クッシング様症候を示した犬の 1 例において，肺に ACTH や ACTH precursors を産生する異所性 ACTH 産生腫瘍が報告されている．

6. 低血糖症

腫瘍に随伴する低血糖症（hypoglycemia）のほとんどが膵島細胞由来の腫瘍に見られる．β 細胞に由来する腫瘍はインスリノーマという．β 細胞はインスリンを産生分泌するが，腫瘍化してもインスリンを産生分泌することがあり（正所性ホルモン産生腫瘍），著しい低血糖症を起こし，場合によっては死に至らしめることがある．犬や猫，フェレットに好発するが，他の動物では少ない．比較的小さなインスリノーマでも低血糖を現すことがあり，画像診断でも発見が困難なことがある．この他，低血糖症を引き起こす腫瘍に，犬の肝細胞癌，リンパ腫，血管肉腫，平滑筋肉腫，口腔内黒色腫，形質細胞腫，多発性骨髄腫，唾液腺腫，胃や小腸などの消化管に発生する平滑筋腫などがある．これらの腫瘍では，腫瘍細胞が産生分泌するインスリン様成長因子（insulin-like growth factor）（IGF Ⅰと IGF Ⅱ）が関与している．

7. 多血症

多血症（erythrocytosis）は，絶対的あるいは相対的に血球量が増加する状態を指すが，血球のほとんどは赤血球が占めるので赤血球増加症と同義語的に扱われる．本性は発症要因によって 2 次性多血症と真性多血症に分けられる．2 次性多血症の内，腫瘍と関連する多血症は，腫瘍細胞が産生分泌する造血ホルモン（エリスロポイエチン，erythropoietin）の作用によって造血が進行し，多血症となるものである．犬の腎細胞癌の一部にはエリスロポイエチンを分泌するものがあり，このホルモンによって造血が誘発される．また，犬の腎臓に発生したリンパ腫および平滑筋肉腫，盲腸の平滑筋肉腫，肺癌，肝細胞癌などにおいてもエリスロポイエチン分泌による多血症の報告がある．一方，真性多血症は，造血幹細胞が腫瘍化して発生する慢性骨髄増殖性疾患に属する血液腫瘍疾患で，多血症はその部分症として現れる．末梢血液中の顆粒球・単球系，赤血球系および血小板系の成熟表現型を示す細胞がクローン性に増殖することを特徴とする．犬にしばしば認められる．

8. 好中球増加症

腫瘍に随伴して末梢血液中の好中球の異常な増加が認められることがある．感染や外傷など好中球の増加を誘導する原因が認められない場合，好中球増加症（neutrophilic leukocytosis）が疑われる．類白血病性反応（leukemoid reaction）とも呼ばれるが，真の白血病との鑑別が難しいことがある．犬のリンパ腫，腎癌，肺原発腫瘍，転移性線維芽細胞腫に随伴した症例があり，原因は確定されていないが，腫瘍細胞によって産生分泌される顆粒球コロニー刺激因子（granulocyte colony-stimulating factor：G-CSF）や顆粒球マクロファージ刺激因子（granulocyte macrophage colony-stimulating：GM-CSF）が

疑われている．猫では G-CSF を産生する皮膚の腺癌や肺の扁平上皮癌の例がある．

9. 貧血

　腫瘍に関連する**貧血**（anemia）には乳腺癌や大腸癌など悪性腫瘍に多く見られる患部からの慢性的な出血によるものがある．この場合，鉄欠乏性貧血の特徴を示す．腫瘍の増殖が進行し，骨髄に転移すると造血組織が破壊され，造血機能が障害を受けることよって貧血が誘発される．また，免疫機能の異常によって幼弱な赤血球が破壊されることによる免疫介在性溶血性貧血（immune-mediated hemolytic anemia）がある．

10. 播種性血管内凝固

　全身性の細動脈や毛細血管など微小血管内における急激な血栓の形成と出血傾向に陥った状態をいう．血液中のフィブリノーゲンや血小板が大量に消費されるほか，血栓に対して栓溶系が発動し，血栓を溶解するために血液の凝固異常が同時性に発現する．播種性血管内凝固（disseminated intravascular coagulation：**DIC**）の発症要因には多数の原因があるが，腫瘍に関連して発現することがあり，犬では悪性腫瘍の 10% において発症するとされている．血管肉腫や白血病，炎症性乳腺癌，甲状腺癌，肺癌，腎細胞癌などに随伴する例が報告されている．

11. 重症筋無力症

　狭義にはニコチン性アセチルコリン受容体に抗アセチルコリン受容体（AChR）抗体が結合し，アセチルコリンによる神経・筋伝達を阻害するために筋肉の易疲労性や脱力が起こる自己免疫疾患であると考えられている．しかし，全ての**重症筋無力症**（myasthenia gravis：MG）に抗 AChR 抗体が証明されているわけではない．動物では犬に最も多く認められるが，その発症要因に関して先天性と後天性の重症筋無力症が知られている．先天性疾患は AChR を制御する常染色体劣性遺伝子の異常によるもので，腫瘍との関連性は認められない．後天性の重症筋無力症は胸腺腫に随伴するものである．胸腺腫の組織には胚中心を伴うリンパ濾胞が形成されることがあり，組織中に高濃度の抗 AChR 抗体が証明されることから，AChR に対する抗体が産生されている可能性が示唆されている．犬の重症筋無力症の多くは胸腺腫に随伴する後天性のものがほとんどである．また，猫にも少ないながら同様の後天性疾患の報告がある．

12. カルチノイド症候群

　カルチノイド症候群（carcinoid syndrome）はカルチノイド腫瘍の一部に生じ，ヒトでは皮膚潮紅，腹部痙攣，下痢を特徴とする．本症候群は，腫瘍によって分泌される血管作用性物質（セロトニン，ブラジキニン，ヒスタミン，プロスタグランジン，ポリペプチドホルモンを含む）に起因する．腫瘍の多くは転移性消化管カルチノイドである．内分泌学的活性を有する腫瘍は様々なアミンやポリペプチドを産生し，それによる徴候が見られる．大半は小腸の神経内分泌細胞から発生する悪性腫瘍を原因とする．しかし，虫垂および直腸，膵臓，気管支，性腺に発生する神経内分泌腫瘍に起因することもある．また，肺の小細胞癌，膵島細胞癌，甲状腺髄様癌が原因となることがある．分泌物資であるセロトニンは平滑筋に作用して，下痢，仙痛，吸収不良をもたらす．ヒスタミンおよびブラジキニンは，血管拡張作用を介して潮紅を引き起こす．動物でも近年，カルチノイドもしくは神経内分泌腫瘍としての報告が犬や猫になされているが，カルチノイド症候群を伴う症例の報告は少なく，犬の腸に発生した神経内分泌腫瘍や猫の肝臓においてグルカゴンを産生する神経内分泌細胞癌に由来する例（Zollinger-Ellison syndrome）が報告されているのみである．

第3章 腫瘍の病理学と病態 43

13. 抗利尿ホルモン不適切分泌症候群

抗利尿ホルモン（ADH）不適切分泌症候群（Syndrome of inappropriate secretion of antidiuretic hormone：SIADH）は，ヒトの肺，頭頸部やその他の臓器に発生する腫瘍に随伴して見られる．低ナトリウム血症やカルシウム障害など水分と電解質の平衡異常が，抗利尿ホルモン ADH および副甲状腺ホルモン様ホルモンの産生（小細胞および非小細胞肺癌から）により生じ得る．ADH は腎臓に作用して血液中の水分の尿中への排泄を調節する．腎臓の機能が正常でも，ADH の分泌が不足すると多尿に，ADH の分泌が過剰な状態では血液中に水分が蓄積される状態になる．ADH の分泌は血中浸透圧によって調節される．ADH は脳の中の視床下部で合成され，下垂体の後葉から血中に分泌されるホルモンで，腎臓で作用を発揮する．ADH が不足する中枢性尿崩症では，大量に色のない尿（多尿）が出るようになり，多飲多渇の症状が発生する．ADH 過剰症では特徴的な徴候が認められることはない．検査時に水分の過剰貯留により発生した低ナトリウム血症として発見されることがほとんどである．血中浸透圧に比較して ADH の分泌が過剰な状態は，抗利尿ホルモン不適合症候群（SIADH）と呼ばれ，倦怠感や食欲低下などの症候がある．一方，動物おいて腫瘍に随伴する本症の報告は見られない．

14. 肥大性骨関節症

肥大性骨関節症（hypertrophic osteoarthropathy）は，ヒトで，ばち指・骨膜下に骨新生をきたす慢性増殖性変化ならびに関節炎の徴候を有する症候群で，①原因不明のもの，②家族性に発症する原発性のもの，③呼吸器疾患や先天性疾患に伴い発症する続発性のものに分類される．

呼吸器疾患に合併して発症したものが，本症の大半を占める．残りはチアノーゼ性先天性心疾患，亜急性細菌性心内膜炎，慢性うっ血性心不全などの心疾患に伴うものである．手指，足趾の血流増加による圧負荷が爪床部組織や骨膜の増殖を引き起こすといわれているが，原因は不明である．手，肘，足，膝関節等の疼痛，熱感，発赤，腫脹，時に関節液の貯留，運動制限などが認められることがある．一般に緩徐な経過をとるが，時に急速に進行することもある．肺癌による場合は，一般に関節徴候が激しく進行も早い．対して，肺化膿性疾患に基づくものでは関節徴候は軽く，数か月あるいは年余にわたって徐々に完成されていくこともある．動物においても同様の疾患が報告されており，犬の肺癌，肺原発の骨肉腫，骨外性骨肉腫，悪性腎芽腫，腎臓の移行上皮癌，悪性セルトリ細胞腫，中皮腫，食道の線維肉腫などで報告されている．

参考文献

日本獣医病理学専門家協会 編（2013）：動物病理学総論 第3版，文永堂出版.

日本獣医病理学専門家協会 編（2015）：動物病理学各論 第2版，文永堂出版.

Withrow, S.J., Vail, D.M., Page, R.L. eds.（2013）：Small Animal Clinical Oncology 5th ed., Elsevier.

World Health Organization（1998）：International Histological Classification of Tumors of Domestic Animals. Published by the Armed Forces Institute of Pathlogy in cooperation with the American Registry of Pathology and The World Health Organization Collaborating Center for Worldwide Reference on Comparative Oncology.

Meuten, D.J. ed.（2002）：Tumors in Domestic Animals, 4th ed., Iowa State Press, Blackwell Pub.

菊池浩吉 監修（2012）：病態病理学 改訂17版，南山堂.

44　　第 3 章　腫瘍の病理学と病態

演習問題（「正答と解説」は 157 頁）

問 1．正しい説明文の組合せを選択しなさい．
　　a．悪性腫瘍細胞は運動能をもたないため組織液の流れを利用して移動する．
　　b．悪性腫瘍は細胞間接着分子の発現が低下しているため，遊離しやすい．
　　c．悪性腫瘍は蛋白分解酵素を産生し，周囲細胞間基質を融解しながら移動する．
　　d．悪性腫瘍細胞は末梢血管の内皮細胞に接着分子を介して付着する．
　　e．リンパ管内，血管内の腫瘍細胞は防御機構による排除を受けることはない．
　　① a,b,c　　② a,c,e　　③ b,c,d　　④ b,d,e　　⑤ c,d,e

第4章　腫瘍の診断

一般目標：腫瘍の病理学的診断と各種検査法の原理，意義および適用を理解する.

4-1　腫瘍の発生要因と臨床徴候

到達目標：腫瘍発生に関連のある動物種，品種，年齢，部位，臨床徴候を例示できる.

キーワード：動物種，品種，年齢，性別，発生部位，臨床徴候

1.　動物種

動物種による腫瘍発生率および好発腫瘍の種類には相違が見られることが報告されている. 特に伴侶動物である犬は，ヒトと同様にがんが死因の第1位となっている. 米国がん研究所の調査では，がんの総発生率は10万人（頭）当たりヒトで476人，犬381頭，猫264頭となっている. 発生部位もしくは系統別のがんの発生率では，高い順に犬は乳癌，皮膚癌，結合組織肉腫，精巣腫瘍，メラノーマ，非ホジキンリンパ腫，口腔癌の順で，猫は非ホジキンリンパ腫，白血病，皮膚癌，乳癌，結合組織肉腫の順，ヒトは乳癌，皮膚癌，メラノーマ，非ホジキンリンパ腫，白血病との報告がある. ヒトと犬・猫との相違点として，骨と結合組織のがんである間葉系肉腫は，ヒトに比べて犬・猫の発生は多く，特に犬で顕著である. 犬の骨肉腫や血管肉腫などは，ヒトのこれらオーファンキャンサー（症例数が少ない難治性がん）の診断および治療モデルとして極めて重要視されている. また，猫の非ホジキンリンパ腫はヒトおよび犬に比較して高発生率であり，オンコウイルスである猫白血病ウイルス（FeLV）の関与が示唆されている.

犬と猫のがんを比較すると，一般的に猫は犬より悪性腫瘍の比率が高いことが知られている. 犬の皮膚および皮下腫瘍は組織球腫や脂肪腫の発生が多く，猫と比較して良性腫瘍の割合が高い. 犬の乳腺腫瘍はヒトと同様に多発するが，悪性は30～50%であり，猫の約80%と比べて良性腫瘍の割合が高い. 前立腺癌はヒトでは増加傾向が顕著であるが，近年犬では去勢により発生が増加することが明らかとなったがんである. 前立腺癌は，ヒトでは進行が緩やかな症例が多いが，犬では急速な進行によりそのほとんどは予後不良となる点がヒトと異なる. 猫の前立腺癌の発生は極めてまれである. 肺癌や大腸癌はヒトではよく見られるが，犬・猫では少ない.

牛は経済動物なので寿命を全うしない. したがって，腫瘍発生の正確なデータは得にくいが，眼の扁平上皮癌，次いでリンパ腫の発生が多い. リンパ腫の多い原因としては，牛白血病ウイルス（BLV）の関与が考えられる. 馬は他の動物に比較してがんの発生は少ない. 腫瘍発生調査では，ザルコイド，扁平上皮癌，線維腫，メラノーマ，パピローマ，線維肉腫，リンパ腫の順で多かった. 白血病ウイルスによりリンパ腫の発生が多い猫と牛は悪性の比率が高く，オンコウイルスのない馬と犬は低い傾向が見られる.

その他がんの伝搬が特殊なものとして，性交による犬の可移植性性器腫瘍，外傷によるタスマニアデビルのデビル顔面腫瘍性疾患がある. また，体のサイズから予測される寿命の10倍以上の長寿であるハダカデバネズミは，がんになりにくいことが長寿の原因と考えられている.

46   第4章　腫瘍の診断

2. 品　種

　犬の品種により，がんの発生率が異なることが報告されている．バーニーズ・マウンテン・ドッグ，アイリッシュ・ウルフハウンド，フラットコーテッド・レトリーバー，ボクサー，セント・バーナードはがんの発生率が高い．バーニーズ・マウンテン・ドッグ，フラットコーテッド・レトリーバー，ゴールデン・レトリーバー，ロットワイラーはがんが死因の20%以上を占める．これらの原因は，遺伝子および遺伝性要因が関係すると考えられている．バーニーズ・マウンテン・ドッグは組織球性肉腫が多い．アイリッシュ・ウルフハウンドは骨肉腫が多い．ボクサーは皮膚の肥満細胞腫，皮下の血管腫，血管周皮腫をはじめ，内分泌，精巣および間葉系腫瘍が多い．間葉系腫瘍は，ジャーマン・シェパード・ドッグ，ブリアード，ラフ・コリー，ベルジアン・シェパード・ドッグに多い．膀胱癌はスコティッシュ・テリア，ビーグル，血管肉腫はジャーマン・シェパード・ドッグ，ゴールデン・レトリーバー，ラブラドール・レトリーバー，リンパ腫はジャーマン・シェパード・ドッグ，ゴールデン・レトリーバー，肥満細胞種はボクサー，パグ，骨肉腫は大型犬種，鼻腔内腫瘍は長頭犬種に多い．また，乳腺腫瘍は小型犬に多く，良性の比率が高い傾向が見られる．

　猫は犬に比べて報告が少ない．シャムはリンパ腫が多い．若年性縦隔リンパ腫は通常FeLV陽性の猫に発生するが，例外的にFeLV陰性のシャムにも多く発生する．白毛猫の日光による扁平上皮癌は，それ以外の猫と比較して10倍以上の発生率と報告されている．

　ヘレフォードの眼の扁平上皮癌は眼の周囲の白毛と日光による．馬メラノーマは加齢による毛の色素沈着と，灰色の毛が発生の原因といわれている．

3. 年　齢

　腫瘍の発生年齢は2峰性で，若齢期に小さなピーク，中高齢期に大きなピークを示す．犬は3歳までは良性が多く，7歳からは悪性が多くなる．猫は3歳までは腫瘍の発生は少なく，良性と悪性で差は見られない．特に猫のFeLVに関連した2歳以下の造血系腫瘍の発生は顕著である．3歳を超えると悪性がその後明らかに多くなる．犬・猫とも，腫瘍発生は10歳前後でピークとなり，その後減少する．

　停留精巣の腫瘍化は，停留していない犬の精巣腫瘍発生年齢に比較して，若い傾向が見られる．若齢期に発生する主な腫瘍は，ヒトで急性リンパ性白

表4-1　若齢期に発生する腫瘍

腫瘍	特徴
犬頭部高分化型線維肉腫	上顎に発生することが多く，進行がゆっくりで大型犬に多い
犬口腔内未分化型悪性腫瘍	進行が速く，転移好発性で，6～22か月齢の大型犬に多い
猫縦隔リンパ腫	2歳以下のFeLV陽性の猫
犬乳頭腫	DNAウイルスが原因で，自然退縮する
犬皮内角化上皮腫	5歳未満の雄に多い
犬皮膚組織球腫	自然退縮する
猫組織球性肥満細胞腫	平均2.4歳の猫に発生し，自然退縮することあり
猫ウイルス誘発性線維肉腫複合症	FeLV陽性の猫
犬骨肉腫	若齢期のピークは1.5歳
犬多発性軟骨性外骨腫	70%は13か月未満の犬
猫多発性軟骨性外骨腫	平均年齢3.2歳

血病，犬は皮膚組織球腫，猫と牛はリンパ腫，馬は乳頭腫があげられる．犬の寿命に関して，バーニーズ・マウンテン・ドッグは短命といわれているが，若齢～中齢にかけて組織球性肉腫や骨肉腫などの発生が多いため，寿命を短くしていると考えられている．表4-1は若齢期に発生する腫瘍とその特徴を示す．

4. 性　別

　雄，雌それぞれ以下の腫瘍が多いという特徴がある．

雄：肛門周囲腺腫瘍

雌：肛門嚢アポクリン腺癌，乳腺腫瘍

　犬・猫とも，雌の方が雄よりも乳腺腫瘍の発生分だけ腫瘍発生は多い．雄の乳腺腫瘍は，犬で 1% 未満，猫で 1.3% 未満と報告されている．犬皮膚腫瘍は肛門周囲腺腫瘍が雄に多いため，全体として雄の方が多い．この腫瘍は雌（特に避妊雌）にも見られ，皮膚腫瘍の 5.5% に発生し，雄は 88.0% であったとする報告もある．

　その他，犬の唾液腺腫瘍，線維肉腫，口腔内メラノーマは雄に多い傾向が見られる．犬の消化器癌は雄に多いが，良性の消化器腫瘍に性差は見られない．猫の口腔内および消化管悪性腫瘍，骨肉腫は雄に多い傾向が見られる．

　犬の前立腺癌は去勢により約 4 倍発生が高まると報告されている．

5．発生部位

　発生部位を系統別に見ると，犬は上皮，結合組織，造血系，脈管系の順に多く，猫は造血系，上皮，結合組織の順となる．牛は上皮，造血系，結合組織，馬は上皮，結合組織，神経の順に多い．特に猫と牛では造血系が多く，白血病ウイルス（FeLV，BLV）が関与していると考えられる．

　腫瘍の種類と好発部位については，表 4-2 の通りである．

6．臨床徴候

　がんの診断において画像検査と生検は確定診断をするうえで最も大切な検査である．それらの検査に進むべきかどうかは，その前に実施する稟告や身体検査によって判断することが多い．すなわち，臨床徴候として認められた異常と経過は，腫瘍性疾患を疑う，もしくはその原因を究明するきっかけを与えてくれる．本項では，特徴的な臨床徴候をあげ，留意すべき点と類症鑑別について解説する．ヒト医学では「症状（symptom）」と「徴候（sign）」がそれぞれ自覚的異常と他覚的異常に使用されている．獣医学では，動物の自覚異常を認識できないため，「症状」を用いるべきではないが，飼い主への説明の際には分かりやすい「症状」が用いられている．

1）くしゃみ，鼻汁，鼻出血

　鼻腔内は直接病巣を見ることができ

表 4-2 腫瘍の種類とその好発部位

腫瘍の種類	好発部位	備考
口腔内悪性メラノーマ	犬：歯肉	
口腔内扁平上皮癌	犬：歯肉	扁桃は悪性度高く，転移好発
頭部高分化型線維肉腫	犬：上顎	若齢，大型犬に発生
リンパ腫	犬：多中心 猫：消化管，多中心，縦隔，腎，鼻腔	FeLV が関与しないものあり
日光による扁平上皮癌	猫：鼻平面，耳介先端，内眼角	白毛猫に発生
肺癌	犬：後葉＞前葉・中葉 猫：後葉	四肢の肥大性骨症に留意 指への転移に留意
組織球性肉腫	犬：皮膚／皮下，関節周囲，肺	
血管肉腫	犬：脾臓，肝臓，右心房，皮膚	
腸癌	犬：結腸遠位 猫：小腸	
肝細胞癌	犬：左葉	
乳腺腫瘍	犬：尾側乳腺 猫：どの部位にも発生	
膀胱移行上皮癌	犬：三角部	
肥満細胞腫	犬：体幹部皮膚 猫：皮膚，脾	
骨肉腫	犬：前肢＞後肢 猫：後肢＞前肢	前肢は肘より遠い，後肢は膝に近い部位に好発

48 　　第 4 章　腫瘍の診断

ないため，どの段階で精密検査をすべきか留意しておく必要がある．特に初期の場合には，対症療法に
よって状態が一旦改善して，さらに精密検査の時期が遅れることがある．鼻腔内の異常部位の特定，肉
眼的観察，くしゃみや鼻汁の頻度と性状などを詳しく検査して，異常の原因を早期に見つけることが大
切である．また，顔の変形や膨隆，眼の変位がある場合には，病状が進行している徴候となる．特に慢
性的に止まらない鼻出血や，異常徴候が一進一退しながらも長期の経過をとる場合には腫瘍性疾患の可
能性が高い．

　　類症鑑別は，鼻腔内腫瘍，鼻アスペルギルス症，細菌性・アレルギー性・特発性鼻炎，鼻内異物，外傷，
全身性凝固異常などがある．腫瘍の場合は，犬では腺癌，移行癌，扁平上皮癌，猫ではリンパ腫，扁平
上皮癌などとの鑑別が必要となる．

2）口臭と流涎

　　口腔内の異常徴候は日常的に気づきやすい．したがって，異常が認められた段階で口腔内を詳細に観
察して，その原因を明らかにすることが大切である．口腔内の炎症や腫瘍性病変がよく見られる．腫瘍
が大きくなると摂食ができなくなり，食欲減退，元気消失を示すことがある．また，食餌残渣が口腔内
に長期間存在することによって，腐敗して口臭がさらに重度になる．

　　口腔内に原因がある場合の類症鑑別は，口唇異常，歯肉炎，口内炎，異物，腫瘍などがある．腫瘍の
場合は，悪性メラノーマ，扁平上皮癌，線維肉腫，エプリスなどの鑑別が必要である．流涎は食道もし
くは胃腸疾患，代謝性疾患，神経疾患，薬物や異物によっても起こるので，鑑別診断時には口腔内以外
の要因も念頭に置く．

3）咳嗽と呼吸困難

　　咳嗽は気道および肺の異常，もしくは気道を圧迫する周囲組織の異常に起因する．腫瘍性疾患では，
咽喉頭，気管，肺に至る部位での腫瘍において咳嗽が起こる．また，心臓や甲状腺の肥大，気道に隣接
するリンパ節腫大においても咳嗽は起こる．呼吸困難は喘ぐような努力性呼吸を示し，酸素不足および
二酸化炭素蓄積によって生じる．口腔，咽喉頭，気管内および気管外，気管支および細気管支，肺の機
能異常，胸水の貯留，縦隔の異常などにより生じる．類症鑑別には，アレルギーおよび炎症，異物やリ
ンパ節腫大などの物理的および機械的要因，腫瘍，心臓および循環器系，感染などが考慮される．腫瘍
による咳嗽や呼吸困難は，病状の進行とともに徐々に臨床徴候が進行するため，異常に気づくのが遅れ
る傾向にあることを知っておく．

　　腫瘍性疾患のうち気道や胸腔内原発腫瘍としては，口腔，咽喉頭，気管，肺の腫瘍，胸腺および縦隔
腫瘍，中皮腫，肋骨の腫瘍，心臓の血管肉腫や大動脈体腫瘍などがある．その他，2 次的に気道を圧迫
するものとしては，甲状腺腫瘍，転移性肺およびリンパ節転移腫瘍などがある．がん性胸膜炎により胸
水貯留を生じやすいものとしては，悪性度の高い肺腫瘍，中皮腫，心臓の血管肉腫などがある．

4）嚥下困難，吐気，吐出

　　嚥下とは，口腔内に入った食物が，舌，硬口蓋，軟口蓋，咽頭，食道へ移動する一連の反射的行動で
ある．これらの部位に何らかの異常が起こると嚥下困難となり，吐気や吐出が起こる．吐気は嚥下経路
における解剖学的および機械的閉塞病変および疼痛により起こり，吐出は主に食道の通過障害が原因と
なり，胃に流入していない唾液や食物が吐き出されるもので，感染や免疫介在性で生じ，吐気と吐出に
共通する原因として，神経疾患，神経筋疾患，内分泌性疾患などがあげられる．

　　腫瘍性疾患においては，口腔内，舌，咽喉頭部，食道，胃の腫瘍，さらには胸腺，気管気管支リンパ
節，心基底部の縦隔部腫瘍，中耳および中枢神経腫瘍などにより起こる．

第4章　腫瘍の診断　　49

5）嘔　吐

嘔吐は胃腸からの食物の逆流を示すよく見られる臨床徴候であるが，胃腸疾患以外の原因による場合もある．嘔吐は吐出と稟告および詳細な観察によって区別することができる．嘔吐の原因は様々な異常により生じるが，代謝および内分泌異常，中毒，薬剤，腹腔内の異常，食餌，胃疾患，小腸および大腸疾患などにより生じる．腹腔内の異常では，肝胆疾患，腎疾患，膀胱疾患などが含まれる．

腫瘍性疾患では，胃および腸の腺癌，リンパ腫，消化管間質腫瘍（gastrointestinal stromal tumor：GIST），腹腔内の膵癌，肝細胞癌，胆管癌，血管肉腫，膀胱移行上皮癌，さらに中枢神経腫瘍などが嘔吐を引き起こす．

6）下　痢

下痢は主に急性および慢性下痢，小腸性および大腸性下痢に分類される．まず，これらの鑑別を実施して，異常部位や原因を探求する．下痢を起こす動物は，併せて嘔吐を示す場合もある．

腫瘍性疾患の場合には，長期間かかって病状が進行するので，ほとんどは慢性下痢に該当する．消化吸収不良による慢性小腸性下痢には，リンパ腫および腺癌がある．これは，猫ではよく見られるのに対して犬ではまれである．主な慢性大腸性下痢は，犬のリンパ腫および腺癌が該当し，猫では大腸腫瘍の発生はまれなので，その原因となることは少ない．それ以外の腸腫瘍としては，GIST，平滑筋腫，平滑筋肉腫，ポリープなどがある．腸腫瘍以外では，肝胆道系腫瘍や転移性腹腔内腫瘍（リンパ節転移）でも認められることがある．

7）血便，メレナとしぶり，排便困難

血便は大腸の結腸，直腸，および肛門・肛門嚢の異常により起こり，メレナ（黒色便）は口腔から小腸までの上部消化管での出血により起こる．排便困難は，肛門および肛門周囲の疾患のために直腸からの便の排出が困難となり，痛みを伴うこともある．一方，便意があってもほとんど便が溜まっていないしぶりは大腸もしくは下部泌尿器系の疾患により起こる．

血便を起こす腫瘍性疾患は，犬では直腸の腺癌，ポリープが多く，それ以外には直結腸の平滑筋腫，平滑筋肉腫などがある．また，犬肛門周囲腺腫瘍，犬肛門嚢腺癌も含まれる．猫では結腸のリンパ腫，直腸腫瘍はまれである．メレナは犬の腺癌，リンパ腫，平滑筋腫，平滑筋肉腫，猫のリンパ腫，ポリープなどにより起こる．

しぶりおよび排便困難は，直腸腫瘍，肛門周囲腺腫瘍，肛門嚢腺癌，前立腺腫瘍，膀胱および尿道腫瘍，骨盤腔内の腸管外腫瘍，仙尾部腫瘍，および直結腸を圧迫するリンパ節転移腫瘍などにより起こる．

8）血尿と排尿困難

血尿は泌尿器系の疾患，および生殖器系の出血が尿に混入する場合により起こる．排尿困難は，排尿時の疼痛や尿路の閉塞などによって起こり，少量ずつ頻回に排尿をする．下部泌尿器系である膀胱や尿道の疾患および生殖器疾患などにより起こる．

腎，尿管，膀胱，尿道腫瘍の泌尿器系腫瘍，前立腺，包皮，腟腫瘍の生殖器系腫瘍がある．

9）多飲多尿

多飲多尿の原因は，内分泌異常と非内分泌異常に分けられる．内分泌異常のうち，腫瘍性疾患としては，副腎皮質機能亢進症を示す下垂体や副腎の腫瘍が含まれる．非内分泌異常においては，上皮小体関連ペプチドを産生する肛門嚢腺癌やリンパ腫，過粘稠症候群を示す多発性骨髄腫，さらに腎および肝不全を引き起こす腎および肝腫瘍などがある．

50　　　第 4 章　腫瘍の診断

10）貧　血

貧血は腫瘍性疾患において最もよく認められる異常である．貧血を診断する時は，原疾患と貧血のタイプを明らかにする必要がある．

軽度〜中等度の正球性正色素性非再生性貧血は，慢性疾患であるがん患者の多くに見られる貧血である．軽度〜重度の大球性低色素性再生性貧血は，主にリンパ腫で認められる．細血管異常性溶血性貧血は，主に血管肉腫で認められ，分裂赤血球が作られる軽度〜中等度の貧血である．血液喪失による貧血は，全ての出血性腫瘍が原因となり得る．

11）跛　行

跛行は単に四肢の異常によるだけでなく，脊椎や神経系疾患によることもあり，局所および全身の検査が必要である．腫瘍性疾患としては，四肢の骨肉腫，多発性骨髄腫，転移性骨腫瘍，関節に生じる滑膜肉腫，組織球性肉腫，さらには神経系を含めた軟部組織の腫瘍を鑑別すべきである．また，脊椎の原発および転移性腫瘍により脊髄が圧迫されて跛行を示す場合もある．一般に腫瘍に起因する跛行は進行性である．腫瘍随伴症候群として認められる跛行としては，犬肥大性骨症と肺癌，猫指症候群と肺癌などがある．

4-2　血液・血液化学検査による腫瘍の診断

到達目標：腫瘍の診断と症例の状態把握に有用な血液・血液化学検査を例示できる．

キーワード：腫瘍マーカー，血液・血液化学検査

1．診断に有用な腫瘍マーカー

ヒトにおける血液を用いた腫瘍マーカーは多種にわたるが，現在のところ犬・猫の**腫瘍マーカー**で有用なものはほとんどない．腫瘍細胞や腫瘍組織を採取できれば，細胞診および組織診などの一般的な病理学検査で確定できなかった場合でも，免疫組織化学染色や細胞表面マーカーのフローサイトメトリー分析によって確定診断に至ることもある．侵襲性の低い血液や尿を用いたがんの診断は理想的である．犬・猫における血液を用いた腫瘍マーカーは，分子生物学的手法を用いたマイクロ RNA による早期診断の研究が進行中であり，実用化が待たれる．血液・血液化学検査による腫瘍診断における補助的マーカーとしては，α_1-酸性糖蛋白（α_1-AG），C 反応性蛋白（CRP）および血清アミロイド A（SAA）がある．炎症を起こすがんに対して，α_1-AG，CRP や SAA は高値を示すが，炎症性疾患との鑑別に注意を要する．血中の α-フェトプロテインは肝炎や肝癌で上昇することが知られているが，実

表 4-3　血液・血液化学的異常と関連する腫瘍

異常	腫瘍
貧血	リンパ腫，白血病，多発性骨髄腫，血管肉腫，悪液質を示すがん
多血	腎癌（エリスロポエチン産生性），腎リンパ腫
白血球増多	リンパ腫，肺癌，直腸癌（CSF 産生性）
好酸球増多	肥満細胞腫
血小板減少	リンパ腫，白血病，多発性骨髄腫，血管肉腫
高 ALP 値	骨肉腫
高蛋白血症	多発性骨髄腫
低アルブミン血症	悪液質を示すがん
高グロブリン血症	リンパ腫，多発性骨髄腫
高カルシウム血症	肛門嚢腺癌，リンパ腫，上皮小体腫瘍
低血糖	インスリノーマ，リンパ腫，肝癌，血管肉腫
高エストロジェン血症	精巣腫瘍，卵巣顆粒膜細胞腫
高ヒスタミン血症	肥満細胞腫
DIC	血管肉腫，炎症性乳癌，甲状腺癌，リンパ腫

第 4 章　腫瘍の診断　　51

用化には至っていない．血液以外では，尿中の膀胱腫瘍抗原（V-BTA）や遺伝子変異（BRAF 遺伝子）の検出は膀胱移行上皮癌のスクリーニング検査として実用化されている．

2．症例の状態把握に有用な血液・血液化学検査

　血液・血液化学検査は全身状態の把握が目的の検査であり，腫瘍の直接的診断には関与できないが，腫瘍細胞の産生物質およびその生体に対する反応を血液・血液化学検査の異常値で把握し，診断に活用することができる．腫瘍随伴症候群はこれらに該当し，診断に応用できる側面がある．表 4-3 にその代表的な血液・血液化学検査の所見と，それに対応する腫瘍を示す．

4-3　細胞診と組織診の方法と適用

　到達目標：細胞診と組織診の方法と適用について説明できる．
　キーワード：細胞診，組織診，生検法
　腫瘍の診断において最も重要なのは，治療の前に診断を確定することである．確定診断のためには，生検を実施して**細胞診**および**組織診**を行うことが基本となる．正確な確定診断ができれば，それに基づく適切な治療計画が立案できる．なお前提として，体表腫瘤に生検を実施するにはヘルニアを除外しておくことは必須である．

1．細胞診

　確定診断の第 1 歩は**細胞診**を行うことに始まる．様々な方法で検査対象となる細胞を集め，細胞学的特徴により腫瘍なのか腫瘍でないのか，腫瘍であればどのような起源の細胞であるのか，さらにどのような細胞学的特徴（細胞の密度と大きさ，核 / 細胞質比，核のクロマチン，核小体，分裂像など）を有するのかを観察する．細胞診では腫瘍の立体構造を見ることができないため，腫瘍であることは判断できても，良性か悪性かを決定できないことが多い．例えば，リンパ腫や肥満細胞腫などは確定診断できるが，治療計画を立てるうえで必要な組織学的悪性度（グレード分類）の情報は得られない．さらに，確定診断をするとともに腫瘍の種類や悪性度を明らかにするためには，細胞診に続いて組織診を実施することが通常の手順となる．

1）細胞診の方法

　診断すべき腫瘤病変からできるだけ多くの細胞を集めることは，細胞診の精度を高めるうえで重要である．しかし，適切に細胞診を実施しても，腫瘍が独立円形細胞，癌腫もしくは肉腫細胞によって，細胞の採れる数量は異なってくる．見方を変えれば，細胞が採れにくいことにより肉腫を疑うこともできる．細胞診の手段として主に固形腫瘍病巣に直接針を穿刺する細針生検（fine needle biopsy：FNB）があり，シリンジに陰圧をかけて吸引する方法（fine needle aspiration：FNA）と吸引しない方法がある．また，胸水や腹水中のがん細胞に対する吸引塗抹法および固形腫瘍の一部を切開生検によって採取してスタンプする方法がある．

（1）細針生検（FNB）

　吸引細針生検（FNA）では，注射筒に注射針をつけて，固形腫瘍に対して穿刺吸引して，細胞を集める．注射針の先端部に吸引された細胞をスライドグラスに押出し，塗抹，染色，鏡検する．一方，小腫瘤や穿刺により出血しやすい場合には，貫通防止や血球の吸引により腫瘍細胞が見えにくくなることを回避するために，注射針を前後に動かすことのみで吸引せず細胞を採取する方法もある．注射針のみの方が繊細な操作が可能な利点があり，また，吸引による細胞破壊が生じにくい．FNA の適切なアプローチ法を図 4-1 に，FNA と針のみで吸引しない各細針生検の特徴を表 4-4 に示す．

表 4-4 吸引細針生検（FNA）と針のみで吸引しない細針生検

吸引する方法（FNA）	一般的方法 比較的大きい腫瘤に適用
針のみで吸引しない方法	小腫瘤 出血多い場合 細胞が壊れやすい場合 繊細な操作ができる

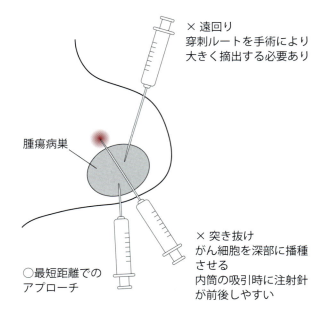

図 4-1 FNA のアプローチ

（2）吸引塗抹法

がん性胸膜炎，がん性腹膜炎，液体貯留病変に対しては，液体を穿刺吸引して塗抹標本を作製する．胸腹水などは塗抹前に低速遠心分離して，細胞密度を濃くすると診断を効率化できることがある．がん性の滲出液を採取した場合には，穿刺ルートにがん細胞が増殖して腫瘤を形成することがあるので，予め飼い主に伝えておくとよい．

（3）スタンプ法

腫瘤病変を直接スライドグラスにスタンプ（捺印）して，染色，鏡検する方法である．体表の潰瘍病変はそのままスタンプすると，炎症細胞のみがスタンプされて腫瘍細胞が認められないことがある．そのような場合には，表面の痂皮や炎症部を除去してスタンプするか，潰瘍部を避け腫瘍細胞が密に存在すると思われる基部の細針生検を行う．また，切開生検により採取した組織片の割面をスタンプして，その場で細胞診を実施することもできる．

表 4-5 細胞診の実施注意点

方法	注意点
細針	最短距離でアプローチする 病巣を貫通させない 過度の吸引，塗抹は細胞を壊すことあり 穿刺ルートは手術時に切除する
吸引塗抹	穿刺ルートに腫瘤形成させないため，針の抜去時には吸引を解除する 周囲の臓器，血管を避けるため，エコーガイド下で穿刺吸引する
スタンプ	炎症部を避ける 割面にある血液や滲出液を軽く拭った後，スタンプする

表 4-5 に FNA，吸引，スタンプ実施上の注意点について示す．

2）細胞診の適用

腫瘤病変でヘルニアを除外した後は，全ての症例で細胞診を行うべきである．腫瘍か非腫瘍かを識別し，さらに組織診へ進めるべきかどうかの判断材料を得ることができる．

2. 組織診

腫瘍の診断は細胞診の後に組織診をするのが一般的である．細胞診のみでは確定診断が得られないことが多いためである．組織診の方法としては，優先的に比較的侵襲の少ないコア生検（core biopsy）を実施することが多い．通常，確定診断後は侵襲の大きい手術を控えることが多いので，診断時にはできるだけ侵襲の少ない方法が推奨される．また，コア生検は腫瘍病巣の組織片を採取して組織学的に診断をするものであり，できるだけ腫瘍細胞の播種を最低限にするものである．コア生検は腫瘍の発生部位によって様々な手技が適用される．ただし，針を用いるコア生検は少量の組織片を採取するため，正

確な組織診断ができない場合がある．そのため，複数個の組織片を採取するようにする．コア生検が実施できない場合には切開生検，小腫瘍で摘出が容易な場合は切除生検を実施する．ただし，浸潤性の高いと思われる肥満細胞腫などに対しては，小腫瘍であっても慎重に切除生検を実施すべきかどうか判断する．切除生検によって不完全摘出となった場合には，再度の摘出手術を行う必要がある．なお，実施前には，必ず血液凝固能検査と術野の無菌的消毒と無菌的操作を励行する．

1）組織診の方法
（1）コア生検
様々な方法で腫瘍組織の一部を採取することができる．比較的低侵襲で，生検による播種を最低限とする手技である．

a. Tru-cut 針

内針の凹みに外筒を押し進めて組織片を採取する方法で，体表や胸腹腔内の比較的大きい腫瘍（エコーもしくは CT ガイド下）に対して汎用されている（図 4-2）．操作の注意点としては，病巣を突き抜けないこと，無菌的に操作をすること，診断の効率化のために複数個の組織片を採取することが肝要である．

b. シュアーカット針

吸引式の生検針で，小腫瘍および深部組織や生検のリスクのある臓器に適用する．低侵襲で，出血が少なく，体腔内の生検に適する．Tru-cut 針でリスクの可能性が高い場合の代替法となる（図 4-3）．

c. ジャムシディ針

骨生検に用いる標準的な生検針である（図 4-4）．骨髄まで刺入するので，特に術野の消毒と無菌操作を厳密にする．骨生検の刺入部位は細針生検も同様で，病巣の中心部から採取する．病巣周辺部からの採取では，正常な骨反応を生じている組織しか採取できない場合が多い．採取組織量は少量なので，生検後の骨折の危険性が小さく，臨床現場で好んで用いられているが，材料が小さいので複数回の採取

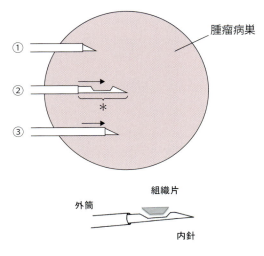

図 4-2 Tru-cut 針による組織採取法
①病巣に内針を納めた状態で Tru-cut 針を刺入する．
②病巣内で内針を突き出す．
　＊：通常 2cm 長の Tru-cut 針が多い．2cm 径以下の腫瘍には適用できない．
③外筒を前進させて，内針の凹みに組織を採取する．

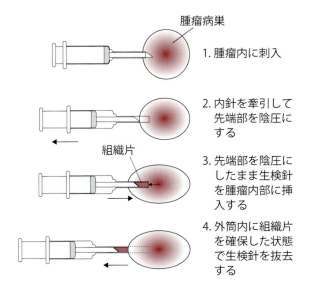

図 4-3 シュアーカット針による組織採取法

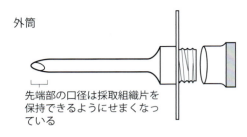

外筒

先端部の口径は採取組織片を保持できるようにせまくなっている

内針

骨内への挿入時には外筒にセットして骨皮質を貫通させる

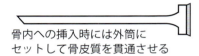

スタイレット

採取組織片を外筒先端部より挿入して，反対側から取り出す（組織の挫滅を防ぐため）

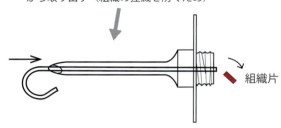

組織片

図 4-4 ジャムシディ針のセットと組織片の取り出し方

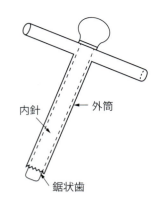

図 4-5 ミシェルトレパンのセット

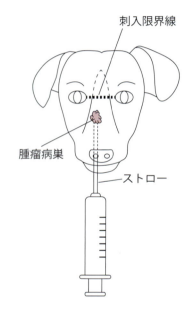

図 4-6 ストロー生検による採材と刺入限界線

を実施する．

d．ミシェルトレパン

骨生検に用いるが，ジャムシディ針では採取組織量が少なく診断が確定できない場合の次の手段として適用する．円形の鋸状歯により円柱形の組織を採取できるので，ジャムシディ針を用いるよりも確定診断率は上がるといわれている（図4-5）．より大きい体積の骨組織を採取するので，生検後の骨折に注意する．

e．組織吸引

鼻腔内腫瘍では鼻孔からストローを挿入して病巣を吸引する方法がある．過度に深くまで挿入することにより，篩骨を超えて脳まで達するのを避けるため，両眼を結ぶ線よりも深く刺入しない（図4-6）．生検後に出血しやすいが，通常は圧迫止血や局所止血剤などを使って止血できる．

また，尿道腫瘍や膀胱腫瘍では，尿道や膀胱にカテーテルを挿入してカテーテルで病巣を破砕しながら吸引する方法がある．尿道では直腸からの触診，膀胱では超音波画像をガイドとして用いると確実に

採取できる.

　f. パンチ

　口腔内腫瘍や体表腫瘍で Tru-cut 針が適用しにくい場合に用いる．円柱状の十分な組織が採取できるので，確定診断しやすい．底部まで確実に採ることによって浸潤性を見ることができるため，悪性度の判断に有用である（図 4-7）．

　g. 把持鉗子

　ストロー生検で採取できない鼻腔内の固い腫瘍，膀胱や消化管の腫瘍に適用する．特に消化管では，内視鏡に付属した把持鉗子で採取するため，病巣が内腔の粘膜面から離れた深部に存在する場合には，病巣本体を採取することができず，診断できない欠点がある．一方，粘膜面に露出した病巣は確定診断率が高い（図 4-8）．留意点としては，過度の把持操作による消化管の穿孔である．

（2）切開生検

　口腔内腫瘍では切開生検によって容易に多量の組織を採取できる．また，コア生検および切除生検ができない部位については，病巣をクサビ型に切開して採取する（図 4-9）．切開部は縫合閉鎖する．手術により体腔内腫瘍にアプローチして，完全摘出ができないと判断した時にも，診断目的で切開生検をすることもある．

（3）切除生検

　病巣を全て摘出する**生検法**である（図 4-10）．容易に摘出できる小腫瘍に適用するが，展望なくむやみに切除生検をすることは慎むべきである．なぜなら，浸潤性の強いがんにおいては小腫瘍であっても完全摘出できない場合があり，再手術の必要性が生じるためである．再手術を避けるためには，予め禀告，身体検査，細胞診などを実施して，悪性度や浸潤性が高いと考えられる場合には，サージカルマージンを大きく採った切除生検をすべきである．

2）組織診の適用

　組織診は細胞診に続いて実施するものである．細胞診で確定診断で

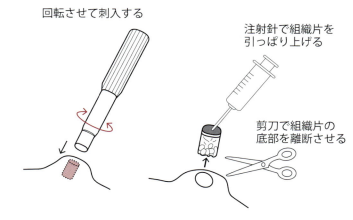

図 4-7　パンチ生検の採材法

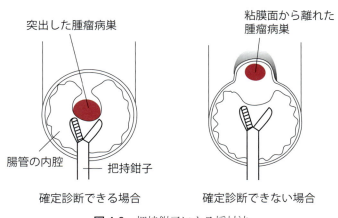

図 4-8　把持鉗子による採材法

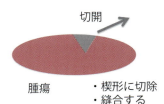

図 4-9　切開生検の採材法

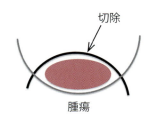

図 4-10　切除生検による採材法

56　第4章　腫瘍の診断

きなかったもので腫瘍性疾患の可能性があるものについては，必ず実施する．肥満細胞腫やリンパ腫のように，細胞診で診断が確定しても，さらに組織学的悪性度（グレード）を知る必要がある場合にも組織診を実施する．なお，手術により摘出した組織は，必ず術後の病理組織検査に提出して，術前の診断との異同を確認する．通常は，術後の病理組織検査結果が最終の確定診断となる．

細胞診と組織診の利点と欠点を比較し，表4-6に示す．

表4-6　細胞診と組織診の利点と欠点

	利点	欠点
細胞診	侵襲が少ない 無麻酔でできる 院内でできる すぐに結果が出る	確定できないことがある 組織学的グレード分類はできない
組織診	診断を確定できる グレード分類できる	侵襲がある 麻酔処置が必要 結果が出るまでに数日以上かかる 院内ではできない

4-4　腫瘍の組織学的グレード分類

到達目標：代表的な腫瘍の組織学的グレード分類について例示できる．

キーワード：グレード分類，肥満細胞腫，リンパ腫，軟部組織肉腫

1. 腫瘍の組織学的グレード分類

組織診によって良性もしくは悪性腫瘍を識別するが，さらに悪性腫瘍は組織学的グレード分類をすることが大切である．それは，組織学的グレードによって増殖や転移，治療に対する反応，転帰，予後が異なるためであり，治療を実施する前に組織学的グレードを確定し，その結果に基づいた適切な治療計画を立てる必要がある．グレード分類は細胞学的検査のみではできないので，治療前に組織診を実施してグレードを決定しておくことが好ましい．

2. 代表的な腫瘍の組織学的グレード分類

ここでは代表的な肥満細胞腫，リンパ腫，軟部組織肉腫を取り上げ，解説する．

1）犬肥満細胞腫

犬肥満細胞腫は主に皮膚に発生し，それ以外では腸管，肝臓，脾臓等にもまれに発生する．ここでは皮膚のグレード分類について示す．組織学的グレードは，皮膚肥満細胞腫の明らかな予後因子と考えられている．BostockおよびPatnaik分類が知られているが，現在ではPatnaik分類が主に用いられている．すなわち，グレードⅠは高分化型，グレードⅡは中分化型，グレードⅢは低分化もしくは未分化型である．グレードⅡは，グレードⅠとⅢの中間にあるもので，幅が広く，病理医によって判断に相違が見られることもある．各グレードの組織学的グレード分類を表4-7に示す．ただし，生検材料では表4-7最下段の腫瘍の拡がりは分からないので，手術摘出検体で再度グレードを調べるべきである．最近はKiupelらの2段階評価も用いられている．

2）リンパ腫

犬・猫のリンパ腫の組織学的グレード分類は，予後因子になると考えられている．高

表4-7　犬の皮膚肥満細胞腫の組織学的グレード分類

	グレードⅠ	グレードⅡ	グレードⅢ
分化度	高分化	中分化	低/未分化
細胞密度	低い	中程度	高い
細胞の大小不同	均一	中程度	著明
細胞質内顆粒	大きい，多数	少しあり	ほとんどなし
核の形態	均一，円形/卵円形	やや不揃い	不揃いな大きさ，形
有糸分裂像	なし/少数	中程度	多数
腫瘍の拡がり	真皮内に限局	真皮～皮下	皮下～深部皮下

表4-8 新Kiel分類による4つのカテゴリー	
B 細胞性	low grade
B 細胞性	high grade
T 細胞性	low grade
T 細胞性	high grade

表4-9 犬軟部組織肉腫のグレード分類

	分化度	分裂指数[*]	壊死
スコア1	正常組織に類似	0〜9	なし
スコア2	中分化	10〜19	50%未満
スコア3	未分化	20以上	50%以上

グレード	スコア合計
I	4点以下
II	5〜6点
III	7点以上

[*]強拡大で10視野中の有糸分裂像の数

グレード（リンパ芽球性），中グレード，低グレード（リンパ球性）の3つに分けられ，低グレードは化学療法に低感受性だが進行が遅く，生存期間は長い．高グレードは化学療法に高感受性だが進行が速く，生存期間は短い傾向がある．

通常，動物のリンパ系腫瘍の分類は新WHO分類と新Kiel分類がある．特に最近では，細胞形態と免疫表現型による分類である新Kiel分類がよく用いられている．細胞形態では，大きさが中型〜大型のものをhigh grade，小型のものをlow gradeとして，それぞれをB細胞性とT細胞性に分けるものである（表4-8）．新Kiel分類が汎用される背景には，予後因子として免疫表現型が最も強力な予後因子であるからである．

3）軟部組織肉腫

軟部組織肉腫のグレード分類はグレードI〜IIIに分けられる．犬のグレード分類はコア生検により組織を採取して，分化度，分裂指数，壊死の割合によってスコア化する（表4-9）．グレードにより転移の好発性を予測したり，手術のサージカルドースを決定する．ただし，生検材料は全体の一部であるので，手術摘出検体のグレード分類は再度実施すべきである．

4-5　免疫組織化学染色法とフローサイトメトリー【アドバンスト】

到達目標：免疫組織化学染色法とフローサイトメトリーの原理と適用について説明できる．

キーワード：免疫組織化学染色法，フローサイトメトリー

ヒトの腫瘍の約90%はH&E染色標本の光学顕微鏡検査で診断可能であるとされ，獣医学領域でも同様であると考えられている．しかしなから，残りの10%の診断困難な症例では免疫組織化学染色や**フローサイトメトリー**といった特殊な方法を用いることにより，その起源細胞が明らかとなることや，悪性度を評価することが可能となることがある．

1．免疫組織化学染色法

免疫組織化学染色法（immunohistochemistry：IHC）は腫瘍細胞の分類に広く用いられている方法である．特定の細胞集団に発現する抗原を検出するための抗体（1次抗体）をホルマリン固定パラフィン包埋組織切片に反応させ，ペルオキシダーゼやアルカリフォスファターゼなどの酵素で標識された2次抗体を用い，酵素反応後，光学顕微鏡を用いて抗原の有無を検出する．また，ホルマリン固定やパラフィン包埋によって抗原性が失われやすい抗原の検出には凍結切片を用いてFITCなどで蛍光標識された2次抗体を用いて蛍光顕微鏡で検出が行われるものもある．例えば，上皮系細胞と間葉系細胞の鑑別では，CytokeratinとVimentinが用いられ，前者ではCytokeratin陽性，Vimentinが陰性，後者ではCytokeratin陰性，Vimentinが陽性である．また，神経内分泌由来細胞の同定など形態的に鑑別が困難な腫瘍細胞起源の同定にも用いられる．Ki-67やPCNAといった細胞周期関連抗原の検出は腫瘍増殖能

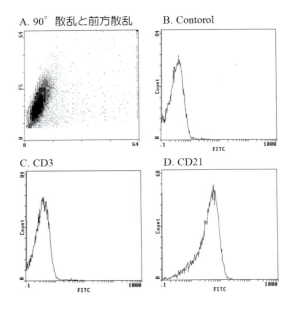

図 4-11 フローサイトメトリー試験
犬多中心型リンパ腫症例の腫脹したリンパ節細胞に対するフローサイトメトリー試験.
A：横軸は 90°散乱を，縦軸は前方散乱を表す.
B～D：抗 CD3 抗体（C），抗 CD21 抗体（D）を 1 次抗体，蛍光標識した 2 次抗体を用いて蛍光標識した．Control（B）には 2 次抗体のみを用いた．横軸に蛍光強度，縦軸が細胞数を表す．T 細胞表面抗原 CD3 の発現は認められず，ほとんど全ての細胞が B 細胞表面抗原 CD21 を発現しており，本症例は，B 細胞型リンパ腫であると考えられる．

を評価し，ある種の腫瘍では予後との関連が明らかとなっている．さらに，リンパ球系腫瘍や組織球系疾患では IHC によって同一の細胞集団が増えている（クローン性を有する，腫瘍性）かと，その細胞型（T 細胞，B 細胞，樹状細胞，マクロファージなど）を明らかにすることが可能となる．

2．フローサイトメトリー

フローサイトメトリー検査は，ある細胞集団に対する特定の集団の割合を解析することを可能とする．細胞集団は末梢血液，体腔貯留液，腫瘍病変からの細針生検した細胞を生理食塩水に懸濁した液体など，腫瘍細胞が多く含まれると予想される材料を用いる．浮遊液に含まれる個々の細胞はフローサイトメーターと呼ばれる専用の機器の中でレーザー照射され，①細胞の大きさを表す前方散乱（FSC），②細胞の顆粒性や核の形態によって左右される 90°散乱（SSC），③細胞が抗原抗体反応を利用した蛍光標識をされていれば，蛍光強度（抗原発現）の情報を提供する（図 4-11）．これらの情報により，ある細胞集団（例えば末梢血単核球）に対するある特定の細胞集団（例えば CD4 陽性細胞）の割合が明らかとなる．獣医臨床で一般的に用いられているのは，主にリンパ球系細胞や組織球系細胞の解析であり，リンパ腫診断のためのクローン性の解析や細胞型の分類，組織球系細胞の由来細胞同定による診断などに利用されている．

4-6　遺伝子診断法【アドバンスト】

到達目標：腫瘍に関する遺伝子診断法について例示できる．
キーワード：遺伝子診断法，クローン性解析，c-KIT 遺伝子変異

第 2 章に記載されているようにがんは遺伝子の病気としての側面を有しており，がん細胞における特徴的な遺伝子変化を解析することで，①腫瘍細胞のクローン性の証明による腫瘍の診断，②遺伝子変異を有する異常細胞を検出することによる腫瘍の診断と，治療後の残存腫瘍検出による再発評価，③遺伝子変異の有無による予後予測など，様々な臨床応用が可能である．

1. リンパ球クローン性解析

　リンパ系腫瘍（リンパ腫，リンパ性白血病，多発性骨髄腫を含む形質細胞腫瘍）は犬と猫において最も発生頻度の高い悪性腫瘍の1つである．PCRを用いたリンパ球クローン性解析（PCR for antigen-receptor rearrangements：PARR）はクローン性の証明によるリンパ系腫瘍の診断とT細胞由来かB細胞型由来かを明らかにすることが可能な検査であり，獣医臨床上，頻繁に用いられている．

1）原　理

　Bリンパ球，TリンパZ球はそれぞれ免疫グロブリン（Ig）およびT細胞レセプター（TCR）を発現している．これらの表面抗原は様々な病原体・抗原に対応するため遺伝子再構成を行い，その多様性を発現する．例えばBリンパ球を例にあげると，Igの先端（可変領域）は様々な抗原にそれぞれ特異的に結合する立体構造を有する．この可変領域は限られた数の遺伝子群を組み合わせること（遺伝子再構成）によって生じ，その組合せは無限に近い（図4-12）．同様にTリンパ球ではTCRの遺伝子再構成によってその多様性を獲得している．一般的に生体は様々な抗原に常にさらされ，多種多様なリンパ球集団を構成することによって外敵から身を守っている．このため，正常なリンパ球は，多種多様な遺伝子再構成後の可変領域の組合せを有し，再構成後のそれぞれの遺伝子の長さも多様である．これに対して，リンパ系腫瘍細胞では基本的に多種多様なリンパ球の1つがたまたま腫瘍化し，増殖したものと考えられることからIgまたはTCRの遺伝子再構成の組合せは同一であると考えられる．PCR法を用いた**クローン性解析**では，この点に着目し，遺伝子再構成後の可変領域をコードする遺伝子部位を共通領域に設定したプライマーを用いたPCRで増幅し，長さの違いとして均一集団か，不均一な集団かを明らかにすることが可能である（図4-13）．すなわち，PCR産物を分解能の高いアクリルアミドゲルやキャピラリー法を用いて電気泳動することにより，リンパ系腫瘍であれば明瞭なバンド（ピークの鋭いシグナル）として認められ，リンパ系腫瘍でなければバンドとしては認められないと予想される．また，IgまたはTCRのいずれかでバンドとして認められるかによってそれぞれB細胞型かT細胞型かも明らかにすることが可能である．

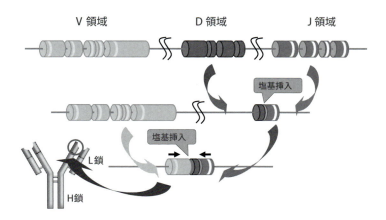

図4-12　免疫グロブリンH鎖の遺伝子再構成
　Bリンパ球では免疫グロブリン遺伝子の遺伝子再構成と呼ばれるゲノムDNAの"切り貼り"と塩基挿入により，多種多様な抗原に特異的な構造を発現している．Tリンパ球でも同様にT細胞レセプター遺伝子の再構成が起こっている．

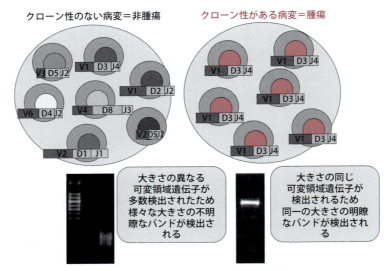

図 4-13　リンパ球クローン性解析
免疫グロブリン H 鎖遺伝子または T 細胞レセプター γ 鎖遺伝子の可変領域を PCR を用いて増幅し，電気泳動すると，非腫瘍性病変では様々な長さの増幅産物が存在するため，明瞭なバンドは認められないが，リンパ系腫瘍では同一の長さの遺伝子が増幅されるため，バンドとして確認される．

2）臨床応用

　実際に犬リンパ系腫瘍を用いた解析では，リンパ系腫瘍の 91% で，Ig または TCR のクローン性を有する遺伝子再構成を検出可能であり，非リンパ系腫瘍症例を用いた陰性コロントールではエールリヒア症の 1 例（4%）においてのみ擬陽性が生じていたと報告されている．用いられるプライマーや方法によって検出感度は異なるが，現在のところ，犬では約 80〜90%，猫ではそれよりやや少ない程度のリンパ系腫瘍が検出可能であると考えられる．また，本検査系は腫瘍細胞以外の細胞が混在していても十分な感度を有しており，肝臓のような非腫瘍性リンパ球がほとんど存在しないような組織では 0.1%，脾臓（末梢血液と類似）のようにリンパ球がある程度存在する組織では 1%，胸腺（リンパ節と類似）のようにリンパ球がほとんどを占めるような組織では 10% のリンパ系腫瘍集団が存在すれば，バンドとして検出されることが示されている．また，胸水，腹水，脳脊髄液材料中の腫瘍性リンパ球の**クローン性解析**も可能である．さらに，抗がん剤を用いた後に臨床的に完全奏功が得られた症例でもその症例に特異的なプライマーを再設定することで血液中の残存腫瘍が検出でき，再発を早期に予測できる可能性も示されている．また，細胞型の分類が可能であることは，犬では，T 細胞型のリンパ腫が B 細胞型のリンパ腫に比べ予後が悪いことから，重要な予後情報となる．以上のように，PCR 法を用いたクローン性解析はリンパ腫診断の補助的な検査として客観的な情報を提供する．また，細胞診材料で得られる程度の細胞数で細胞型を分類することが可能であり，臨床的に有用である．

2. *c-KIT* 遺伝子変異

　第 2 章に記載されているように犬の肥満細胞腫では受容体型チロシンキナーゼ（receptor tyrosine kinase：RTK）である *c-KIT* の遺伝子変異により，リガンド非依存性の細胞増殖が認められることがある（図 4-14）．犬の肥満細胞腫では悪性度の高い症例で遺伝子変異を有する率が高く，中間グレードから高グレードで約 25〜30% とされる．猫の肥満細胞腫でも *c-KIT* の遺伝子変異が高率に認められてい

る（ある報告では67.7%とされる）．また，消化管カハール細胞由来の腫瘍であるGISTでも犬ではc-KIT遺伝子の変異が約75%の症例で認められたとの報告がある．

1）原　理

c-KIT遺伝子がコードするKIT蛋白は膜型受容体として細胞外領域，膜貫通領域，細胞内領域を有する．c-KIT遺伝子は犬，猫ともにゲノム上で21のエクソンから構成されるが，犬の肥満細胞腫では膜貫通領域（エクソン10）の直下をコードするエクソン11の挿入変異（特に重複配列，internal tandem duplication：ITD）が最も多く，次いで膜近傍細胞外領域をコードするエクソン8のITDおよび9の点突然変異が認められる．一方，猫の肥満細胞腫ではエクソン8のITDとエクソン9の点突然変異または欠失変異が多い．これらの変異の検出には，それぞれの変異好発部位を検出するためのプライマーを作製し，腫瘍細胞を含む組織から抽出されたDNAを鋳型としたPCR法，PCR-RFLP法（PCR産物を制限酵素で消化し，変異の有無を確認する方法），Allele specific PCR法（変異した遺伝子のみを増幅するプライマーを使用する方法）などが用いられる．

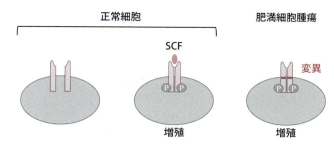

図4-14　犬肥満細胞腫細胞におけるc-KITの変異
正常細胞では，KIT蛋白は単量体で存在している．リガンドであるSCFが結合すると二量体を形成し，細胞内領域がリン酸化を受け，細胞内シグナル伝達系により，細胞が増殖する．一方，一部の犬の肥満細胞腫ではc-KIT遺伝子の変異により，SCFの非存在下でもKITは二量体を形成し，細胞増殖する．

2）臨床応用

変異KIT蛋白を発現する腫瘍ではリガンド非依存性の細胞増殖が生じている可能性が高く，この細胞内シグナル伝達系を阻害することで細胞増殖を抑制することができ，抗腫瘍効果を発現できる可能性が高い．実際，c-KIT遺伝子に変異を有する症例では有さない症例に比べ，RTKsに対する分子標的薬（イマチニブ，トラセニブなど）に抗腫瘍効果が高いことが明らかとなっている．現在の調べられているエクソン8，9，11のc-KIT遺伝子変異が認められない場合でも，他の変異によってイマチニブに対して感受性を有する症例も一部存在するが，そのような例は限られていること，分子標的薬は一般に高価であることから，**c-KIT遺伝子変異**の解析は分子標的薬の適応の判断に有用であると考えられる．

演習問題（「正答と解説」は157頁）

問1．腫瘍の好発部位について，正しいものはどれか．
　a．猫の骨肉腫は，後肢の方が前肢よりも好発する．
　b．犬の膀胱移行上皮癌は，膀胱尖部に好発する．
　c．若齢の大型犬に見られる頭部高分化型線維肉腫は，下顎に好発する．
　d．犬のリンパ腫は，消化管に発生するものが最も多い．
　e．猫の肺癌は，前葉に好発する．

問2．細胞診と組織診について，正しいものはどれか．
　a．組織診をするためには，常に切除生検を心がける．
　b．細胞診は，ほとんどの腫瘍においてグレード分類ができる．
　c．Tru-cut針を用いたコア生検は，1cm径未満の小さい腫瘤に適用できる．

d. 骨生検において，ジャムシディ針よりもミシェルトレパンを用いた方が確定診断率は高い．
e. 皮膚のパンチ生検において，腫瘤中心部が採材できれば十分である．

問3. 次の記載のうち正しいものはどれか．
a. 一般的に上皮系細胞は免疫組織化学染色で Vimentin 陽性である．
b. Ki-67 陽性細胞の増加は正の予後因子である．
c. フローサイトメトリー検査は細胞抗原の同一性を証明することで腫瘍の診断に役立つ．
d. リンパ球クローン性解析で陰性の場合にはリンパ系腫瘍は完全に否定される．
e. *c-KIT* の遺伝子変異は犬の腫瘍では肥満細胞腫にのみ認められる．

第5章　腫瘍の画像診断

> 一般目標：腫瘍の画像診断法の原理，意義および適用を理解する．

　動物の腫瘍の局在診断，臨床病期分類，病理検査材料を得る際の誘導，手術や放射線治療の計画やその効果の判定のために画像診断が用いられる．画像診断には，X線検査（単純撮影と造影を含む），超音波検査，X線CT検査，MRI検査，核医学検査などがある．広義の画像診断には，軟性鏡（内視鏡）や硬性鏡（腹腔鏡・胸腔鏡・関節鏡など）も含まれるが，これらは画像診断だけでなく，同時に診断材料の採取や治療も行える．考えられる腫瘍の種類や位置から，適切な診断機器を選ぶ．各検査の感度・特異度以外に，不動化（麻酔や鎮静）が必要か，診断機器の利用が可能か，金銭的な問題などを考慮し利用する．

　なお，画像診断で明らかな異常があるように見えても，正常の範囲内の変化かもしれないし，過形成などの非腫瘍性病変であるかもしれない．腫瘍であるかどうかを診断するためには，病理検査が必要となることを忘れてはならない．

5-1　X線検査【アドバンスト】

　到達目標：X線検査の原理と適用を概説できる．
　キーワード：X線検査，造影撮影
　X線検査では，X線管球から発生させたX線を動物に照射して，透過したX線をフィルムやイメージングプレートに投影することで画像化する．3次元の生体を2次元のフィルムなどに投影するため，通常直交する2方向から撮影を行う．X線撮影装置は比較的安価で，ほとんどの動物病院に設置されている．獣医師が保定することにより，不動化することなく検査を行うことができる．次に述べるX線CT検査と区別するために，単純X線検査と呼ぶこともある．

　生体内構成物質のX線吸収の差により，X線透過性の高いものと低いものでコントラストに差が生じることを利用し，空気，脂肪，水や軟部組織，骨を区別することができる．適切な体位と適切な条件で撮影した画像を正常X線解剖の知識に基づいて読影する必要があり，画像を的確に解釈するためには経験が必要となる．生体内臓器の多くが水に近い透過性を有していることから，特に体腔内に液体が貯留した時，コントラストの差がほぼなくなり，臓器の輪郭の検出が困難となる．X線検査は感度も特異度も低いことから，スクリーニング検査に用いられることが多く，X線検査の後に他の画像診断機器を用いた検査に進むことも多い．

　コントラストの特性から，肺野（空気濃度）に生じた結節性病変（軟部組織濃度）の検出力が比較的高く，肺転移巣のスクリーニングに有用である．最大吸気時に腹背像もしくは背腹像と右下横臥および左下横臥像を撮影する（図5-1）．病巣の位置にもよるが，直径5mm以上の結節が検出可能である．

　また，コントラストの特性から骨の異常の検出力が比較的高い．骨の腫瘍はもちろん，骨に接した軟部組織腫瘍が骨に影響しているかどうかを判断することができる（図5-2）．ただし，X線検査で骨の変化を検出するためには，ミネラル分の30%以上が融解している必要がある．歯牙や歯槽骨の異常を検出するために，歯科用のフィルムによる軟X線（電圧の低いX線）撮影を行うと，異常の検出力が

第 5 章　腫瘍の画像診断

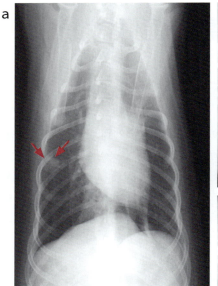
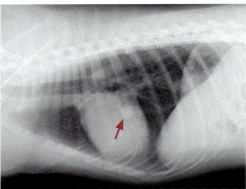
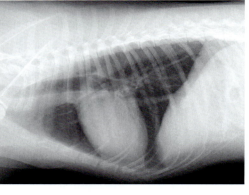

図 5-1　口腔内悪性腫瘍の症例の胸部 X 線画像
肺結節の検出力を上げるために，横臥位像を撮影する際は右下横臥位，左下横臥位の両方を撮影するべきである．左下横臥位で撮影すると，下になった左肺野の含気が不十分となり，左肺に存在する軟部組織濃度の結節と肺野のコントラストが低下する一方で，上になった右肺野の結節が明瞭に描出される．
a：腹背像．右肺野に単一の結節が認められる（矢印）．b：左下横臥位像．心基底部に重なる腫瘤が明瞭に確認できる（矢印）．c：右下横臥位像．左下横臥位で認められた結節は，不明瞭である．

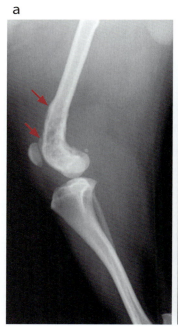
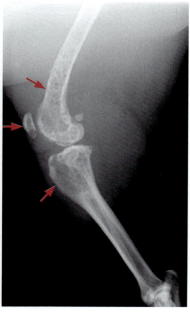

図 5-2　膝関節に発生した腫瘍の X 線画像
骨病変が関節をまたがって存在するか，どちらか一方のみかを確認することで，腫瘍の種類を類推することができる．
a：骨肉腫の症例．大腿骨遠位の皮質骨の融解と，骨膜の増生を認める（矢印）．関節を超えた脛骨の変化はない．
b：軟部組織肉腫の症例．骨病変は関節をまたいでいる．大腿骨遠位，脛骨近位，膝蓋骨の地図状の融解像を認める（矢印）．

高くなる.

コントラストを生み出すために，造影剤を用いた撮影を行うことがある．バリウムを用いた消化管造影は非特異的な所見が多いことから，消化管内視鏡検査や超音波検査に取って代わられつつある．ヨウ素系造影剤を用いた**造影撮影**は汎用性が高く，静脈内投与による腎臓，尿管，膀胱の観察や，大槽内投与による脊髄硬膜外の観察，関節腔や各種管腔臓器（唾液腺管，尿道，腟，子宮など）の観察を行うことができる．膀胱内にヨウ素系造影剤や陰性造影剤を投与することで，膀胱粘膜を観察することができるが，最近は超音波検査が多く行われている．いずれも3次元的な構造評価に経験や知識が必要となること，周囲組織との関係性が分かりにくいことから，X線CT検査等の他の検査で代用されることが多くなりつつある．

5-2　X線CT検査【アドバンスト】

　到達目標：X線CT検査の原理と適用を概説できる．
　キーワード：CT検査，造影CT検査

　X線を用いたコンピュータ断層撮影（computed tomography）は，一般にX線CT検査，もしくは単に**CT検査**と呼ばれる．生体にX線を照射して，透過したX線を画像化するという原理は，単純X線検査と同じである．CT装置のX線管球は動物の周囲を360度回転し，取得した画像をコンピュータにより再構成することで，断層画像を得ることができる．画像はデジタル情報であり，CT値の表示レベル，幅の諧調を変化させることにより，X線透過性の細かな差を検出することが可能である．断層画像（通常は横断画像）を処理することで，冠状断像，矢状断像など任意の断層画像を再構成して表示させることもできる．単純X線検査と比較して，組織分解能が高い．

　照射するX線量が多いため，通常用手による保定は行われず，薬剤により不動化して検査する．CT装置は高価で不動化を含めて検査費用も高価であるが，わが国の獣医療での装置の普及率は高く，所有する動物病院も多い．

　単純X線検査は，肺結節を検出するスクリーニング検査として用いられると上述したが，CT検査はさらに感度が高く，2mmの結節も検出可能である．単純X線検査と異なり，周囲臓器と重なることがないため，肺野の全ての結節を検出することが可能である（図5-3）．

　骨変化の検出感度も単純X線検査より高い．特に頭蓋骨，鼻腔や上顎，椎骨など，複雑な骨構造の変化を評価する際に適している（図5-4）．

　造影CT検査（ヨウ素系造影剤の血管内投与）により，血流の豊富な組織と乏しい組織，血流のない貯留液を区別することができる．血流豊富な腫瘍の輪郭が明瞭となり，腫瘍の血管支配を把握することで，手術や放射線治療の立案に役立つ．血栓/腫瘍栓の存在を検出したりすることもできる．周囲組織への浸潤が強い腫瘍では，治療前に造影CT検査を行うべきである．

　臓器の一部から腫瘍が生じた場合，腫瘍の血管支配が特徴的となることがある．肝臓や副腎の腫瘍などで造影CT検査を行う時，動脈造影相，静脈造影相，平衡相で撮影することで，腫瘍の組織型を予測する試みが行われている．

　CT装置は，時代とともに発展を繰り返している．開発初期は1スキャン毎に寝台の停止・移動を繰り返す装置であったが，その後検出器（X線管球からのX線を受け止めるフィルムの役割をするもの）が複数となり（多列検出器CT），寝台を一定速度で移動させながら連続スキャンを行う〔ヘリカル（らせん状）スキャン法〕装置が広まってきた．スライス厚が大きいと，部分容積効果によりCT値が不

66　第5章　腫瘍の画像診断

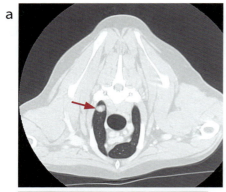
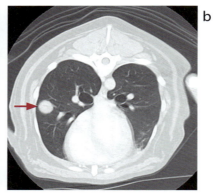
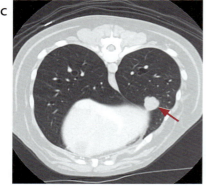

図 5-3　図 5-1 と同じ症例の CT 検査画像
肺内に，3 個の軟部組織陰影を認めたが，単純 X 線検査で明瞭に確認できたのは b の腫瘤のみであった．
a：右肺前葉に径 7mm の腫瘤を認める（矢印）．b：右肺中葉に径 14mm の腫瘤を認める（矢印）．c：左肺後葉に径 13mm の腫瘤を認める（矢印）．

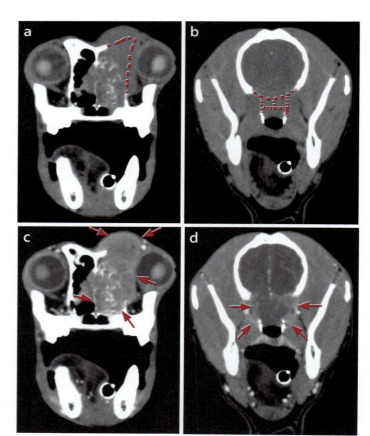

図 5-4　鼻腔内腺癌の症例の CT 検査画像
a：篩板レベル．左鼻腔内に占拠性病変（腫瘤）を認め，前頭骨を破壊して（点線）左眼球が外方へ変位している．b：脳底レベル．脳底の骨と蝶形骨が消失している（点線）．占拠性病変の輪郭は不明瞭である．c：a と同じ断面の造影後の画像．占拠性病変全体が，造影剤により強く増強されている（矢印）．d：c と同じ断面の造影後の画像．脳底の占拠性病変の内部は造影されず，辺縁が造影されている（矢印）．大脳の異常は判断できない．

第 5 章　腫瘍の画像診断　　67

正確となり，分解能が低下するが，最近では 1 列の検出器であるシングルスライス CT から，4, 8, 16, 32, 64, 128 列などの多列の検出器を有するマルチスライス CT が主流となり，分解能が向上している．撮影時間も短縮し，無麻酔での CT 検査を行うことが可能になりつつあることから，今後ますます利用機会が増えると考えられる．

　なお，高エネルギー X 線放射線治療装置での治療計画を作成する際にも，CT 検査が利用される．CT 検査のデータを放射線治療計画装置へ転送し，生体の電子密度から放射線治療の線量分布を計算する．

5-3　超音波検査【アドバンスト】

　到達目標：超音波検査の原理と適用を概説できる．
　キーワード：超音波検査，ドップラー法
　超音波検査とは，端触子（プローブ）から発生する音波が生体内で反射し，端触子に戻ってきて画像化されるものである．密度と速度の差により，階調が異なって表示される．

　検査機器は比較的高価であるが，超音波は生体に対する侵襲が低く，機器を移動させてどこでも検査することができる．通常用手による保定を行い，不動化は必要ない．操作者の技術・経験により，得られる情報に幅があるのが大きな欠点である．さらに，軟部組織分解能が極めて高いが特異性が低いため，変化があっても必ずしも病変であるとは限らないことにも注意が必要である．

　軟部組織の分解能に優れるため，腹腔内の評価に特に有用である．腹腔内臓器や腹腔内リンパ節などを端触子で観察しつつ生検することも可能である．

　空気で音響陰影を生じるため肺内病変の描出は困難であるが，胸壁に接した胸腔内病変は描出可能である．骨でも音響陰影を生じ，皮質骨とその奥にある構造の観察は困難であるが，この特性を生かして，特に骨肉腫では骨皮質の欠損部位を特定して生検を行うこともできる．

　ドップラー法により，腫瘍とその周囲の血流を測定できる．また，空気による音響陰影を利用することによって造影超音波検査（気泡からなる造影剤を用いる）が可能で，特に肝臓において悪性腫瘍と良性腫瘍や過形成を区別する試みもなされている．

5-4　MRI 検査【アドバンスト】

　到達目標：MRI の原理と適用を概説できる．
　キーワード：MRI
　MRI（magnetic resonance imaging：磁気共鳴画像法）は，核磁気共鳴技術を利用して生体内の情報を画像化する方法である．生体内物質である水素の原子核（プロトン）のラジオ波エネルギーの吸収と放出の時間差を画像化している．脂質成分や水成分などの差を明瞭に描出することができ，軟部組織の解像度が極めて高い．頭蓋内病変や軟部組織の描出に用いられる．水素，すなわち水の含有量が少ない骨は無信号となり，描出されない．放射線を用いないため，生体の侵襲性が低い．

　欠点は，機器が高価で普及率が低いこと，1 部位の撮像に 1 時間前後を要し，CT 検査と比較すると撮像時間が長いこと，それに伴い動物の不動化時間が長くなることである．呼吸による体動が避けられない胸腔内などの撮像には，工夫が必要である．

　CT 検査と異なり骨の影響を受けないため，脳や脊髄の詳細な断層検査に用いられることが多い．頭蓋内腫瘍の形状，位置，造影のされ方などから，ある程度腫瘍の種類を推定することができる．髄内腫瘍，髄膜腫，下垂体腫瘍，転移性腫瘍を診断する際に必須のモダリティである．それ以外に，頭蓋外の

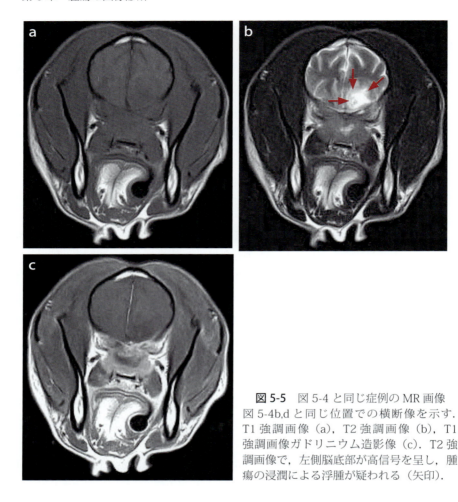

図 5-5 図 5-4 と同じ症例の MR 画像
図 5-4b,d と同じ位置での横断像を示す．T1 強調画像（a），T2 強調画像（b），T1 強調画像ガドリニウム造影像（c）．T2 強調画像で，左側脳底部が高信号を呈し，腫瘍の浸潤による浮腫が疑われる（矢印）．

腫瘍が脳に影響する場合も，検査が勧められる．具体的には，鼻腔内腫瘍が篩板を破壊して脳に影響することがある他，頭蓋骨の腫瘍，鼓室に発生した腫瘍などが脳に影響することがある（図 5-5）．さらに，頭蓋内腫瘍の手術中に腫瘍の取り残しを確認したり，治療後に手術と放射線治療の有害事象や腫瘍の再発を検出したりするために用いられる．

また，周囲との境界が不明瞭な腫瘍や，関節や靱帯，腱の状態を詳細に描出することもできる．

5-5 核医学検査【アドバンスト】

到達目標：核医学検査の原理と適用を概説できる．
キーワード：放射性医薬品，シンチグラフィ検査，PET 検査

放射性医薬品（放射性核種を含む薬剤）を動物の体内に投与して，その分布を検出する検査である．検出方法により，ガンマカメラやシンチカメラによるシンチグラフィ，単一光子放射断層撮影法（single photon emission computed tomography：SPECT），陽電子断層撮影法（positron emission tomography：PET）などがある．体内に放射性医薬品を投与するため，放射線による内部被曝が生じるが，投与される放射性医薬品は少量であり，副作用はほとんど生じないと考えられる．日本では，実験動物以外に放射性核種を投与することが困難であったが，2007 年に獣医療法施行規則が改正されて，伴侶

第 5 章　腫瘍の画像診断　　69

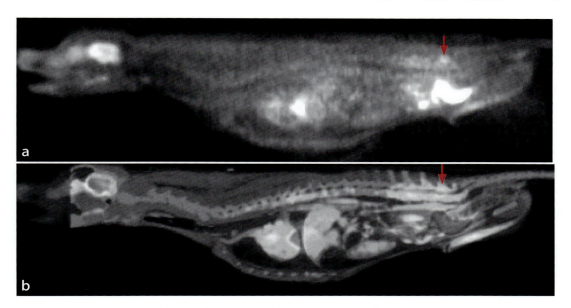

図 5-6　形質細胞腫の症例の FDG-PET/CT 検査画像
a：PET 画像．FDG が多く集積した部位が白く描出される．脳，心筋，膀胱内の集積は，生理的なもの（正常）である．第六腰椎に FDG の異常な集積を認めたものの，解剖学的位置は不明瞭である（矢印）．b：PET 画像と CT 画像を融合させ，さらに集積強度の強い部位に暖色を配することで，解剖学的構造との関係性が明瞭になる．（写真提供：夏堀雅宏先生）　　　　　　　　　　　　　　　　（カラー口絵参照）

動物である犬・猫・馬での核医学検査が可能となった．設備の規模や検査の煩雑さから，2018 年 5 月現在，検査できる獣医療施設は日本で 2 か所しかない．北里大学付属動物病院では SPECT が，日本動物高度医療センターでは PET 検査が可能である．

　ここまで述べた全ての画像検査は，形態を画像化して「形態画像」を得るものであったが，核医学検査は「機能画像」を得る検査である．機能画像では解剖学的部位を特定することが難しいため，同時に CT 検査を行い，画像を重ね合わせることで部位を特定することが多い．

　シンチグラフィ検査では，テクネシウム 99m（^{99m}Tc）を用いる．骨シンチグラフィで全身を検査することで，臨床徴候を生じる前，X 線検査で変化が明らかとなる前の早期の骨病変を検出することが可能である．ただし，腫瘍と関係ない骨の変化と骨転移を区別することはできないため，異常部位のさらなる精査が必要となる．

　PET 検査では，放射性のブドウ糖類似物質（18F- フルオロデオキシグルコース：18F-FDG）を静脈注射した後に集積部位を画像化する．18F-FDG からは消滅放射線が放出されており，PET カメラで検出することができる．ブドウ糖の取込みが多い細胞が，FDG を多く取り込む．腫瘍細胞は正常細胞と比較してブドウ糖を 3 〜 8 倍多く取り込むといわれており，FDG の集積を検出することで，腫瘍を発見することができる．全身を一度に検査できるため，悪性腫瘍の臨床病期分類や全身転移のスクリーニングに有用である（図 5-6）．放射線治療や抗がん剤治療の効果判定にも有用である．ただし，正常でも糖の利用が多い脳の灰白質や心臓，排泄経路として集積しやすい腎臓や膀胱に存在する腫瘍を見つけることは困難である．放射線治療後の組織反応で，FDG 取込みが増加することもあり，腫瘍の残存と再発の区別が難しいこともある．さらに，一部の腫瘍では，FDG の取込みが低く，見落とす可能性が

70 第 5 章 腫瘍の画像診断

ある．FDG-PET 検査のみで全身の腫瘍を確実に見つけることは困難である．

演習問題（「正答と解説」は 158 頁）

問 1．肺の転移性結節（5mm 未満）のスクリーニングのために，一般に用いられる検査はどれか．
    a．X 線検査
    b．超音波検査
    c．CT 検査
    d．MRI 検査
    e．核医学検査
問 2．PET 検査で使用する核種はどれか．
    a．テクネシウム
    b．ヨウ素
    c．銀
    d．フッ素
    e．ガドリニウム

第6章　病期別分類

一般目標：腫瘍の病期分類（臨床病期・TNM 分類）の原理，意義について理解する.

6-1　腫瘍の臨床病期（ステージ分類）

到達目標：臨床病期について説明できる.

キーワード：臨床病期，WHO 分類

　臨床病期とは，腫瘍が原発した解剖学的臓器別に，原発巣の浸潤性と大きさ，および所属リンパ節や遠隔臓器への転移の有無によって，腫瘍の広がりを示すもので，腫瘍の適正な治療や予後などの評価に重要である. 病期別の分類をするための基盤となる他の情報として，画像診断，病理診断，臨床徴候の有無などが参考となる.

　腫瘍の病期別分類は，1980 年に Owen が編集した **WHO**（World Health Organization）**分類**が用いられている.

　腫瘍は，時間の経過に伴い分裂を繰り返しながら増殖して周囲の隣接臓器へ進展，あるいは遠隔臓器へ転移しながら進行する. ステージの分類は，治療前の臨床的ステージ分類（cTNM）と手術後の病理学的分類（pTNM）に大別されている. 臨床的ステージは，表 6-1 に示すように，腫瘍がどの程度進行しているかを判定するため，原発腫瘍（T），所属リンパ節の状態（N）および遠隔転移の有無（M）による評価（TNM のサブクラスの定義）によりⅠ～Ⅳ期（リンパ腫はⅠ～Ⅴ）に区分する. しかし，全ての腫瘍で決定されているわけではない.

6-2　孤立性腫瘍における TNM 分類

到達目標：TNM 分類について説明できる.

キーワード：TNM 分類，原発腫瘍（T），所属リンパ節（N），リンパ節，転移，遠隔転移（M）

　腫瘍の **TNM 分類**は，臨床医の治療の選択あるいは治療計画，手術による摘出範囲（境界）あるいは再発などの予後因子としての判断材料として重要である.

1. 原発腫瘍（T）

　原発腫瘍は，大きさや周囲組織への浸潤性（例えば乳腺腫瘍では，皮膚，筋膜や筋肉）によって分類する. 原発腫瘍（T）の大きさは 1～4 で示し，浸潤性は周囲組織への固着性から a～c で示しているが，その大きさや評価は各腫瘍により異なる. サブクラスは以下に定義する.

表 6-1　ステージ分類の原則

ステージⅠ	限局性（がんが原発臓器に限局している）	T1N0M0, T2N0M0
ステージⅡ	隣接組織やリンパ節への浸潤（限局）	T1N1M0, T2N1M0
ステージⅢ	ステージⅡよりも広範な浸潤	T1N2,3M0, T2N2,3M0 T3N0,1,2,3M0, T4N0,1,2,3M0
ステージⅣ	遠隔転移が確認される	TN にかかわらず M1

Tx	：	原発腫瘍が確認できない
Tis	：	carcinoma *in situ*（上皮内癌）
T1〜3	：	腫瘍の大きさで分類
T（1,2,3）a	：	周囲組織への固着がない
T（1,2,3）b	：	周囲組織への固着がある
T（1,2,3）c	：	さらに深部組織への固着がある

2. 所属リンパ節（N）

　悪性腫瘍細胞はリンパ管に侵入して，まず隣接する所属リンパ節に転移病巣を作り，さらにリンパ系を介して遠位のリンパ節に進展する．体表に存在するリンパ節（下顎リンパ節，肩前リンパ節，腋下リンパ節，鼠径リンパ節，膝窩リンパ節など）の転移は，触診によるサイズ，可動性，形さらには細胞診により判定することができる．体内のリンパ節の転移は，X線検査，超音波検査やCT検査により評価される．所属リンパ節の状態を表すサブクラスは下記のように定義されているが，腫瘍によって定義が異なるものが多い．

　　N0： 触知できない，あるいは他の検査法で正常なリンパ節と判断
　　Nx： リンパ節転移の有無が確認できない

【乳腺腫瘍】
　　N1： 同側の所属リンパ節に転移
　　　N1a： 固着していない
　　　N1b： 固着している
　　N2： 両側の所属リンパ節に転移
　　　N2a： 固着していない
　　　N2b： 固着している

【口腔】
　　N1： 同側の可動性リンパ節
　　　N1a： 転移はないと判断
　　　N1b： 転移はあると判断
　　N2： 対側あるいは両側の可動性リンパ節
　　　N2a： 転移はないと判断
　　　N2b： 転移はあると判断
　　N3： 固着した所属リンパ節

3. 遠隔転移（M）

　サブクラスは転移の程度により定義する．

　　M0 ： 遠隔転移が認められない
　　Mx ： 遠隔転移の有無が確認できない
　　M1 ： リンパ節以外の遠隔転移が確認される

　さらに，転移臓器を記載する．

6-3　代表的な腫瘍における病期および治療効果判定のためのガイドライン【アドバンスト】

　到達目標：代表的な腫瘍における病期および治療効果判定について説明できる.

　キーワード：乳腺腫瘍，肥満細胞腫，口腔腫瘍

1. 乳腺腫瘍

　最大腫瘤の長径（cm）を下記のように記録し，評価する.

```
           1        2        3        4        5
右側     (    )    (    )    (    )    (    )    (    )
左側     (    )    (    )    (    )    (    )    (    )
```

原発巣（T）：多発の場合はそれぞれを評価する.

　T0 ： 腫瘍は確認されない

　T1 ： ≦ 3cm

　T2 ： 3 ～ 5cm

　T3 ： ≧ 5cm

　T4 ： 炎症性乳癌

　固着性は以下に判断する.

　a ： 固着なし

　b ： 皮膚に固着

　c ： 筋肉に固着

所属リンパ節（N）：腋窩リンパ節と鼠径リンパ節

　リンパ節への転移は以下に評価する.

　N0 ： リンパ節転移は確認されない

　N1 ： 同側の所属リンパ節

　N2 ： 両側の所属リンパ節

　その固着性は以下に分類する.

　a ： 固着なし

　b ： 固着あり

遠隔転移（M）

　M0 ： 遠隔転移なし

　M1 ： 遠隔転移あり

乳腺腫瘍のステージ分類

ステージⅠ	T1a,b あるいは c	N0（－），N1a（－）あるいは N2a（－）	M0
ステージⅡ	T0，T1a,b あるいは c	N1（＋）	M0
	T2a,b あるいは c	N0（＋）あるいは N1a（＋）	M0
ステージⅢ	全ての T3	全ての N	M0
	全ての T	全ての Nb	M0
ステージⅣ	全ての T	全ての N	M1

（－）：組織学的検査で腫瘍を確認できない.
（＋）：組織学的検査で腫瘍を確認.

2. 表皮 / 皮膚の腫瘍（リンパ腫と肥満細胞腫は含まない）

原発巣（T）

Tis： 浸潤していない癌腫（上皮内癌）

T0： 腫瘍を認めない

T1： ＜ 2cm，表在性 / 外方増殖性

T2： 2 〜 5cm，あるいは最小限度の浸潤を伴う

T3： ＞ 5cm，あるいは皮下織への浸潤を伴う

T4： 筋膜，骨などへの浸潤を伴う

所属リンパ節（N）：解剖学的位置で評価する所属リンパ節は異なる

N0： リンパ節転移は確認されない

N1： 同側性の可動性リンパ節

N1a： 転移はないと判断

N1b： 転移はあると判断

N2： 反対側あるいは両側の可動性リンパ節

N2a： 転移はないと判断

N2b： 転移はあると判断

N3： リンパ節の固着

さらに，（−）：組織学的検査で腫瘍がない

（＋）：組織学的検査で腫瘍がある

遠隔転移（M）

M0： 遠隔転移なし

M1： 遠隔転移あり

ステージ分類はない．

3. 皮膚肥満細胞腫

皮膚肥満細胞腫の TNM 分類はない．

皮膚肥満細胞腫のステージ分類

ステージ I	1 つの皮膚に限局した腫瘍で所属リンパ節転移がない
ステージ II	1 つの皮膚に限局した腫瘍で所属リンパ節転移がある
ステージ III	多発性腫瘍，あるいは大きな浸潤性腫瘍
ステージ IV	遠隔転移を伴う，あるいは転移性の再発（血液および / あるいは骨髄を含む）

なお，全身徴候を以下に分類する．

a： 全身徴候なし

b： 全身徴候あり

4. 口腔（口腔前庭）腫瘍

原発腫瘍（T）

Tis： 浸潤していない癌腫（上皮内癌）

T0： 腫瘍を認めない

T1： 最大径 2cm 未満

T2： 最大径 2 〜 4cm

T3： 最大径 4cm 以上

浸潤性は以下に判断する.

a ： 骨への浸潤なし

b ： 骨への浸潤あり

所属リンパ節（N）：浅頸リンパ節，下顎リンパ節および耳下腺リンパ節

N0 ： リンパ節転移は確認されない

N1 ： 同側の可動性リンパ節

　N1a： 転移はないと判断

　N1b： 転移はあると判断

N2 ： 対側あるいは両側への可動性リンパ節

　N2a： 転移はないと判断

　N2b： 転移はあると判断

N3 ： 固着したリンパ節

　さらに，（－）：組織学的に腫瘍なし

　　　　　　（＋）：組織学的に腫瘍あり

遠隔転移（M）

M0 ： 遠隔転移なし

M1 ： 遠隔転移あり

口腔腫瘍のステージ分類

ステージ I	T1	N0，N1a あるいは N2a	M0
ステージ II	T2	N0，N1a あるいは N2a	M0
ステージ III*	T3	N0，N1a あるいは N2a	M0
	全ての T	N1b	M0
ステージ IV	全ての T	N2b あるいは N3	M0
	全ての T	全ての N	M1

*全ての骨浸潤

参考文献

鷲巣月美 訳（1995）：犬猫のガン化学療法ハンドブック，LLL セミナー.

藤原大美（2003）：腫瘍免疫学，中外医学社.

矢田純一（2016）：医系免疫学 第 14 版，中外医学社.

西條長宏 編（2006）：癌治療の新たな試み 新編 II，医薬ジャーナル社.

佐治重豊，峠　哲哉 編（1999）：新しい癌免疫化学療法の指針 QOL を重視した癌薬物療法，医薬ジャーナル社.

桃井康行 監訳（2008）：犬の腫瘍，Managing the Canine Cancer Patient，インターズー.

松原哲舟 訳（2004）：BSAVA 小動物腫瘍学 マニュアル I，new LLL publisher.

Withrow, S.J., Vail, D.M., Page, R.L. eds.（2013）：Small Animal Clinical Oncology 5th ed., Elsevier.

76   第6章　病期別分類

演習問題（「正答と解説」は158頁）

問1．腫瘍の分類で正しく記述されているものはどれか．

   a．深部組織への固着がある場合は，T（1,2,3）cと分類される．

   b．ステージⅡで隣接組織やリンパ節への浸潤（限局）をTNMで分類するとT1N1M0，T2N1M0で表される．

   c．領域リンパ節の転移は，サイズで評価できる．

   d．N1〜N3はリンパ節転移の数を評価している．

   e．Nxは3個以上のリンパ節に転移している状態を表す．

第7章　腫瘍の外科療法

一般目標：腫瘍の外科療法の意義と適用について理解する.

7-1　腫瘍の外科療法の位置づけ

到達目標：腫瘍の外科療法の意義について説明できる.

キーワード：局所療法，診断，緩和，予防

　腫瘍の治療法には，外科療法，化学療法，放射線療法，免疫療法などがある．この中で，外科療法は腫瘍病巣を直接生体から即座に除去できる治療法であることから，現在でも最も中心的な治療法であり，腫瘍が限局している場合には極めて効果的な**局所療法**である．しかし，実際には腫瘍が限局して外科療法のみで治癒することが少なく，他の治療法と組み合わせて実施されることが多い．例えば，外科手術で除去しきれない局所浸潤病巣は主に放射線療法が併用され，外科手術が及ばない全身に拡がった病巣に対しては化学療法や免疫療法などの全身療法との組合せが必要である.

　また，外科手術は，**診断**，臨床徴候の**緩和**，腫瘍の発生の**予防**のために用いられることもある.

7-2　腫瘍の外科療法の長所と短所

到達目標：腫瘍の外科療法の長所と短所について説明できる.

キーワード：摘出，局所療法，形態・機能を損なう，侵襲的，麻酔，鎮痛

1.　外科療法の長所

　局所病巣を確実かつ即座に**摘出**できることである.

2.　外科療法の短所

・**局所療法**にすぎないこと：腫瘍が局所に限局していなければ，外科療法による根治は困難である.

・**形態と機能を損なう**こと：外科切除によって組織欠損を引き起こすため，多かれ少なかれ形態や機能の損失を伴う.

・**侵襲的**な治療法であること：観血的な外科手術による侵襲を伴う.

・**麻酔**と**鎮痛**の処置を必要とすること：動物を不動化し，手術に伴う疼痛を軽減する必要がある.

7-3　外科療法の適用

到達目標：根治的手術，非根治的手術（緩和的手術，腫瘍減量手術），予防的手術，診断的手術について説明できる.

キーワード：根治的手術，非根治的手術，緩和的手術，腫瘍減量手術，予防的手術，診断的手術

1.　根治的手術

　根治的手術は，全ての腫瘍細胞を取り除き治癒を目指す手術であり，これに適した腫瘍や動物の条件は，腫瘍が限局していること，切除によって重要な機能を損なわないことがあげられ，さらに転移率の低い腫瘍ほど根治に至りやすいことがあげられる.

　また，根治的手術の手技においては，サージカルマージン（切除縁）を十分に確保すること（「7-4　サー

ジカルマージン」で述べる広範囲切除縁あるいは根治的切除縁)，腫瘍を一括して切除（en bloc）すること，および腫瘍から細胞を播種させたり有害物質を流したりしないように腫瘍に対する機械的刺激を避けることである．

2. 非根治的手術
1) 緩和的手術
腫瘍が限局しているわけではないが，救急的あるいは生活の質（quality of life：QOL）の改善のために非治癒的手術を行う場合もある．出血や穿孔がある消化管腫瘍の姑息的切除，腫瘍に起因する心タンポナーデに対する心膜切開，脳・脊髄腫瘍における減圧手術，膀胱あるいは尿道腫瘍症例における尿路変更，疼痛を伴う四肢骨肉腫における断脚などが相当する．

2) 腫瘍減量手術
解剖学的に治癒的切除が難しい場合に，他の治療法が効果的になるよう，外科療法により腫瘍を減量する場合もある．鼻腔内腫瘍の掻爬術が相当する．

3. 予防的手術
腫瘍の発生を抑制するための手術と腫瘍が発生しやすい組織の予防的切除があげられる．乳腺腫瘍や生殖器腫瘍に対する卵巣摘出術，精巣腫瘍や肛門周囲腺腫に対する精巣摘出術などが相当する．

4. 診断的手術
腫瘍を明らかにするための切除生検，試験開腹などが相当する．

7-4 サージカルマージン（切除縁）

到達目標：サージカルマージン（切除縁）と腫瘍切除術の分類について説明できる．
キーワード：サージカルマージン，切除縁，バリアー，腫瘍内切除術，腫瘍辺縁部切除術，広範囲切除術，根治的切除術

悪性腫瘍では周囲正常組織への浸潤が多く認められるため，**サージカルマージン（切除縁）**の評価が重要である．正確なサージカルマージンの評価は切除断端を中心に組織病理学的によって決定されるが，手術を実施する外科医は下記の広範囲切除あるいは根治的切除を目指さなくてはならない．腫瘍の切除分類の模式図を図 7-1 に示す．

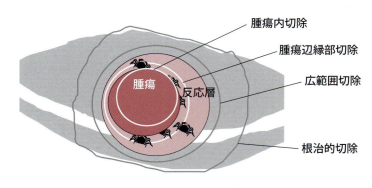

図 7-1 腫瘍の切除分類

腫瘍の周囲に腫瘍の浸潤を阻止できるような筋膜，骨膜，腹膜，胸膜，血管外膜，関節包などの**バリアー**が存在する場合には，バリアーを腫瘍側につけて摘出することで根治性が高まる（図 7-2）．

1. 腫瘍切除術の分類
1) 腫瘍内切除術
生検を目的に一部の組織を切除しただけの手術や，減量を目的に腫瘍を掻き出したような手術が**腫瘍内切除術**（intralesional excision, debulking）に該当する．腫瘍の内容が漏れ出た場合や腫瘍をいくつ

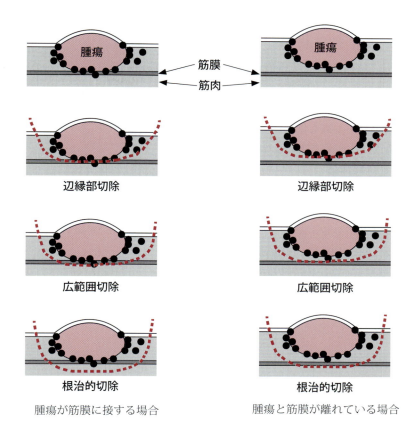

図 7-2　筋膜バリアーの有無による切除分類

かに分けて摘出した場合もこの切除術に該当する．当然のことながら，腫瘍の残存と創内播種は免れない．

2) 腫瘍辺縁部切除術

　腫瘍をその偽被膜部や反応層部で摘出した手術，あるいは周囲正常組織 1cm 未満で摘出された手術が **腫瘍辺縁部切除術**（marginal excision, simple excision）に該当する．偽被膜は通常，腫瘍組織あるいは強い腫瘍浸潤部の圧迫層で腫瘍に癒着し剥離が難しい内層の膜様組織と，腫瘍周囲組織が腫瘍による圧迫で膜様になった外層の組織からなる．特に固形の肉腫で偽被膜が認められることが多いが，ほとんどの場合その周囲に細胞レベルで腫瘍が浸潤している．また，反応層とは，腫瘍周囲の出血巣，変性した筋肉，灰白色の瘢痕状あるいは浮腫状組織などの肉眼的変色部を指す．

　大きな腫瘍では施行せざるを得ないことが多い切除術であるが，再発率が高くなるため，一般に他の治療法の追加が必要である．

3) 広範囲切除術

　腫瘍を，その偽被膜部・反応層部の外側にある健常組織 1〜3cm で被包して摘出した手術が **広範囲切除術**（wide excision）に該当する．腫瘍や反応層に接して筋膜などのバリアーが存在する場合には，可能な限りバリアーを腫瘍側につけて腫瘍を摘出する．再発率を低下させる切除法である．

4）根治的切除術

周囲の正常組織を 3cm 以上含めて摘出した手術が**根治的切除術**（curative wide resection, radical exction）に該当する．反応層に接する正常組織を介しバリアーがある時は，その外側で根治的とみなす．再発率が最も低い切除法であり，術後放射線療法や追加手術は必要ない．

2. 組織病理学的な切除縁評価

切除した検体の切除縁に腫瘍細胞が存在しないかどうかを組織病理学的に調べる．外科医が特に疑わしいと考える部位をマーキングしておくと便利である（図 7-3）．切除縁に腫瘍細胞が存在する場合には，再手術か放射線療法を併用しなければならない．さらに効果的な化学療法があれば，その併用が好ましい．

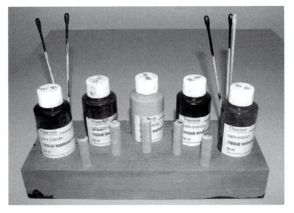

図 7-3 組織マーキング色素

7-5　リンパ節郭清【アドバンスト】

到達目標：リンパ節郭清の意義と適用について説明できる．
キーワード：リンパ節郭清，センチネルリンパ節

腫瘍領域の所属リンパ節の状態を調べ，転移が疑われる場合には積極的に切除する．しかし，外観上異常が明らかではない所属リンパ節を一律に郭清するのがよいかどうかは，意見が分かれるところである．郭清する利点は，微少な転移病巣を除去できることであり，欠点は局所の免疫防御機構を壊してしまう恐れがあることである．

また，真の**リンパ節郭清**は原発巣との間にあるリンパ管を含めてリンパ節を en bloc に切除するべきであるが，獣医学領域においてはそこまで行われていないことが多いのが実状である．

最近，ヒトにおいては，原発巣周辺に RI や色素剤を注入してこれらが最初に流入する**センチネルリンパ節**を検出し，その転移の有無を調べてから，次のリンパ節まで郭清するかどうかを決定するセンチネルリンパ節の概念が導入されている．この方法は不必要なリンパ節郭清を避ける方法として有用であり，獣医学領域においても応用可能である．

7-6　外科療法による機能や形態の欠損【アドバンスト】

到達目標：外科療法による機能や形態の欠損について例示し，説明できる．
キーワード：機能の損失，形態の損失

1. 生命の維持に直接関わる重要な機能の欠損

呼吸器系：呼吸不全
　気管：吻合部の離開や狭窄
　　　　6〜8 週齢の犬：25％ まで切除可能
　　　　12〜18 週齢の犬：35％ まで切除可能
　　　　成犬：50％ まで切除可能
　肺：　換気不全

第 7 章　腫瘍の外科療法　　81

健常犬で 50 〜 75% まで切除可能

左側肺全切除は可能であるが，右側は困難

消化器系

舌：　飲食や毛づくろい

吻側 1/3 にとどめる

小腸：短腸症候群

幼犬：　80% まで切除可能（対応可能）

成犬：　75% まで切除可能

肝臓：肝不全

70 〜 80% まで切除可能

2. 生命の維持に関わらない機能と形態の欠損

根治的手術を行うために，肢，眼球，上顎骨，下顎骨，鼻鏡，膀胱などを切除しなければならないことがある．これらは生命の維持に直接は関わらない機能の損失，飼い主の補助などで補える損失，あるいは形態の損失であり，明確な基準が存在しないため，術後の機能や外観に関して飼い主と十分に話し合う必要がある．

演習問題（「正答と解説」は 158 頁）

問 1．腫瘍の外科手術について正しい記述の組合せはどれか．

a. 形態と機能の欠損を伴うので，伴侶動物では放射線療法に次ぐ治療法である．

b. 腫瘍が肺に転移している場合でも，抗がん剤と外科手術の併用で治癒できることが多い．

c. 最大の利点は，局所病巣を確実かつ即座に除去できることである．

d. 外科侵襲によって微小転移巣が増悪する可能性がある．

e. 一括切除が難しい場合には，分割切除するのが良い．

① a,b　　② a,e　　③ b,c　　④ c,d　　⑤ d,e

問 2　サージカルマージンについて正しい記述の組合せはどれか．

a. 細胞レベルでの腫瘍の拡がりが確定できる MRI 検査でサージカルマージンを決定する．

b. 腫瘍の膜様組織は，正常な排除反応の結果なので，そのすぐ外側で完全切除できる．

c. 腫瘍の反応層は，腫瘍が混在している部位なので腫瘍摘出の際に取り除くべきである．

d. 皮膚軟部組織腫瘍では，底部の筋膜あるいは筋肉を含めて摘出することが重要である．

e. グレード II の肥満細胞腫では水平方向 6cm のサージカルマージンが推奨されている．

① a,b　　② a,e　　③ b,c　　④ c,d　　⑤ d,e

問 3．外科手術による機能損失について正しい記述の組合せはどれか．

a. 健常若齢犬での気管切除は，全体の 50% までは合併症なく可能といわれている．

b. 健常犬の肺葉切除においては，左肺全切除は合併症なく可能といわれている．

c. 健常犬の肝臓においては，全体の 70 〜 80% を超えると肝不全が生じやすい．

d. 健常成犬の小腸においては，全体の 1/3 を超えると短腸症候群が生じやすい．

e. 健常犬の腎臓においては，片側の摘出によって高窒素血症が生じやすい．

① a,b　　② a,e　　③ b,c　　④ c,d　　⑤ d,e

第 8 章　放射線治療

一般目標：腫瘍の放射線治療の意義と適用について理解する．

8-1　放射線治療の原理

到達目標：放射線治療の原理と，特徴・適用について理解する．
キーワード：直接作用，間接作用，間期死，増殖死，4R，修復，再増殖，再酸素化，再分布

　放射線治療の効果や副作用は，様々な生物学的因子が複雑に絡みあって成り立っている．放射線が生体に及ぼす影響を，細胞レベルで説明する．

1. 直接作用と間接作用

　放射線が生体を通過する際，生体の様々な分子に影響を及ぼす．古典的には，細胞の中でも特に DNA の損傷が，放射線の作用と密接に関係すると考えられている[a]．DNA の損傷のうち，2 本鎖切断が修復不能であれば，細胞死をきたす．

　生体に照射された放射線は生体分子にぶつかり，2 次電子を発生させながら吸収される．2 次電子線を含めた放射線が DNA を直接損傷する時，これを**直接作用**と呼ぶ（図 8-1）．2 次電子は不安定で，周囲に豊富に存在する水分子と反応し，水分子からフリーラジカルが発生する．フリーラジカルは酸素と反応して，傷害性の高い活性酸素となり，DNA を損傷する．これが放射線の**間接作用**である．フリーラジカルは細胞内で大量に生じるが，DNA のごく近傍で発生したもののみが，DNA に影響する．獣医療で用いる X 線は，電離密度が低い低 LET 放射線であり，その作用の 3 分の 1 から 4 分の 1 を直接作用が，残りを間接作用が占めるといわれている．様々な要因により間接作用が低減することから，X 線を用いた放射線治療では，間接作用を最大限に生かす工夫がなされている．

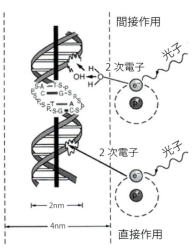

図 8-1　放射線の直接作用と間接作用
DNA の構造を模式図で示す．直接作用では，X 線の吸収で生じた 2 次電子が，DNA と相互作用して影響を及ぼす．間接作用では，2 次電子が例えば水分子と反応し，水酸化ラジカルを生成し，これが DNA を損傷する．（Hall, Radiobiology for the radiologist）

2. 間期死と増殖死

　ゆっくりと増殖あるいは増殖しない細胞において，分裂を経ないで細胞周期の分裂と分裂の間，すなわち間期に細胞死が起こる死を**間期死**と呼ぶ[b]．一般的に間期死は 1 回高線量の放射線（数十 Gy）を必要とし，放射線抵抗性の神経細胞などはネクローシスによる間期死を生じる．通常の放射線治療で用いる 1 回低線量の照射で間期死が起こることは少ないが，放射線感受性のリンパ球などは，低線量（1Gy 程度）の放射線でもアポトーシスによる間期死をきたす．一方，増殖能力のある正常細胞や腫瘍細胞

---

[a] DNA の損傷には，塩基損傷，塩基の遊離，1 本鎖切断，2 本鎖切断，架橋などがある．
[b] 高線量の放射線による間期死では，DNA だけでなく，細胞膜や細胞質の機能障害も引き起こされる．

が，中程度の線量の放射線（数 Gy）照射で，1〜数回の分裂を経て起こる死を**増殖死**（分裂死）と呼ぶ．核酸や蛋白質合成などの代謝を維持しているが，正常な分裂能力を失い，主にアポトーシスによる増殖死が生じる．通常の分割照射では，多くの細胞で増殖死が起こると考えられる．

3. 分割照射の理論

低 LET 放射線である X 線を用いて放射線治療を行う時，1 回のみの高線量で治療を行うのではなく，通常は低線量を複数回照射する「分割照射」を行う．分割照射を行うことで，放射線の間接作用を最大限に生かすことが可能となり，その理論的背景として **4R** が提唱されている（表 8-1）．

表 8-1　分割照射を行う理論「4 つの R」

repair：放射線損傷の修復 /recovery：放射線損傷からの回復
repopulation：再増殖
reoxygenation：低酸素性細胞の酸素化
redistribution：細胞周期の再分布 /reassortment：細胞周期の同調

1) 修　復

細胞は放射線により損傷を受けても，損傷を**修復**する能力がある．放射線損傷の修復には，亜致死損傷[c]（sublethal damage：SLD）の修復と，潜在的致死損傷[d]（potentially lethal damage：PLD）の修復がある．亜致死損傷の修復とは，亜致死的損傷を受けた細胞が，損傷を修復する[e]（回復する）現象である．10Gy を 1 回で照射した時より，2Gy ずつに分割して 5 回照射した時の方が，細胞生存率が高くなる．これは，照射と照射の間に，細胞が損傷を修復したためである．正常細胞は，がん細胞より DNA 修復酵素系を保持していると考えられ，がん細胞より修復が起こりやすい．つまり，分

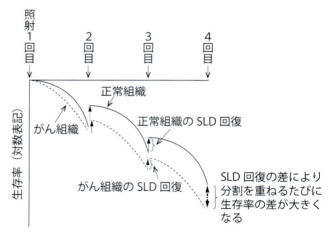

図 8-2　分割照射後の腫瘍と正常組織の生存率
腫瘍の SLD 回復は，正常組織と比較して不完全である．分割照射を行うたびに，腫瘍と正常組織の生存率の差が広がる．
（Duncan, et al., 1977）

割照射を行うことで，がん細胞が優先的に損傷される可能性がある（図 8-2）．潜在的致死損傷の修復とは，細胞を照射後に特定の条件下に置くことで，生存率が上昇する現象である．この修復は，がん細胞が増殖する環境下で起こりやすい．分割照射に寄与する現象ではないが，この修復を阻害する薬剤が，放射線増感剤となる可能性があり，研究されている．

2) 再増殖

細胞が放射線による損傷を受けると，細胞分裂時間の遅延が起こるが，時間が経てば損傷を修復して，再び分裂を開始する，すなわち**再増殖**が始まる．がん細胞の再増殖は正常細胞より遅れて始まるため，

---

[c] 亜致死損傷：蓄積すれば致死的となる損傷のこと．
[d] 潜在的致死損傷：致死的であるが，修復に最適な条件が得られれば修復可能である損傷．
[e] DNA の修復には，塩基除去修復，ヌクレオチド除去修復，ミスマッチ修復と，2 本鎖切断修復機構として非相同末端結合，相同組換え修復がある．

照射間隔が開きすぎないように注意する必要がある．がん細胞の再増殖が活発になると，放射線治療の成績が低下する．

3）再酸素化

無酸素状態の細胞の放射線感受性を1とすると，酸素化された状態の細胞の感受性は3まで上昇する（図8-3）．酸素が存在する環境では，放射線照射で生じたフリーラジカルが酸素と反応して活性酸素となり，放射線損傷が固定化される．正常組織中に，低酸素状態の細胞はほとんど存在しないが，腫瘍組織中では細胞が無秩序に増殖するため，低～無酸素領域が生じ，放射線抵抗性の原因となる．がん病巣の構造として，腫瘍コードが提唱されている（図

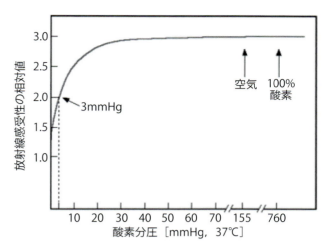

図8-3 酸素増感比（oxygen enhancement ratio：OER）
縦軸は無酸素状態での感受性を1とした場合の感受性の比（OER）を表す．

8-4）．腫瘍コードの中で，栄養血管からの酸素が行き届いているがん細胞は，放射線感受性が高く，優先的に傷害される．損傷を受けた酸素化細胞が死滅して酸素を消費しなくなれば，今まで低酸素状態にあった細胞に酸素が行き届き，酸素化状態となり，放射線感受性となる（図8-5）．これを**再酸素化**といい，分割照射を繰り返すことで，低～無酸素状態のがん細胞を徐々に酸素化した状態にすることができて，治療効果が高まると考えられる．

4）再分布

細胞は細胞周期により，放射線感受性が異なる．すなわち，分裂準備期（G2期）後期から分裂期（M

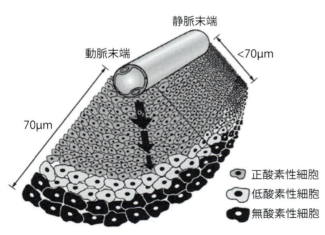

図8-4 腫瘍コード
毛細血管（栄養血管）を中心に，腫瘍細胞の酸素化状態が異なるという組織学的モデル．血管から離れるに従って，正酸素性細胞，低酸素性細胞，無酸素性細胞（壊死細胞）が分布する．

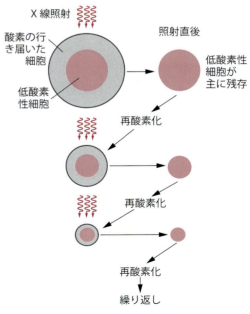

図8-5 再酸素化の模式図

86   第 8 章　放射線治療

期),DNA 合成準備期 (G1 期) 後期から DNA 合成期 (S 期) 初期に感受性が高い. 放射線を照射すると, 感受性のある細胞周期のがん細胞が死滅し, 減少する. 感受性の低い細胞周期の細胞は傷害をまぬがれるが, しばらくすると次の細胞周期, すなわち感受性の周期に移行し, 放射線感受性となる. これを**再分布**という. 分割照射を行うことで, 放射線感受性の周期の細胞を, 効率よく損傷することができる.

8-2　正常組織と腫瘍の放射線感受性【アドバンスト】

到達目標:種々の正常組織および腫瘍の放射線感受性の概要を説明できる.
キーワード:Bergonie-Tribondeau の法則, 骨髄, リンパ球, 腎臓, 骨, 神経, 筋肉, リンパ腫, 精巣腫瘍

Bergonie-Tribondeau の法則とは, 細胞分裂が活発なものほど, 将来の分裂回数が多いほど, 形態的および機能的に未分化なものほど, 放射線感受性が高いという説で, ラットの精巣組織の観察から得られた法則である. 組織による放射線感受性の差を説明する理論として, 受け入れられている.

正常組織のうち, 放射線感受性が高いものは, これらの特徴を有する幹細胞である (**骨髄**の造血幹細胞, 小腸陰窩の幹細胞, 精原細胞, 精母細胞, 表皮の幹細胞など. **リンパ球**は幹細胞ではないが感受性が高い). 感受性が中等度のものとして, 分裂頻度の低い細胞からなる組織, すなわち肝臓, **腎臓**, 膵臓, 成人の**骨**/軟骨などがある. 感受性の低いものとして, 分裂が終了した分化した細胞からなる組織, すなわち**神経**, **筋肉**などがある.

由来となる正常組織の放射線感受性が高ければ, 腫瘍化した時の感受性も高い傾向がある. すなわち, 骨髄細胞由来の白血病や**リンパ腫**, 骨髄腫, 生殖細胞由来の**精巣腫瘍**は, 放射線感受性が高い. 逆に, 神経由来の神経膠腫 (脳腫瘍の 1 つ), 骨や軟部組織由来の肉腫は, 放射線抵抗性であり, 放射線治療を行った時の治癒率が低い. 犬・猫で実際に放射線治療の対象となる腫瘍の感受性を, 表 8-2 に示す.

表 8-2　犬・猫の腫瘍の放射線感受性	
感受性が高い	リンパ腫, 精巣腫瘍, 肛門周囲腺腫, 口腔内棘細胞性エナメル上皮腫, 可移植性性器肉腫
感受性が低い (放射線抵抗性)	神経膠腫, 骨肉腫, 線維肉腫などの軟部組織肉腫

8-3　放射線障害【アドバンスト】

到達目標:放射線障害について説明できる.
キーワード:急性障害, 晩発性障害, 放射線発がん

放射線治療では,腫瘍と同時に周囲の正常組織も照射される. 正常組織への照射を可能な限り制限し, 放射線障害を低減するよう努めたとしても, 完全に正常組織を避けることはできない. 放射線を照射すると, 細胞が傷害され, 一部の細胞が死に至る. 死んだ細胞が少ないと, 生存した細胞で機能が代償されて, 組織としての機能が低下しないが, 高線量によって多くの細胞が死ぬと, 代償困難となり, 機能障害が顕在化する. この線量を, 確定的影響のしきい線量と呼ぶ.

障害の程度は, 正常組織の放射線感受性, 放射線の 1 回線量, 総線量, 治療間隔, 全体の治療期間, 照射野の大きさ, 併用する治療内容により異なるほか, 個体差や種差がある. 臓器・器官別の障害 (確定的影響) の例を, 表 8-3, 表 8-4 に示す.

1. 急性障害 (確定的影響)

急性障害は, 早期障害,急性反応ともいい,多くは可逆性の障害である. 放射線治療中から治療後 2 週～1 か月程度で発生し, 回復に向かう. 放射線感受性の高い, 正常幹細胞の死に起因するもので, 新陳代

第 8 章　放射線治療　　87

表 8-3　VRTOG による急性放射線障害スコアリング

組織 / 臓器	0	1	2	3
皮膚 / 被毛	変化なし	紅斑，乾性落屑，脱毛	浮腫を伴わない部分的な湿性落屑	融合性の湿性落屑で浮腫±潰瘍を伴う，壊死，出血
粘膜 / 口腔	変化なし	粘膜炎を伴わない充血	部分的な粘膜炎で痛みを伴わない	融合性，線維素性の粘膜炎
眼	変化なし	軽度の結膜炎±強膜の充血	乾性角結膜炎で人工涙液を要する，軽度の結膜炎か虹彩炎で治療を要する	重度の角膜炎で角膜潰瘍や視覚の喪失を伴う，緑内障
耳	変化なし	軽度の外耳炎で紅斑，掻痒を伴う，乾性落屑があるが治療を要さない	中等度の外耳炎で局所の投薬を要する	重度の外耳炎で滲出と湿性落屑を伴う
中枢神経	変化なし	軽度の神経学的所見でステロイド療法以上の治療を要さない	神経学的所見でステロイド療法以上の治療を要する	麻痺等の重度の神経障害，昏睡，鈍麻
肺	変化なし	肺胞浸潤，治療を要さない発咳	重度の肺胞浸潤，治療を要する発咳	呼吸困難
下部消化管	変化なし	便の性状が変化するが投薬を要さない，直腸の不快感	下痢で副交感神経遮断薬の投与を要する，直腸の不快感に鎮痛薬投与を要する	下痢で非経口の支持療法を要する，血様滲出があり注意を要する，瘻管，穿孔
泌尿器	変化なし	排尿頻度の変化，投薬を要さない	排尿頻度の変化，投薬を要する	肉眼的血尿もしくは尿路閉塞

Toxicity criteria of the Veterinary Radiation Therapy Oncology Group, LaDue T, Klein MK, 2001 Vet Radiol Ultrasound, 42(5): 475-476

表 8-4　VRTOG による晩発性放射線障害スコアリング

組織 / 臓器	0	1	2	3
皮膚 / 被毛	なし	脱毛，色素過剰，白毛症	徴候を伴わない硬化（線維化）	重度の硬化で身体的障害をきたす．壊死
眼	なし	徴候を伴わない白内障，乾性角結膜炎	徴候を伴う白内障，角膜炎，角膜潰瘍，軽度の網膜症，軽度から中等度の緑内障	汎眼球炎，盲目，重度の緑内障，網膜剥離
中枢神経	なし	軽度の神経的徴候でステロイド療法以上の治療を要さない	神経的徴候でステロイド療法以上の治療を要する	発作，麻痺，昏睡
肺	なし	X 線写真上の部分的な浸潤	X 線写真上の重度の浸潤	徴候を伴う線維化，肺炎
心臓	なし	心電図上の変化	心膜滲出	心タンポナーデ，うっ血性心不全
膀胱	なし	顕微鏡的血尿	頻尿，排尿障害，血尿	膀胱萎縮
骨	なし	触診による疼痛	X 線写真での変化	壊死
関節	なし	こわばり	可動域の減少	可動なし

Toxicity criteria of the Veterinary Radiation Therapy Oncology Group. LaDue T, Klein MK. 2001 Vet Radiol Ultrasound. 42(5): 475-476

謝の早い組織で顕在化することが多い．幹細胞が十分残存し，分裂能力を保っていて，組織を再生することができる線量であれば，回復する．毛細血管の透過性亢進に起因する浮腫や炎症を伴う[f]．どの方向から照射しても，必ず放射線が体表を通過するため，皮膚や粘膜での急性障害発生を経験することが多い．

総線量の高い通常分割法では，避けられない．炎症や疼痛を伴うため，鎮痛剤などの対症治療を行いつつ，自然に治癒するのを待つ．自傷すると治癒が遅延するため，エリザベスカラー等を適宜使用する．

2. 晩発性障害（確定的影響）

晩発性障害は，晩期障害，晩期反応ともいい，不可逆性の障害である．毛細血管の内皮細胞が照射から数か月後に増殖死をきたし，障害されると，線維化などにより血管の狭窄や閉塞が起こる．微小血管系や間質の結合織の反応に起因する障害であるため，放射線感受性の低い細胞からなる組織でも発生する．つまり，実質臓器の細胞が放射線抵抗性であっても，血管や結合織が障害されることで，実質臓器が2次的に障害され，回復は困難である．放射線治療の数か月から数年後に，潜伏期間を経て出現する障害であり，感染や外傷により顕在化することもある．

確定的影響であり，しきい線量を超えないように治療プロトコルを組む必要がある．1回線量が高い時，総線量が過剰な時に発生しやすくなる．しきい線量は，線量のほか，照射される臓器の種類，照射された臓器の体積や臓器全体に占める割合などにより異なる．

ヒトでは，5年間に5%の患者で晩発性放射線障害が発生する線量を，正常組織の耐容線量として規定し，放射線投与線量の上限としている．犬・猫における耐容線量は十分には明らかにされておらず，分割法もヒトとは異なるが，ヒトでのデータを参考にすることが多い．

3. 放射線発がん（確率的影響）

放射線発がんは，極めてまれな晩発性放射線障害であるとともに，しきい線量のない確率的影響である．放射線治療から数年後に，照射野内で，以前の腫瘍とは組織型が異なる悪性腫瘍が発生することがある．正常細胞のDNAが放射線で損傷を受け，その損傷が修復，複製，組み替え等を介して，突然変異として固定されることで，後に発がんが起こる．ヒトでは，放射線治療後に5年間生存した患者のうち，約1%で発生すると報告されている．犬では，口腔内良性腫瘍に放射線治療を行った57症例において，2症例で悪性腫瘍が発生したと報告されている．放射線治療によって得られる利益と比較して，発がんの危険率は極めて小さいものの，長期生存が見込める症例で放射線治療を行う際に，注意する必要がある．

8-4　放射線治療の特徴と適用

到達目標：放射線治療の根治的適用，予防的適用および緩和的適用について説明できる．

キーワード：根治的適用，予防的適用，緩和的適用

1. 放射線治療の特徴

がんの3大療法は，手術，放射線治療，抗がん剤治療である．このうち，手術と放射線治療は局所療法であり，抗がん剤治療は全身療法である．それぞれの治療には特徴があり，利点と欠点を理解したうえで治療法を選ぶ必要がある（表8-5）．進行したがんでは，3大療法を全て組み合わせる集学的治

---

[f] 毛細血管の内皮細胞は放射線感受性が高く，低線量でも血管透過性の亢進が生じ，浮腫や炎症が起こる．透過性亢進は線量の増加とともに顕著となり，1か月程度持続する．

表 8-5　がんの3大治療

	利点	欠点
手術	・即時に腫瘍を減量できる. ・通常1回の治療で終了する. ・限局した腫瘍を完全切除することができれば治癒する.	・侵襲が大きい. ・解剖学的に切除困難な部位がある. ・術者の技術により治療結果が異なる. ・切除部位の形態が変化し, 機能が失われる. ・切除範囲外に進展した腫瘍を治癒させることはできない.
放射線治療	・放射線感受性が高い腫瘍を減量可能. ・放射線感受性が低い腫瘍でも顕微鏡レベルの病変であれば効果が高い. ・手術より広い範囲の治療が可能. ・治療困難な部位は少ない. ・機能・形態の温存が可能. ・通常切開・入院を必要とせず, 通院で治療可能.	・通常即効性がない. ・放射線感受性が低い腫瘍では効果が低い. ・通常複数回の治療が必要（分割照射）. ・治療範囲外に進展した腫瘍には効果がない. ・同一部位に照射できる線量に上限がある. ・放射線治療装置が必要. ・正常組織の傷害も伴い, 長期生存した時に晩発性障害が問題となる.
抗がん剤治療	・抗がん剤感受性が高い腫瘍（血液・リンパ系腫瘍）を減量可能. ・通常特殊な機器や技術を必要としない. ・通常通院で治療可能. ・全身に播種・転移した腫瘍に対する効果が期待できる.	・固形腫瘍の多くは抗がん剤感受性が低い. ・分裂が盛んな正常組織の分裂抑制などによる副作用を伴う. ・副作用の程度に個体差が大きい. ・複数回治療を行うことが多い.

療が必要となる.

　放射線治療の特徴の1つに, 治療に用いる放射線が, 五感で感じることができないというものがある. 生体を障害する量の放射線であっても, 眼に見えず, 熱さや痛みを感じず, 照射中に何も感じない. 時間が経ってから影響（効果や副作用）が現れる. そのため, 照射機器の精度管理を行い, 線量のシミュレーションを行うとともに, 理論的に計画を立てて治療を遂行する必要がある. また, 通常複数回の治療を行うため, 複数回の不動化（麻酔や鎮静処置）に耐えられないような基礎疾患がないかどうか, 把握する必要がある.

　腫瘍の放射線感受性が高いことと, 腫瘍が放射線治療で治癒することは, 同じではない. 感受性が高くても腫瘍量が多ければ, 放射線治療の効果が低くなる可能性がある. 数mm以上の肉眼的腫瘍病変では, 低酸素状態の細胞が多く存在するため, 放射線感受性が低下する. 逆に, 顕微鏡的病変では, がん細胞に対数分裂期のものが多く, 酸素化されており, 放射線感受性が高い. さらに, 放射線感受性には個体差がある.

2.　放射線治療の適用

　腫瘍の放射線感受性が高ければ, 必ず放射線治療が第1選択となるわけではない. 例えば, 血液・リンパ系の腫瘍は放射線感受性が高い. 限局していれば放射線治療の良い適用となるが, 腫瘍が全身に及んでいれば, 放射線治療のみで治癒させることは難しく, 抗がん剤治療が適用される. 精巣腫瘍は放射線感受性が高いと予想されるが, 原発腫瘍に対しては精巣摘出術を行うため, 放射線治療は適用されない.

　このように, 状況に応じて放射線治療の適用・目的は異なる.

第 8 章　放射線治療

表 8-6　放射線治療の緩和的適用の例

目的	適用例
放射線感受性が高い腫瘍の局所治療	・犬の多中心型リンパ腫の局所リンパ節への照射. ・多発性骨髄腫の脊椎転移に対して神経圧迫を緩和する. ・精巣腫瘍が転移した腹腔内リンパ節への照射.
腫瘍による疼痛などを緩和する	・犬の四肢の骨肉腫の疼痛緩和（手術の代替）. ・骨浸潤や骨転移をきたした腫瘍による骨疼痛の緩和.
腫瘍の増大速度を低減したり，浸潤を緩和したりすることで，QOL（quality of life）の改善を期待する	・手術困難で大きな浸潤性の強い腫瘍の，進行速度を低減させる. ・すでに遠隔転移が生じている腫瘍の，原発病変の制御（手術の代替）. ・転移リンパ節への照射. 内側咽頭後リンパ節腫大による嚥下障害や，腰下リンパ節腫大による排便障害・後肢浮腫の緩和.

1）根治的適用

根治的適用として，放射線感受性が高い限局した腫瘍で，治癒を目的として，放射線単独で治療を行う．局所に限局したリンパ腫（猫の鼻腔内リンパ腫など），一部の良性腫瘍（犬の肛門周囲腺腫，犬の口腔内棘細胞性エナメル上皮腫），可移植性性器肉腫などに適用される．

2）準根治的適用

根治的適用に準ずる目的で，手術が困難な限局した腫瘍で，放射線治療のみを行う．正常組織の耐容線量に近い線量を投与することで，できるだけ長期間の腫瘍制御を目指す．

鼻腔内腫瘍，脳腫瘍，下垂体腫瘍などに適用される．

3）予防的適用

予防的適用として，肉眼的な腫瘍を手術で切除し，顕微鏡的に浸潤した腫瘍を放射線治療で治療する．放射線感受性の低い腫瘍であっても，再発を抑制することが期待される．

犬皮膚肥満細胞腫，犬・猫の軟部組織肉腫，会陰部や四肢の腫瘍で，機能を温存するためにサージカルマージンが不十分となる時などに適用される．

4）緩和的適用

緩和的適用として，不動化が可能であれば，放射線治療はあらゆる場面で適用できる（表 8-6）.

8-5　他の治療との組合せ【アドバンスト】

到達目標：他の治療との組合せについて説明できる.

キーワード：術前照射，術後照射，術中照射，放射線増感剤

放射線治療単独で治癒させられる症例は限られており，様々な治療・薬剤と組合せて，制御率を高める工夫がなされている.

1.　手術との組合せ

局所治療である手術を組み合わせることで，限局した腫瘍を制御できる可能性が高まる．手術と放射線治療のタイミングにより，術前照射，術中照射，術後照射がある.

1）術前／術後照射

術前照射の利点は術後照射の欠点となり，術前照射の欠点は術後照射の利点となる（表 8-7）. 腫瘍の種類や臨床病期により，どちらがより効果的か，一概にはいえない．獣医療での報告の多くが術後照射であるが，猫の軟部組織肉腫や犬の鼻腔内腫瘍で，術前照射の有用性が報告されている.

表 8-7 術前照射と術後照射の比較

	利点	欠点
術前照射	・低酸素領域が最小限であり，腫瘍の放射線感受性が高い． ・腫瘍が縮小したり癒着が軽減したりすれば，手術が容易になる． ・手術操作による術中播種を予防できる可能性がある（術野の"無菌化"）． ・肉眼病巣から，腫瘍の放射線感受性が個々に確認できる．	・術創治癒に影響するため，十分な線量を投与できない． ・手術後の合併症が増加する（創傷治癒遅延）． ・手術の実施が遅れる．
術後照射	・術創が治癒していれば，十分な線量を投与できる． ・最も一般的な方法であり，データが比較的蓄積されている．	・手術操作により術創が低酸素状態となるため，腫瘍の放射線感受性が低くなる． ・肉眼病巣がないため，腫瘍の放射線感受性が個々に確認できない．

2）術中照射

術中照射は，手術中に腫瘍を露出させ，周囲の正常組織を照射野外に移動させた状態で，腫瘍のみに照射する方法である．通常 1 回限りの治療となるが，10Gy を超える高線量を投与することが可能である．転移した腹腔内リンパ節などに対して，電子線を照射することが多い．

2．放射線増感剤

放射線増感剤とは，放射線の生物学的効果を高める作用をもつ化学物質である．ブロモデオキシウリジンは，DNA 合成中の細胞にチミジンの代わりに取り込まれ，放射線を照射した時の DNA 損傷を増加させる．正常組織に取り込まれないよう，注意する必要がある．その他，低酸素細胞の放射線増感剤として，イミダゾール系化合物が開発されたが，毒性が強く臨床応用に至っていない．ヒトでは，局所にオキシドールを使用する方法も検討されている．

3．放射線防護剤

放射線防護剤とは，放射線障害を軽減させる物質である．ラジカルを中和したり，酸素による増感を抑制したりすることで，正常組織の放射線障害を軽減するために開発された．

8-6　放射線治療装置【アドバンスト】

到達目標：放射線治療装置について説明できる．

キーワード：オルソボルテージ X 線治療装置，メガボルテージ放射線治療装置，電子線，ビルドアップ現象，IMRT

日本の獣医療で行われる放射線治療は，すべて外部照射であり，用いられる放射線は，主に X 線である（図 8-6）[g), h), i)]．X 線出力が異なるオルソボルテージ（常電圧）X 線治療装置と，メガボルテー

[g)] 医療では，X 線を用いた「外部照射」だけでなく，「腔内照射」や「組織内照射」，「内用照射」が行われている．①腔内照射：管腔臓器に放射線源を挿入して治療する方法．子宮頸癌などに用いられる．②組織内照射：腫瘍組織に放射線源を刺入したり埋め込む方法．舌癌，前立腺癌などに用いられる．③内用療法：放射性同位元素を体内に入れる方法．甲状腺癌に対する放射性ヨードの内服や，骨転移に対する放射性ストロンチウムの注射などが行われる．

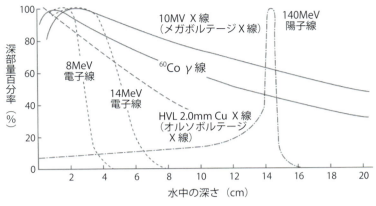

図 8-6 様々な放射線の線量分布

ジ（高電圧）放射線治療装置がある．

オルソボルテージX線治療装置とは，200〜400kVp程度の出力のX線発生装置を，放射線治療に用いるものである．皮膚表面の線量が最も高く，深部へ行くにつれて急速に減衰する．一部の動物病院で使用されている．

メガボルテージ放射線治療装置として一般に用いられるのは，直線加速装置（linear accelerator，LINAC，リニアック）である．これは，加速管内で電子が放出・加速されてX線を発生させるもので，獣医療では4MVや6MVの出力の装置が用いられる．日本の獣医療で，主流の装置となりつつある．オルソボルテージ装置と比較して，X線が深部まで到達するほか，架台が360度回転することで，中心に線量を集中させることができる利点がある．さらに，鉛ブロックやマルチリーフコリメーターで照射野を成形し，正常組織を防護することができる．また，電子をターゲットに衝突させずに，そのまま放出させれば，**電子線**として用いることもできる．電子は電荷を帯びて質量があるため，体表で吸収されて深部へは到達しない．深部に放射線感受性の高い正常組織が存在する胸壁や腹壁の腫瘍の治療や，手術と組み合わせた術中照射に電子線が用いられる．

メガボルテージX線が生体に入射すると，二次電子線（コンプトン電子）が発生したり，X線自身が散乱したりする．このため，生体表面から深部へ吸収線量が上昇する領域がある．このピークは，4MVのX線では表面から約1cm，6MVのX線では表面から約1.5cm奥であり，これを**ビルドアップ現象**と呼ぶ．生体深部の照射をする際に，皮膚の吸収線量を低減できることから，皮膚の急性障害が発生しにくくなる．ただし，皮膚表面の腫瘍（皮膚肥満細胞腫など）を治療する際は，腫瘍に吸収線量のピークをもっていくために，腫瘍の手前にボーラス（人工的にビルドアップ現象を生む素材）を使用する必要がある．

近年ではリニアックの精度が向上し，腫瘍への放射線集中性を高めた治療が可能となりつつある．

---

[h] 海外の獣医療では，X線以外の放射線源を用いた外部照射や，甲状腺腫瘍に対する「内用照射」も行われている．
[i] 医療では，線量集中性が高い陽子線や，高LET（線エネルギー付与）放射線である重粒子線（炭素イオン線）による放射線治療も行われている．高LET線では直接作用が主となるため，低酸素領域の多い腫瘍にも有効と考えられる．生物学的効果比も高いことから，一般的にX線感受性が低いとされている腫瘍にも，効果が高い可能性がある．ただ，施設が少なく，治療費用も高価であることから，ヒトでも先進医療として位置づけられている．

強度変調放射線治療（intensity modulated radiation therapy：**IMRT**）は，照射野内の線量分布を変化させて，複雑な形状の腫瘍を照射する方法である．腫瘍と接する眼球や脊髄などの正常組織を防護し，腫瘍に従来より高い線量を投与することができるため，治療効果が高まることが期待される．

8-7 分割プロトコル【アドバンスト】

到達目標：種々の分割プロトコルについて説明できる．
キーワード：通常分割法，少分割法，定位放射線治療，定位手術的照射

低LET放射線では，一般に分割照射を行うが，総線量が同じでも，1回線量や分割回数，治療期間などの分割法が異なれば，生物学的な効果が異なる．分割照射による放射線治療の効果を評価するために，生物学的等効果線量が用いられる[j]．

放射線治療では，腫瘍の局所制御を行う一方で，周囲の正常組織の障害を可能な限り小さくすることが重要である．正常組織でも腫瘍組織でも，線量と反応の関係は，閾値のあるS字状となる（図8-7）．分割照射を繰り返してある線量に達すると，致死した腫瘍細胞の蓄積により腫瘍の縮小などの治療効果が現れる．一方，線量が高くなると，正常細胞も障害を受け，S字状に障害の発生率が増す．ここで，腫瘍症例の80～90%が治癒する線量を，腫瘍致死線量といい，正常組織に5%の確率で障害が発生する線量を，正常組織の耐容線量という（ここでいう正常組織の障害とは，5年間で5%のヒトに晩発性放射線障害が発生する線量のことをいう）．両者の比を治療比（治療可能比，therapeutic ratio：TR）と定義する．

治療（可能）比（TR）＝正常組織の耐容線量 ÷ 腫瘍致死線量
TR＞1の腫瘍では放射線による治癒が見込める
TR＜1の腫瘍では放射線による治癒が見込めない

図8-7の腫瘍（1）と正常組織の関係のように，腫瘍致死線量より正常組織耐容線量が高ければ，腫瘍が治癒する可能性があるが，腫瘍（3）と正常組織の関係のように耐容線量の方が低ければ治癒が困難となる．治療比は絶対的なものではなく，腫瘍組織と周囲の正常組織の感受性の差によって，相対的に決まるものであり，腫瘍の種類や腫瘍量によっても異なる．手術後の顕微鏡的残存病変に対して照射する時は，低い総線量で効果があると考えられるが，肉眼的病変に対して照射する時に，正常組織の耐容線量内で腫瘍を治癒させることは，通常困難である．

医療では，1日1回2Gy，週5回，総線量60Gy程度のプロトコルを一般に用いており，これを**通常分割法**と呼ぶ．臨床経験に基づいて決められた分割法であるが，この60Gyが

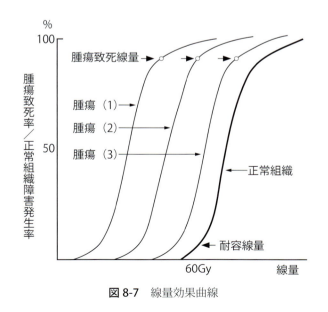

図8-7　線量効果曲線

---
[j] 線量のモデルとして，NSD，TDF，LQモデル，BEDなどがある．

がんを治癒させるために必要な基準となる線量と考えられている．動物では，毎回の放射線治療で不動化が必要であり，ヒトより高い1回線量を用いることが慣例となっている（表8-8）．

動物における通常分割法は，1回線量3Gy程度で週5回の頻度で合計18回の放射線治療を行う方

表8-8 犬・猫の腫瘍における分割法の例

	1回線量	分割回数	総線量	頻度
通常分割法	3Gy	16〜19回	48〜57Gy	週5回
緩和的プロトコル	4Gy	12回	48Gy	週2〜3回
	8Gy	1〜4回	8〜32Gy	週1回
	8Gy	2回	16Gy	2日連続
	6Gy	4〜6回	24〜36Gy	週1〜2回
	4Gy	5回	20Gy	5日連続

法であり，根治的放射線治療，definitive radiation therapy（RT），curative RT，full-course RT とも呼ぶ．麻酔の負担が大きいが，総線量が高いため，治療効果が高い．麻酔に影響するような重大な基礎疾患がなく，局所制御のみで長期生存が見込める症例に適用される．

少分割（寡分割）**法**は，一般に通常分割法より総線量が低く，治療回数も少ない方法である．緩和的放射線治療，palliative RT，hypofractionated RT，coarse fractionated RT とも呼ぶ．麻酔や通院の負担が少ない代わりに，効果も限定的である．1回線量が高いと晩発性障害の発生率が高くなるため，長期生存が見込める症例，若齢の症例では，注意して分割法を決める必要がある．

その他に，6時間程度の間隔を空けて，1日2回以上照射をする多分割法や，治療期間を短くする加速分割法がある．いずれも，照射と照射の間での腫瘍の再増殖を防ぐことができ，通常分割法より生物学的効果が高まると期待される．猫の口腔内扁平上皮癌で行ったところ，従来の方法より治療効果が高かったことが報告されている．

放射線治療装置の位置精度と集中性が向上することで，従来困難であった1回に高線量を照射する方法も行われるようになってきた．**定位放射線治療**（stereotactic radiation therapy：SRT）は，一般に大きさが3cm以下の腫瘍に対して，複数方向から放射線を集中させ，中心の線量を高める方法である．ピンポイント照射とも呼ばれ，数回で治療が終了する．また，定位放射線治療を分割せずに1回で行う方法を，**定位手術的照射**（stereotactic radiation surgery）という．これらは少分割法でありながら，根治目的の治療となりうる．治療効果が高まることが期待されるが，1回高線量での照射の生物学的効果は，従来の分割照射と異なるため，今後の検証が待たれる．

8-8 放射線治療の流れ【アドバンスト】

到達目標：放射線治療の流れについて説明できる．

キーワード：インフォームド・コンセント，治療の準備，毎回の治療，経過観察

1. インフォームド・コンセント

症例の腫瘍の状態（臨床病期分類）や，基礎疾患を把握したうえで，放射線治療と他の治療とを比較検討する．放射線治療を適用する場合，治療目的（根治，予防，緩和）と，1回線量，分割回数，総線量を決め，予測される治療効果と，放射線障害の程度，発生率について説明する．他の治療と組み合わせるならそのタイミング（術前/術中/術後照射や抗がん剤投与の時期）について検討する．

2. 治療の準備

放射線治療の範囲（照射野）は，通常腫瘍が存在する範囲に，マージンを設けた範囲とする．腫瘍の範囲を正確に評価するために，必要であればCT検査を行う．照射野を過剰に広く設定すると，正常組

織の障害が増加し，照射野を過小に設定すると，照射野外で腫瘍が再発するため，照射野の設定は非常に重要である．

　毎回の治療の際に，正常組織をできるだけ避け，腫瘍に正確に照射するため，必要があれば固定具（熱可塑性シェルや歯型，マットなど）を作製して固定の再現性を高め，毎回の照射野が同じになるよう工夫する．LINAC による多方向からの X 線照射を行う時は，固定具を使用した状態で CT 検査を行い，治療計画装置（コンピュータ）にて治療計画を作成する[k]．

　放射線治療装置の照射精度を維持するために，定期的に装置の保守点検を行う必要がある．複雑な線量分布図を作成した際は，計算通りの投与線量か確かめるために，実測する必要がある．

3. 毎回の治療

　動物に全身麻酔もしくは鎮静を施し，不動化した状態で治療台に載せる．固定具を作製した時は，固定具に固定する．治療前に，作成した治療計画通りに動物が位置しているかを確認するために，X 線画像を撮影して位置の照合を行うこともある．

　決定した照射野に対して，目的に応じた 1 回線量，治療期間で，放射線治療を行う．

4. 経過観察

　予定した治療が終了したら，定期的に診察を行う．治療計画を作成して線量分布を確認すれば，どの部位にどの程度の障害が生じるか，ある程度予想することが可能である．急性障害が生じる期間は数日ごとに，急性障害が落ち着いてからは，数か月ごとに検診を行う．晩発性障害が発生した時は，対症治療を行う．

---

[k] CT 撮影した画像の CT 値を電子密度に変換することで，生体内での線量分布をシミュレーションすることができる．治療計画装置を用いて照射野の形状・照射方向などを決め，線量分布図を作成し，各方向からの投与線量を決定する．

96   第8章　放射線治療

演習問題（「正答と解説」は 159 頁）

問 1. X線により放射線治療を行う際，分割照射を行うことで治療効果が高まる．この時関与する生物
　　学的因子に<u>当てはまらないもの</u>を選べ．
　　a. 再分布
　　b. 再増殖
　　c. 再酸素化
　　d. 治療可能比
　　e. 修復

問 2. 放射線感受性の最も高い腫瘍を選べ．
　　a. 骨肉腫
　　b. 悪性黒色腫
　　c. 鼻腔内腺癌
　　d. 髄膜腫
　　e. リンパ腫

第9章　化学療法

一般目標：腫瘍の化学療法の意義と適用について理解する．

9-1　抗がん剤の薬物動態学と薬力学【アドバンスト】

到達目標：薬物動態学と薬力学について説明できる．
キーワード：AUC，Skipperモデル，dose intensity，Gompertzianモデル，Goldie-Coldman仮説，Norton-Simon仮説，DDS

従来までの抗がん剤は選択性のない殺細胞薬であったが，最近は特定分子を標的とする分子標的薬が使用可能となってきている．このため，本章では分子標的薬を従来の抗がん剤と分けて，別項で解説する．

薬剤の作用は，効果と副作用からなり（図9-1），抗がん剤はそれぞれの作用が

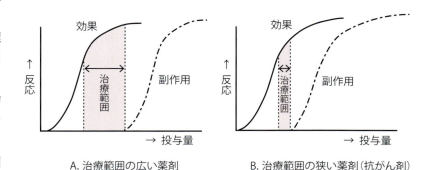

A. 治療範囲の広い薬剤　　　B. 治療範囲の狭い薬剤（抗がん剤）

図9-1　用量反応曲線と治療範囲

生じる薬剤濃度が近接しており，治療域の狭い薬物である（図9-1B）．効果的に使用するためには薬物動態学および薬力学の考え方を理解しておく必要がある．薬物動態学が主に薬物の投与量と血中濃度の関係を定量的かつ理論的に取り扱うのに対し，薬力学は主に血中濃度と薬物反応の関係を扱う．すなわち，投与された薬物の体内での動態と薬理作用の理論を理解することは，抗がん剤治療の実施において非常に重要である．

1．抗がん剤の薬物動態学

動物に経口投与された薬物は，吸収されて血流に移行した後，血液循環により体内のあらゆる部位に分布する．そして，代謝されて薬物の化学構造が変化し，最終的に体外に排泄される．このような薬物の吸収，分布，代謝，排泄の過程は効果持続時間のみならず，副作用や薬物相互作用などに関連している．

薬物動態学（pharmacokinetics：PK）は薬物の投与から消失までの生体内の変化を解析する学問である．

薬物動態を解析するうえで，コンパートメントモデルを用いる（図9-2）．コンパートメントとは，薬の動きを理論的に予測できるようにするため，本来は複雑な体全体を水が詰まった単純な器（コンパートメント）と考えたものである．薬物を静脈内投与した場合，血中濃度は指数関数的に低下し，縦軸に

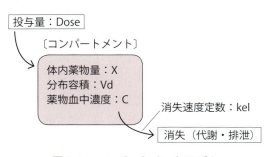

図9-2　コンパートメントモデル

血中濃度の対数, 横軸に時間をとると, 直線的に低下する. これを 1-コンパートメントモデル, 血中濃度の対数が 2 相性に低下する場合を 2-コンパートメントモデル, 3 相性に低下する場合を 3-コンパートメントモデルという. これらのモデルから, クリアランス（CL）, 分布容積（Vd）, 半減期（t½）などの薬物動態学的指標が算出される. 多くの抗がん剤は, 薬物の血中濃度そのものよりも血中濃度–時間曲線下面積（area under the blood concentration-time curve：**AUC**）の方が効果や副作用の強弱を反映するため, 重要な指標となる（図 9-3）. AUC と投与量との間には,

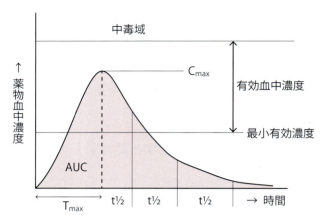

図 9-3 経口投与後の 3-コンパートメントモデルと AUC
AUC：血中濃度–時間曲線下面積, C_{max}：最高血中濃度, T_{max}：投与から最高血中濃度に達するまでの時間, t½：消失半減期

　　AUC ＝ 投与量 / クリアランス

という関係が成り立ち, 抗がん剤の効果と副作用にはクリアランスが大きく関与している. クリアランスは, 図 9-2 において,

　　消失速度定数 ＝ クリアランス / 分布容積

の関係が成り立つ.

　投与量を増やした際に, 分布容積やクリアランスが一定で, 血中濃度および AUC が直線的に増加する場合, その薬物の動態は線形であるという. それに対して, 分布容積やクリアランスが投与量に応じて変動する場合は非線形という. 動物の全身状態や併用薬剤などによって抗がん剤の薬物動態が変化して, 想定外の重い副作用が現れた場合には投与量を減らすことを考慮する. その際には, 薬物動態の線形と非線形により異なった結果になる. 線形の場合は投与量を減量しても, 減量した割合だけ血中濃度や AUC は比例して減少するので, 効果や副作用を予測できるが, 非線形の場合には血中濃度や AUC が大きく変化するため, 効果と副作用を予測しにくい.

1）吸　収

　投与された薬物は, 経口, 皮下, 筋肉内投与などの血管外および静脈内への血管内投与においても全てが全身循環に到達するものではない. 例えば, 経口投与された薬物は消化管や肝臓において初回通過効果を受け, 薬物の一部は消失する. 血管外に投与された薬物が初回通過効果を経て, 全身循環に到達する割合を生体内利用率（bioavailability）という. 吸収不良や初回通過効果が大きいと, 生体内利用率は低下する. 経口投与時の吸収に影響を与える要因としては, 食事内容, 食事と内服の時間的関係, 胃内 pH, 消化管通過障害の有無, 消化管運動に影響を与える薬物の併用（メトクロプラミド, 麻薬性薬物など）などがある.

2）分　布

　吸収され全身循環に入った薬物は受容体のある組織へ分布する. その際, 血管内の薬物はアルブミンなどの蛋白質と結合した結合型と結合しない遊離型のものが存在する. 一般的に血管内から組織へ移行するには, 結合型は高分子のため細胞膜透過ができず, 薬理活性には関与しない. そこで, 受容体と結

合し薬理活性を発揮するのは遊離型薬物であり，薬効には遊離型薬物濃度が重要である．蛋白結合率を左右する要因としては，薬物の物性，特に脂溶性が高いほど結合率も高くなる．蛋白結合率は治療領域ではほぼ一定に保たれているが，疾患に伴う血漿中蛋白質量の低下や同様の結合様式をもつ薬物の同時投与の場合には，結合に飽和が生じ，蛋白結合率は低下する．その結果，遊離型薬物濃度が高くなり，予想外の副作用が発現することがある．また，薬物の組織移行性を決定する重要な要因として，組織の血流量がある．血流量の多い肝臓，腎臓，脳などでは速く蛋白結合が平衡に達し，血漿中遊離型薬物濃度は速やかに上昇するが，血流量の少ない筋肉や皮膚では遅くなる．さらに，各組織の細胞膜が独自にもっている膜蛋白質の一種であるトランスポーターが薬物の脂溶性に関わらず，取込みや排泄へと遊離型薬物を輸送して，分布に影響を与えることが知られている．

3）代　謝

血液循環中の薬物は主に肝臓で代謝され，化学構造が変化する．肝臓は代謝酵素であるシトクロムP450（CYP）によって異物を無毒化して，体を守っている．通常，薬物も異物であり，肝臓で代謝されて薬としての機能を消失するが，代謝により薬理活性が高まる薬物もある．これはプロドラッグといわれるもので，投与薬物そのものは薬理活性がないが，その代謝物が効果を発揮する．シクロホスファミド，イホスファミドなどがその例である．肝臓での代謝により効果が消失したり低下するのを避けるには，舌下剤，噴霧剤，坐剤として投与することがある．薬物代謝には個体差があるが，その要因として遺伝的要因，年齢，性，疾患などの内的要因と，併用薬剤の影響，食事などの外的要因がある．幼若な動物は肝臓や排泄に関わる腎臓が未発達なので，成熟した動物とは異なる薬物に対する反応がある場合もある．また，老齢動物は加齢とともに肝臓や腎臓の機能が低下する傾向にあるので，常用量の投与により副作用の危険性が高まることも念頭に置く必要がある．

4）排　泄

投与された薬物は最終的に体外へと排泄される．薬物の排泄は主に尿中排泄と胆汁排泄がある．薬物の尿中排泄は，腎臓によって尿とともに体外に排泄される．胆汁排泄は，肝臓の消化液である胆汁とともに十二指腸へ移行し，便とともに排出される．それ以外には，排泄量としては多くはないが，唾液，汗，呼気，母乳から排泄される．

2．抗がん剤の薬力学

薬力学（pharmacodynamics：PD）とは，組織に分布して作用部位に到達した薬物が体に対してどのように薬理作用を発現するかを扱う学問分野である．すなわち，薬力学では，薬物の治療効果と副作用の時間的変化を定量的に研究する．生体への薬物の効果は，年齢や遺伝子構成，疾患など様々な因子の影響を受ける．薬物は，生体の機能を修飾し薬理作用を発現する．主に薬物の用法・用量と血中濃度の関係を定量的かつ理論的に取り扱うのが薬物動態学であり，薬効発現の解析は薬力学の守備範囲となる．薬物動態試験と薬力学試験を組み合わせた試験をPK/PD試験といい，血中濃度と薬理作用の関係を解析することができる．特に抗がん剤は，わずかな過剰投与が重大な副作用を発現する傾向があるので（図9-1B，図9-4），治療を受ける動物

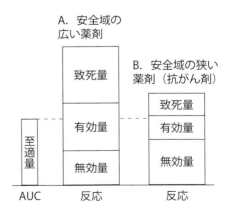

図 9-4　抗がん剤の過剰投与と重大な副作用の発現
抗がん剤はわずかな過剰投与でも致命的になることもある．
AUC：血中濃度-時間曲線下面積

の全身状態の把握や投与量の設定には慎重を期すことが大切である．

3. がん細胞増殖モデルと治療理論

がん細胞を抗がん剤によってできるだけ効果的に死滅させるための理論を解説する．

1) Skipperモデルとlog cell kill仮説

Skipperらは，マウス白血病細胞の増殖は指数関数的であり，がんの大きさに関わらず増殖速度，倍加時間は一定であることを見出し，抗がん剤による殺細胞効果のlog cell kill仮説を提唱した．10^{12}個（およそ1kg）の腫瘍細胞数で死に至ると仮定すると，治療をすることによってがん細胞の増殖直線は右にシフトして延命効果を発揮する（図9-5）．がん細胞が0になると寛解を示し，治療が奏効しない場合はがん細胞数が多すぎるか，抗がん剤の殺細胞効果が不十分なことによる．この仮説はがん細胞の増殖速度が速く，抗がん剤感受性の高い血液が

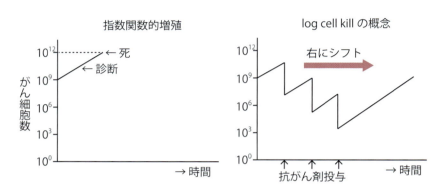

図9-5　Skipperモデルとlog cell killの概念

んについて当てはまり，がん細胞数が少ない時点で早期治療することと，**dose intensity**（薬剤強度）を高めることの重要性を示唆している．

2) Gompertzianモデル

マウス白血病細胞は指数関数的増殖を示すが，多くの固形がんは増殖が遅くて倍加時間も一定していない．また，腫瘍量が大きくなるにつれて倍加時間が延長し，増殖期にある細胞の割合も減少し，ついには増殖曲線はプラトーに達する．これを**Gompertzianモデル**という（図9-6）．このモデルは，手術後には腫瘍量が小さくて増殖の旺盛な細胞を標的にして抗がん剤治療を実施する術後補助療法を支持する理論的根拠となっている（図9-6右）．

3) Goldie-Coldman仮説

がん細胞は時間とともに一定の割合で突然変異を起こし，耐性細胞を生み出していくという仮説が

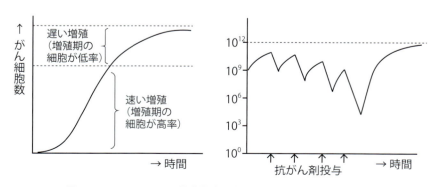

図9-6　Gompertzian増殖曲線（左）と固形がんモデル（右）

Goldie-Coldman 仮説である．耐性細胞が出現すると治癒は期待できないため，複数の抗がん剤を用いることによって，1つの抗がん剤に対する耐性細胞を別の抗がん剤で抑えることができれば理想的である．この仮説から，交叉耐性のない有効な薬剤をできるだけ多く同時に使えば，薬剤耐性を引き起こす前に治癒できるとする多剤併用療法の理論が組み立てられ，悪性リンパ腫などで実用化されている．しかし，多剤を同時に投与すれば毒性が強く発現するため，実際には困難である．そこで，代わって交替療法（alternating therapy）が提唱された．交替療法は互いに交差耐性のない同等の有効性を示す併用化学療法レジメンを交互に繰り返す方法である．現在のところ同等の有効性を示す交差耐性のない併用化学療法レジメンが存在しないため，交替療法は標準的治療とはなっていない．

4）Norton-Simon 仮説

Norton と Simon は Gompertzian モデルを基にして，治療による腫瘍の縮小率は腫瘍の増殖速度と化学療法の dose intensity に比例すること，腫瘍サイズの小さい方が大きい腫瘍よりも死滅する細胞は多いこと，再増大する時は小さい腫瘍の方が速いという仮説を提唱した（図 9-7）．

抗がん剤による効果は，単位時間あたりの薬剤投与量である dose intensity に影響を受ける．dose intensity を高めるためには，投与量を増加させるか（dose escalation），投与間隔を短くする（dose density）必要がある．dose escalation は，ヒト造血系腫瘍において自家末梢血幹細胞移植や顆粒球コロニー刺激因子（G-CSF）を用いて実施されている．

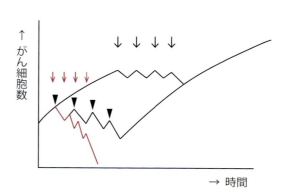

図 9-7 Norton-Simon 仮説と dose density による化学療法
↓：投与間隔を狭くして根治を目指す
▼：小さい腫瘍に対する治療 ｝再発した場合，同じ
↓：大きい腫瘍に対する治療 ｝増殖曲線を描く

dose density による抗がん剤治療は，Norton-Simon 仮説に従えば，腫瘍の小さいうちに投与間隔を狭めて繰り返し投与することにより，強い効果が得られる．

感受性のある薬剤を数多く同時期に投与することが困難である場合，薬剤を2分し交互に投与することにより治療効果を期待する alternating chemotherapy と，1つの化学療法レジメンを最大効果が得られるまで用いた後，別の化学療法レジメンに切り替える sequential chemotherapy がある．alternating chemotherapy には，犬の鼻腔内がんや骨肉腫にドキソルビシンと白金製剤が使われている．sequential chemotherapy は，まず感受性の高い増殖の旺盛な細胞集団を攻撃し，その後増殖の緩やかな細胞集団を攻撃して，高い効果を得ようとするものである．

4．ドラッグデリバリーシステム

従来の抗がん剤はリンパ腫など造血系腫瘍にはある程度の効果を示すが，固形がんには効果が弱く，しかも副作用が発現しやすい安全域の狭い薬剤であり，満足すべきものではない．そこで，がん組織選択的に薬剤を到達させて強い効果を示すとともに，副作用の少ない製剤化が求められている．これがドラッグデリバリーシステム（drug delivery system：DDS）の目標である．DDS は固形がんに対して，いかに効率よく抗がん剤をがん組織に到達させ，停留させるかが最大の課題となる．

DDS には active targeting と passive targeting の2つの方法が知られている．active targeting にはモノクローナル抗体や各種受容体に対するリガンドを利用した方法がある．passive targeting にはがん組織の脈管系の特性を利用して抗がん剤の選択性と集積性を高める方法がある．固形がん組織は腫瘍血管

が豊富であるが，それに較べてリンパ系は未発達である．また，腫瘍血管は正常組織の血管に較べて，著しい血管透過性の亢進が特徴となっている．これらの腫瘍血管の特徴は，高分子物質を血管内からがん組織に透過させ，しかもリンパ系が未発達なため局所に長くとどまる．このことを enhanced permeability and retention effect（EPR効果）という（図9-8）．一方，正常組織では高分子物質は血管から透過することはほとんどなく，たとえ透過し

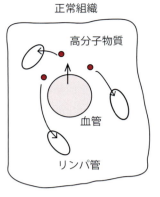

図 9-8 固形がん組織における高分子物質と脈管系の関係（EPR効果）

てもリンパ系によって回収されて局所に長くとどまらない．このような特性を生かして，抗がん剤に高分子物質を付加した製剤が開発されている．

Doxil は脂質2重層の人工膜のカプセル（リポソーム）内にドキソルビシンを封入した製剤である．しかもリポソームは網内系に捕捉されやすく血中での安定性が悪いので，リポソームの表面を電気的に中性のポリエチレングリコール（PEG）でおおい，網内系による捕捉をされないようにした（stealth効果）100～200 nm の大きさのナノ粒子製剤となっている．Doxil は stealth 効果により血中安定性が増し，EPR 効果によりがん局所に効率よく集積することができる．がん局所に集積した Doxil は，ドキソルビシンを徐々にリポソームから放出することにより，ドキソルビシンのがん組織内停留時間を延長させ，組織内濃度を高めることができる．また，ドキソルビシンをリポソームに封入することにより，血漿中の遊離型ドキソルビシンの濃度を下げ，副作用を軽減することができる．ドキソルビシン感受性のがんで，さらに効果を高めたい場合に Doxil が適応となる．

9-2 がん化学療法の原理，適用および限界

到達目標：抗がん剤を用いる化学療法の原理，適用および限界について説明できる．
キーワード：抗がん剤感受性，多剤併用療法，集学的治療，アジュバント化学療法，ネオアジュバント化学療法

1. 抗がん剤治療の原理

1）殺細胞作用

抗がん剤はがん細胞特異的に効果を発揮するのではなく，増殖の旺盛な細胞に作用し，効果を発揮することが特徴である．一般的にがん細胞は正常細胞と比較して格段に増殖力が高く，抗がん剤が効果を及ぼしやすい．抗がん剤は様々な作用機序によって，細胞の増殖を抑制する．しかし，一部の正常細胞においても増殖の盛んな細胞がある．骨髄細胞，消化管粘膜上皮細胞，毛母細胞，精母細胞などである．抗がん剤はがん細胞のみならず，これらの正常細胞にも作用するので，様々な副作用が出現する．

2）全身療法

がんは転移をすることが特徴であり，このために難治性疾患となる．ただし，局所にとどまっている早期がんでは，原発巣の局所療法である手術や放射線治療を優先的に実施して，根治を目指すことができる．これらの局所療法に対して，抗がん剤治療は免疫療法とともに全身療法である．投与された抗が

第 9 章　化学療法　　103

ん剤は全身に分布し，全身の細胞に入り込んで影響を及ぼすことができる．悪性度の高いがんであれば
あるほど転移好発性であり，全身性疾患の様相を呈する．そこで，全身療法は難治性がんの理想的な治
療法と考えられる．全身に転移した症例はもちろん，早期がんであったとしても転移の可能性を考えれ
ば局所療法に全身療法を組み合わせることは，がんを根治させるうえで理にかなっている．したがって，
抗がん剤を始めとする薬物治療はがん細胞に対してどれだけ有効性を発揮できるかによって，その症例
の予後が規定されることになる．

3）メトロノミック化学療法

　従来の抗がん剤治療は最大耐量を投与するものであるが，最近は低用量頻回投与するメトロノミック
化学療法も注目されている．最大耐量投与は殺細胞効果を最大限に発揮させるために実施されるが，副
作用も出やすく，正常細胞のダメージを回復させるために間歇的な投与法をとるため，その間に腫瘍血
管の新生が亢進して，腫瘍の増大が起こりやすい．それに対して，メトロノミック化学療法は規則的に
低用量の抗がん剤を頻回投与することによって，殺細胞効果ではなく，腫瘍血管の新生を抑制して，が
んの増殖を抑制すると考えられており，副作用が非常に小さい．メトロノミック化学療法はがんを消滅
させるものではなく，がんを増大させずに，がんと共存することを目指す休眠療法の１つである．また，
本法は免疫を抑制する制御性 T 細胞の働きを阻害し，免疫機能を高める効果もあるといわれている．

2. 抗がん剤治療の適用

1）抗がん剤治療の臨床的意義

　抗がん剤治療はがんが全身性疾患となった状態，すなわち白血病やリンパ腫，すでに転移を起こした
固形がんを対象とする．ヒト医療ではリンパ腫のように比較的抗がん剤感受性の高いがんは根治できる
ことが多いが，獣医療においては困難な場合が多い．その原因として，根治を容易に実現できるほどの
強力な作用をもつ抗がん剤が存在しないこと，ヒトのように根治できる可能性のある場合には入院下で
重篤な副作用を管理しつつ治療強度を優先する徹底的治療は，動物では許容されにくいことなどがあげ
られる．

　固形がんに対する抗がん剤治療は，その有効性は不十分であり，殺細胞性薬剤では限界がある．した
がって，固形がんに対する抗がん剤の使用は，手術や放射線治療の補助的役割を担うことが多く，再発
や転移を抑制し，生存期間の延長や臨床徴候の軽減および QOL の改善を目的とする．抗がん剤単独で
は根治が期待できないため，重篤な副作用は避けつつ，抗がん剤のメリットがデメリットを上回ると考
えられる場合のみ適用すべきである．

　抗がん剤の使用に際して，単剤療法は治療強度において不十分であり，ごく限られた緩和治療に用い
られる．がんに対する積極的治療として抗がん剤を使用する場合には，多剤併用療法が一般的である．
これは単剤療法のみでは十分な効果が発揮できないため，有効性を示す複数の抗がん剤を組み合わせて
治療強度を高めることを目的とする．がん細胞集団は異質な細胞の集まりで，抗がん剤感受性も多様で
あるため，多剤併用療法が用いられる．また，抗がん剤の全身療法に対して，局所療法も適用する場合
がある．抗がん剤を病巣局所に注入して，抗腫瘍効果を期待する方法である．口腔内がんに対する局所
注射，肝細胞癌や鼻腔内がんに対する動注療法，中皮腫に対する胸腔内注入，卵巣がんなどの播種性病
巣に対する腹腔内注入などがある．

　現在，がんの治療方法としては集学的治療を実施することがほとんどである．手術，放射線治療，分
子標的治療，免疫療法および抗がん剤治療を，腫瘍と症例に応じて組み合わせて使用する．各治療法の
目的や標的が異なるため，それらを組み合わせることによって広範囲な効果を期待するものである．動

物のがん治療において様々な集学的治療が試みられているが，それぞれの集学的治療の検証を逐次実施して，臨床的意義を明確にする必要がある．

2）抗がん剤治療と手術や放射線治療との併用

抗がん剤の術後補助薬物療法（**アジュバント化学療法**）と術前補助薬物療法（**ネオアジュバント化学療法**）がある．

（1）術後補助薬物療法

手術や放射線治療により完全制御ができなかった場合，完全制御できたが転移リスクが高いと判断された場合に術後補助療法を実施する．術後補助薬物療法の目的は，残存するミクロレベルのがん細胞による再発および転移を防止し，治癒率を向上することである．術後補助薬物療法を実施すべきかどうかの判断は，摘出組織の病理組織学的検査によるサージカルマージン，脈管浸潤，悪性度に加えて所属リンパ節転移の可能性，がんの生物学的特性による．

残存する微小病巣に対する術後補助薬物療法の理論的根拠としては，増殖期の細胞の割合が高いこと，血流が十分で低酸素状態にないこと，薬剤耐性になりにくいこと，薬剤の効果が発揮しやすいことがあげられる．術後補助療法はできるだけ術後早期に開始して，十分な投与量で一定期間集中的に実施することが大切である．術後補助薬物療法の有効性の検証は評価可能病変がないので，術後無治療を対照群として無再発期間や生存期間で評価する．

（2）術前補助薬物療法

手術や放射線治療の前に抗がん剤治療などを実施することを術前補助薬物療法という．メリットとしては，早期に全身療法を実施して微小転移の根絶と治癒率を高めること，切除不能病変に対してダウンステージングさせて切除可能病変とすること，大きな病巣を縮小させることにより機能温存手術ができること，予め抗がん剤の有効性を把握できることである．デメリットとしては，抗がん剤などの効果が無効であった場合に切除可能病変が切除不能病変になりやすいこと，抗がん剤治療の副作用などで手術の合併症が高まること，術前抗がん剤治療により切除組織所見に変化が見られ治療開始前の正確な病理組織学的所見が得られないことがある．

3）化学放射線療法

化学放射線療法は，局所制御と転移抑制を高めるために実施し，抗がん剤と手術の組合せよりも機能温存や低侵襲化ができるというメリットがある．また，腫瘍に対する放射線感受性の増強（増感作用）を示す薬剤と放射線治療を組み合わせることにより，腫瘍の局所制御効果を高めることができる．

3．抗がん剤治療の限界

がんの3大治療の1つである抗がん剤治療は，リンパ腫に対しては良好な効果を示すが，固形がんに対しては抗がん剤治療単独では十分な効果は期待できず，手術や放射線治療の補助的役割を担う存在となっている．

現在の抗がん剤の評価では，腫瘍縮小率が用いられ，完全奏効（CR）と部分奏効（PR）を合わせた固形がんの奏効率は20～30％程度であり，限定的な効果を示すのみである．たとえ初めは明らかに縮小しても再増殖することがほとんどで，生存期間の延長はできないことが多い．しかも，抗がん剤治療は体への侵襲が強く，治療強度を高めれば重篤な副作用が出現する．また，初回の治療で良好な反応を示しても，その後の治療で効果が認められなくなり，がんの増悪を招くことが多い．これはがん細胞の耐性化によるものと考えられている．

9-3 抗がん剤の種類，作用機序，適用および副作用

到達目標：代表的な抗がん剤の種類，作用機序，適用および副作用について説明できる．
キーワード：アルキル化薬，白金製剤，腎毒性，代謝拮抗薬，抗がん性抗生物質，微小管阻害薬，ビンカアルカロイド，トポイソメラーゼ阻害薬，ホルモン療法剤，ビスホスホネート，ステロイド系抗炎症薬，非ステロイド系抗炎症薬，出血性膀胱炎

1．抗がん剤の種類と作用機序

殺細胞性抗がん剤は，アルキル化薬，白金製剤，代謝拮抗薬，抗がん性抗生物質，微小管阻害薬，トポイソメラーゼ阻害薬に分類される．殺細胞性抗がん剤の作用と細胞周期との関連を図9-9に示す．

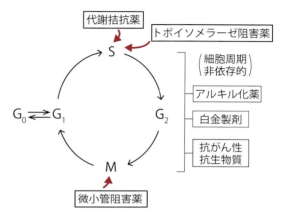

図9-9 殺細胞性抗がん剤の作用と細胞周期依存性
G_0：休止期，$G_1 \cdot G_2$：細胞間期，S：DNA合成期，M：細胞分裂期

1）アルキル化薬

アルキル化薬は第一次世界大戦でマスタードガスが化学兵器として使用されたことに起源をもつ，最も早くからがん治療に用いられた薬剤である．作用機序としては，DNAをアルキル化することでDNA合成を阻害し，抗腫瘍効果を発揮する．細胞周期に非依存的に効果を示す．シクロホスファミド，クロラムブシル，メルファラン，ロムスチン，イホスファミド，ブスルファン，ダカルバジンなどがある．

2）白金製剤

白金電極が大腸菌の分裂を抑制するという発見をきっかけに，抗がん剤として開発された．DNAの二重鎖に結合し，DNAの合成を阻害して抗腫瘍効果を発揮する．細胞周期に非依存的に効果を発揮する．最初にシスプラチンが開発され，次にシスプラチンの腎毒性を軽減された薬剤としてカルボプラチンが使用できるようになった．

3）代謝拮抗薬

代謝拮抗薬はDNAやRNAの合成過程に関わる前駆体に類似する構造をもつ薬剤で，核酸合成を阻害することで細胞の分裂を阻止する．代謝拮抗薬は細胞のDNA合成期（S期）に特異的に作用する．葉酸代謝拮抗薬（メソトレキセートなど），ピリミジン代謝拮抗薬（シタラビン，ゲムシタビン，フルオロウラシルなど），プリン代謝拮抗薬（メルカプトプリンなど），その他（L-アスパラギナーゼ，ハイドロキシウレアなど）などがある．

4）抗がん性抗生物質

細菌や真菌の産生する物質のうち，抗がん活性をもつ薬剤である．抗がん性抗生物質はDNAの合成抑制，DNA鎖の切断によりがん細胞の増殖を抑制し，細胞周期非依存的に作用する．抗がん性抗生物質はアントラサイクリン系（ドキソルビシン，ミトキサントロン，エピルビシンなど）とその他（アクチノマイシンD，ブレオマイシンなど）に分類される．

5）微小管阻害薬

細胞分裂時の紡錘体形成や，細胞内小器官の配置および物質輸送など正常機能の維持に重要な役割を

106　　第 9 章　化学療法

果たす「微小管」を抑制して，抗がん作用を発揮する．細胞分裂期（M 期）に依存的に効果を発揮する．微小管阻害薬は植物由来のものであり，ツルニチニチ草の抽出物であるビンカアルカロイド（ビンクリスチン，ビンブラスチン，ビノレルビンなど）と，イチイ科の樹皮抽出から分離されたタキサン（パクリタキセル，ドセタキセル）に分類される．

6）トポイソメラーゼ阻害薬

　DNA トポイソメラーゼは DNA の複製や合成が行われる際に，DNA の立体構造の変化を触媒する細胞核に存在する酵素である．トポイソメラーゼには 1 本鎖 DNA に作用する I 型酵素（topo I）と 2 本鎖 DNA に作用する II 型酵素（topo II）がある．トポイソメラーゼ阻害薬は，topo I や topo II に作用して細胞分裂を停止させ，アポトーシスを誘導させると考えられている．topo I には中国原産の植物である喜樹の葉から抽出されたイリノテカン，ノギテカンがある．topo II には植物から抽出されたエトポシドと抗がん性抗生物質であるアントラサイクリン系薬剤がある．

7）その他

（1）ホルモン療法剤

　ホルモン依存性を有する腫瘍の増殖抑制を目的に使用する．ヒトにおいてはエストロジェン依存性乳癌に対する抗エストロジェン薬，閉経後乳癌に対するアロマターゼ阻害薬，LH-RH 作動薬により下垂体のホルモン作用を抑制し，アンドロジェンやエストロジェンの合成を低下させることによりこれらのホルモン依存性がんである前立腺癌や乳癌の増殖を抑制する．しかし，動物の前立腺癌や乳癌はホルモンレセプターが消失していることが多いため，ホルモン療法剤を使用する機会は少ない．子宮腫瘍や肛門周囲腺腫瘍で有用と思われるが，長期的使用による副作用があるため，卵巣および精巣摘出による外科的処置が優先的に実施される．

（2）ビスホスホネート

　ピロリン酸類似の合成化合物で，体内に取り込まれると速やかに骨中のハイドロキシアパタイトに吸着し，破骨細胞のアポトーシスを誘導して骨吸収を抑制する作用がある．骨粗鬆症の第 1 選択薬として開発されたが，悪性腫瘍に伴う高カルシウム血症における補助薬としても用いられる．動物医療においては，非ステロイド系抗炎症薬と併用することによって，骨肉腫や骨転移における骨の疼痛緩和により生活の質を改善し，骨病変の進行を遅らせることが報告されている．経口薬のアレンドロネート，点滴静注用のパミドロネートやゾレドロネートが用いられる．

（3）ステロイド系抗炎症薬

　副腎皮質ステロイドは細胞質内の特異的受容体に結合し，活性化したステロイド−受容体複合体が核内に移行する．その後核内 DNA の特異的結合部位に結合して，DNA 合成を抑制する．代表的薬剤としてはプレドニゾロンがあり，肥満細胞腫に対して抗炎症および抗瘙痒効果を示すのみならず，腫瘍縮小効果も発揮する．ただし，単独では腫瘍が肉眼的に消失してもがん細胞は残存することが多く，完全奏効（CR）期間は短く，ビンブラスチンとの併用で用いられることが多い．また，リンパ腫に対して各種抗がん剤とともに併用することによって，治療効果を高める．注意点としては，長期大量投与による副作用があり，また非ステロイド系抗炎症薬との同時投与は胃穿孔などの副作用が発現しやすいので，併用を避ける．

（4）非ステロイド系抗炎症薬（NSAIDs）

　プロスタグランジンの合成酵素であるシクロオキシゲナーゼ（COX）には COX-1 と COX-2 のアイソザイムがある．COX-1 は動物細胞に幅広く存在して生理的な役割を担う常在型酵素に対して，COX-2

は炎症性サイトカインなどの刺激により発現が誘導される誘導型酵素であり，炎症や発がんなどの病態に関係している．NSAIDs は COX-1 と COX-2 の両方を抑制するものが多く，COX に結合して阻害し，プロスタグランジンなどの合成を抑制することによって作用する．COX-2 によって産生されるプロスタグランジンは，腫瘍血管の新生を誘導することによってがん組織の増殖を促進するため，COX-2 阻害薬は選択的にがん細胞の増殖を抑制することができると考えられている．COX-1 阻害薬の主な副作用は胃腸障害であり，COX-2 阻害薬は胃腸障害が軽減された薬剤として広く使用されている．特に膀胱移行上皮癌の治療として，ピロキシカムとミトキサントロンの併用，もしくはピロキシカム単独での使用が広く実施されている．現在では，ピロキシカムよりも COX-2 選択性の高い NSAIDs であるメロキシカム，カルプロフェン，フィロコキシブが開発され，これらの抗腫瘍効果も認められている．

2. 主な抗がん剤の作用機序，適用，副作用

獣医療で主に使用されている殺細胞性抗がん剤の略語表を表 9-1 に示す．投与法については，主なものを記載する．投与量は欧米と日本ではやや異なることがあり，個々の症例に応じて幅をもって適用することが重要である．

1) アルキル化薬

(1) シクロホスファミド（CPA，CPM，CY）

市販名（発売元）：エンドキサン（塩野義製薬）

特記事項：DNA 鎖間に架橋を形成し，細胞周期非特異的に DNA 複製を阻害するアルキル化薬である．プロドラッグで肝臓により代謝されて活性型 4-ヒドロキシシクロホスファミドになり，細胞に入るとさらにアルキル化能をもつホスホラミドマスタードと**出血性膀胱炎**の原因物質であるアクロレインに代謝される（図 9-10）．主に尿中排泄をする．

適応：リンパ腫（多剤併用薬剤の 1 つ），癌腫，肉腫，メトロノミック療法

投与法：犬・猫 200mg/m^2 iv 3 週毎，50mg/m^2×4 日/週 po を 3 週毎

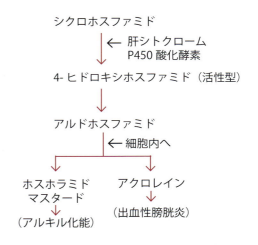

図 9-10　シクロホスファミドの代謝

副作用：骨髄抑制，出血性膀胱炎（アクロレインが膀胱粘膜を刺激することにより発症，メスナはアクロレインと結合して毒性を弱める．アクロレインの排泄を促進するため，利尿薬フロセミドとともに投与することもある）

(2) クロラムブシル（CB）

市販名（発売元）：リュウケラン（国内販売なし）

特記事項：アルキル化により DNA 合成を阻害．肝で代謝されて活性体となる．非活性代謝物として，尿および糞中に排泄される．

適応：猫低グレードリンパ腫，犬慢性リンパ性白血病，多発性骨髄腫

投与法：犬 3～6mg/m^2 po sid を 1～2 週間，その後同量を隔日投与，猫 20mg/m^2 po 2 週毎

副作用：骨髄抑制，軽度な消化器毒性

(3) メルファラン（L-PAM）

市販名（発売元）：アルケラン（グラクソ・スミスクライン）

108　第 9 章　化学療法

表 9-1　代表的な殺細胞性抗がん剤の略語表

分類	一般名	市販名（発売元）	略語
アルキル化薬	シクロホスファミド	エンドキサン（塩野義）	CPA, CPM, CY
	クロラムブシル	リュウケラン（国内販売なし）	CB
	メルファラン	アルケラン（グラクソ・スミスクライン）	L-PAM
	ロムスチン	CeeNu（国内販売なし）	CCNU
	イホスファミド	イホマイド（塩野義）	IFM
	ブスルファン	ブスルフェクス（協和発酵キリン） マブリン（大原）	BU, BUS
	ダカルバジン	ダカルバジン（協和発酵キリン）	DTIC
白金製剤	シスプラチン	ブリプラチン（ブリストル・マイヤーズ） ランダ（日本化薬）	CDDP, DDP
	カルボプラチン	パラプラチン（ブリストル・マイヤーズ）	CBDCA
代謝拮抗薬	メトトレキサート	メソトレキセート（ファイザー）	MTX
	シタラビン	キロサイド（日本新薬） キロサイド N（日本新薬）	Ara-C
	フルオロウラシル	5-FU（協和発酵キリン）	5-FU
	L-アスパラギナーゼ	ロイナーゼ（協和発酵キリン）	L-ASP
	ヒドロキシカルバミド	ハイドレア（ブリストル・マイヤーズ）	HU
抗がん性抗生物質	ドキソルビシン	アドリアシン（協和発酵キリン）	ADM, ADR, DXR
	ミトキサントロン	ノバントロン（あすか−武田）	MIT
	エピルビシン	ファルモルビシン（ファイザー）	EPI
	アクチノマイシン D	コスメゲン（ノーベルファーマ）	ACT-D, ACD
	ブレオマイシン	ブレオ（日本化薬）	BLM
微小管阻害薬	ビンクリスチン	オンコビン（日本化薬）	VCR
	ビンブラスチン	エクザール（日本化薬）	VLB, VBL
	ビノレルビン	ナベルビン（協和発酵キリン）	VNB, VNR, NVB
	パクリタキセル	タキソール（ブリストル・マイヤーズ） アブラキサン（大鵬）	PTX, TAX, TXL, PAC

　特記事項：アルキル化により DNA 合成を阻害．尿および糞中に排泄される．

　適応：多発性骨髄腫，リンパ腫，白血病，固形がん

　投与法：多発性骨髄腫…犬 0.1mg/kg po sid 10 日間，その後 0.05mg/kg po 隔日投与により維持．
慢性リンパ性白血病…猫 2mg/m^2 po 隔日投与

　副作用：骨髄抑制，脱毛

（4）ロムスチン（CCNU）

　市販名（発売元）：CeeNu（国内販売なし）

　特記事項：ニトロソウレアによる DNA と RNA のアルキル化．脂溶性で分子量が小さいため，血液脳
関門を通過しやすい．他のアルキル化薬と交差耐性を示さない．主に尿中排泄をする．

　適応：リンパ腫，肥満細胞腫，組織球肉腫，脳腫瘍

　投与法：犬 50 〜 60mg/m^2 po 3 週毎，猫 50 〜 60mg/m^2 po 4 〜 6 週毎

　副作用：骨髄抑制（遅延性，蓄積性），肝毒性，腎毒性，肺線維症（猫）

第9章　化学療法　　109

（5）イホスファミド（IFM）

市販名（発売元）：イホマイド（塩野義製薬）

特記事項：アルキル化により DNA 合成を阻害．CPA 類似体で，肝臓で代謝され，活性型になる．細胞周期非特異的に働く．主に尿中に排泄．CPA 耐性例にも有効．

適応：リンパ腫，肉腫

投与法：犬 $300 \sim 350\mathrm{mg/m^2}$ iv 3 週毎（大量輸液と，メスナを IFM 投与量の 20% を投与開始時，投与後 2，5 時間の 3 回 iv），猫 $350 \sim 500\mathrm{mg/m^2}$ iv 3 週毎（大量輸液とメスナの投与は犬と同様）

副作用：骨髄抑制，重度な出血性膀胱炎

（6）ブスルファン（BUS，BU）

市販名（発売元）：ブスルフェクス（協和発酵キリン），マブリン（大原薬品工業）

特記事項：アルキル化により DNA 合成を阻害．尿中排泄．

適応：慢性骨髄性白血病

投与法：犬・猫 $2\mathrm{mg/m^2}$ po sid

副作用：骨髄抑制（長期に及ぶことあり）

（7）ダカルバジン（DTIC）

市販名（発売元）：ダカルバジン（協和発酵キリン）

特記事項：グアニン塩基を中心とするアルキル化．肝臓で代謝され，5- アミノ−イミダゾール -4- カルボキサミドと活性体のアルキル化能をもつメチルジアゾニウムイオンになる．排泄は主として尿中である．猫には使用しない（肝臓での代謝不明）．

適応：リンパ腫の救済プロトコール，悪性メラノーマ

投与法：犬 $800 \sim 1000\mathrm{mg/m^2}$ 4 時間で点滴投与 3 週毎（希釈して投与）

副作用：骨髄抑制，嘔吐，脱毛，血管痛，漏出による炎症性組織障害

2）白金製剤

（1）シスプラチン（CDDP，DDP）

市販名（発売元）：ブリプラチン（ブリストル・マイヤーズ），ランダ（日本化薬）

特記事項：DNA 鎖のプリン塩基と共有結合し，1 本鎖内の架橋を形成する鎖内架橋がほとんどである．抗がん活性は白金と結合した DNA に核蛋白が結合して，アポトーシスが誘導される．尿中排泄が主で，糞中排泄はわずかである．胸腔内および腹腔内投与ができる．

適応：骨肉腫，体腔内中皮腫，扁平上皮癌，膀胱癌，鼻腔内腫瘍に対する放射線増感作用

投与法：犬 $50 \sim 60\mathrm{mg/m^2}$ iv 3 週毎，　猫 使用禁忌（致死性）

副作用：腎毒性，嘔吐，骨髄抑制，肺水腫（猫）

（2）カルボプラチン（CBDCA）

市販名（発売元）：パラプラチン（ブリストル・マイヤーズ）

特記事項：シスプラチンと同様．カルボプラチンが DNA と結合するためには，シスプラチンの $20 \sim 40$ 倍高い濃度を必要とする．これが両薬剤の投与量の相違の一因となっている．尿中排泄が主である．シスプラチンと交差耐性を示す．

適応：骨肉腫，扁平上皮癌，体腔内投与，放射線増感剤

投与法：犬 $300\mathrm{mg/m^2}$ iv 3 〜 4 週毎，猫 $180 \sim 210\mathrm{mg/m^2}$ iv 3 週毎

副作用：骨髄抑制（シスプラチンと比較して腎毒性は軽減，嘔吐少ない）

110   第9章　化学療法

3）代謝拮抗薬

（1）メトトレキサート（MTX）

市販名（発売元）：メソトレキセート（ファイザー）

特記事項：ジヒドロ葉酸還元酵素を阻害して，還元型葉酸を部分的に枯渇させる葉酸拮抗薬．主に尿中排泄をする．

適応：リンパ腫（多剤併用薬剤の1つ）

投与法：犬・猫 0.3 〜 0.8mg/kg iv 1週毎，2.5mg/m^2 po 週2 〜 3回

副作用：骨髄抑制，消化器毒性

（2）シタラビン（Ara-C）

市販名（発売元）：キロサイド（日本新薬），キロサイド N（日本新薬）

特記事項：DNA ポリメラーゼ A を阻害するピリミジン拮抗薬．細胞周期のS期に作用する．ヘパリンと混合しない．L-アスパラギナーゼと相乗効果．脳内への移行あり．

適応：リンパ腫（特に中枢神経系），骨髄性白血病

投与法：犬・猫 100mg/m^2 iv/sc sid 2 〜 4週毎

副作用：骨髄抑制，消化器毒性

（3）フルオロウラシル（5-FU）

市販名（発売元）：5-FU（協和発酵キリン）

特記事項：チミジン合成酵素抑制による DNA 合成阻害をするピリミジン拮抗薬．猫は致死的中枢神経毒性が起こるので，使用禁忌．

適応：癌腫，肉腫

投与法：犬 150mg/m^2 iv 1週毎

副作用：消化器毒性，骨髄抑制，神経毒性（犬）

（4）L-アスパラギナーゼ（L-ASP）

市販名（発売元）：ロイナーゼ（協和発酵キリン）

特記事項：必須アミノ酸であるアスパラギンの枯渇により蛋白合成を阻害し，がんの増殖を抑制する．アナフィラキシーの発症を抑制するため，iv は禁忌である．

適応：リンパ腫（多剤併用薬剤の1つ）

投与法：犬 400IU/kg im/sc，10,000IU/m^2 im/sc，　猫 400IU/kg im/sc，iv は禁忌

副作用：膵炎，アナフィラキシー（im の方が sc よりも発生を抑制できる）

（5）ヒドロキシカルバミド / ハイドロキシウレア（HU）

市販名（発売元）：ハイドレア（ブリストル・マイヤーズ）

特記事項：リボ核酸還元酵素を阻害して抗腫瘍効果を発揮する．細胞周期のS期初期の細胞に対して殺細胞作用を示す．

適応：骨髄性白血病

投与法：犬 50mg/kg po sid，その後隔日投与，猫 10mg/kg po sid，その後隔日投与

副作用：骨髄抑制，消化器毒性，肺線維症，爪周囲炎（犬）

4）抗がん性抗生物質

（1）ドキソルビシン / アドリアマイシン（ADM，ADR，DXR）

市販名（発売元）：アドリアシン（協和発酵キリン）

特記事項：DNA トポイソメラーゼの阻害，フリーラジカルによる障害，アポトーシスの誘導などにより抗腫瘍効果を発揮するアントラサイクリン系薬剤．代謝前の薬剤の 50 〜 60% が胆汁排泄．ヘパリンと混合禁忌．

適応：リンパ腫（UW25 の 1 つ），癌腫，肉腫

投与法：犬（15kg 以上）30mg/m^2 iv 3 週毎（総投与量は 120 〜 150mg/m^2 が限度），犬（15kg 以下）・猫 1mg/kg iv 3 週毎

副作用：心筋障害，消化器毒性　嘔吐，下痢，骨髄抑制，血管外漏出により重度の組織障害

（2）ミトキサントロン（MIT）

市販名（発売元）：ノバントロン（あすか製薬−武田）

特記事項：トポイソメラーゼⅡの阻害による抗腫瘍効果を発揮する合成のアントラサイクリン系薬剤．ヘパリンとの混合は禁忌．

適応：膀胱移行上皮癌，リンパ腫，扁平上皮癌

投与法：犬 5mg/m^2 iv 3 週毎，猫 5 〜 6mg/m^2 iv 3 週毎

副作用：骨髄抑制，血管外漏出による組織障害

（3）エピルビシン（EPI）

市販名（発売元）：ファルモルビシン（ファイザー）

特記事項：トポイソメラーゼⅡの阻害およびフリーラジカルによる障害により抗腫瘍効果を発揮するアントラサイクリン系の抗腫瘍性抗生物質．ヘパリンと混合禁忌．代謝前の薬剤の多くが胆汁排泄．

適応：リンパ腫，癌腫，肉腫

投与法：犬 30mg/m^2 iv 3 週毎，猫 1mg/kg iv 3 週毎

副作用：消化器毒性，骨髄抑制，血管外漏出による組織障害，心毒性はドキソルビシンより軽度

（4）アクチノマイシン D/ ダクチノマイシン D（ACT-D，ACD）

市販名（発売元）：コスメゲン（ノーベルファーマ）

特記事項：放線菌 *Streptomyces yeast* が産生するポリペプチド系抗生物質である．RNA 合成と蛋白合成の阻害をする．P 糖蛋白による耐性が発現する．尿および糞中排泄をする．

適応：リンパ腫（救済治療）

投与法：犬 0.5 〜 0.7mg/m^2 iv 3 週毎

副作用：骨髄抑制，消化器毒性，血管外漏出による組織障害

（5）ブレオマイシン（BLM）

市販名（発売元）：ブレオ（日本化薬）

特記事項：わが国で見出された放線菌 *Streptomyces verticillus* の産生する抗生物質である．細胞内で鉄イオンや活性酸素と結合した活性化ブレオマイシンが DNA と結合して，活性酸素を生成することで DNA 切断を起こす．尿中排泄が主である．

適応：扁平上皮癌（猫）の局注，棘細胞性エプリスの局注

投与法：犬・猫 0.3 〜 0.5mg/kg sc 1 週毎

副作用：肺線維症，骨髄抑制

5）微小管阻害薬

（1）ビンクリスチン（VCR）

市販名（発売元）：オンコビン（日本化薬）

特記事項：チュブリンの重合阻害により抗腫瘍効果を発揮する．肝臓で代謝して，胆汁排泄する．
適応：リンパ腫（UW25の1つ），白血病
投与法：犬・猫 0.5～0.7mg/m^2 iv 1週毎
副作用：イレウス，便秘，末梢神経障害，血管外漏出による組織障害，骨髄抑制

（2）ビンブラスチン（VLB，VBL）
市販名（発売元）：エクザール（日本化薬）
特記事項：チュブリンの重合阻害により抗腫瘍効果を発揮する．肝臓で代謝し，胆汁排泄する．
適応：リンパ腫，肥満細胞腫
投与法：犬・猫 2mg/m^2 iv 1～2週毎
副作用：骨髄抑制，血管外漏出による組織障害

（3）ビノレルビン（VNB，VNR，NVB）
市販名（発売元）：ナベルビン（協和発酵キリン）
特記事項：ビンカアルカロイドの中で最も脂溶性が高く，肺組織への移行が良好．ビンブラスチンの半合成誘導体．肝臓で代謝，胆汁排泄．
適応：肺癌
投与法：犬 15～18mg/m^2 iv 1週毎
副作用：骨髄抑制，便秘，末梢神経障害，血管外漏出による組織障害

（4）パクリタキセル（PTX，TAX，TXL，PAC）
市販名（発売元）：タキソール（ブリストル・マイヤーズスクイブ），アブラキサン（大鵬）
特記事項：微小管に結合して，細胞分裂を阻害する．細胞周期のM期に作用する．溶媒のクレモホールは犬で過敏症を発症させる．アブラキサンは溶媒にクレモホールおよびエタノールを含まない製剤である．
適応：癌腫，肉腫
投与法：犬 130mg/m^2 iv 3週毎，猫 80mg/m^2 iv 3週毎（過敏症の予防のために抗ヒスタミン薬およびステロイドの前投与が必要）
副作用：過敏症，骨髄抑制，消化器毒性

3. 抗がん剤の安全な取扱いと適正な投与

抗がん剤の安全な取扱いを実施するうえで考慮しなければならない対象者として，取り扱う獣医療スタッフ，治療を受ける動物，家族・同居動物の3者を念頭に置かなければならない（図9-11）．

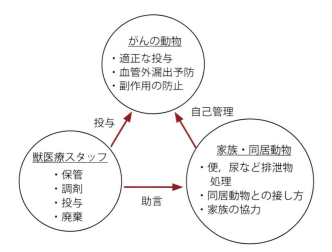

図9-11 抗がん剤を安全に取り扱う対象である3者の関係

1）保　管

抗がん剤のほとんどは劇薬指定，一部は毒薬指定である．保管方法，表示の方法，記録などについて，医薬品医療機器等法に従った取扱いをしなければならない（表9-2）．

第9章　化学療法　　113

表 9-2 抗がん剤（毒薬，劇薬）の保管，表示，記録

	毒薬	劇薬
保管	他の医薬品と区別して，専用の保管庫に施錠して保管 冷蔵保存の場合も冷蔵庫は施錠義務あり	他の医薬品と区別して保管・陳列 施錠の義務なし
表示	黒字に白枠，白字で品名と「毒」の表示	白字に赤枠，赤字で品名と「劇」の表示
記録	毒薬の帳簿を作成し，2年間保存	劇薬の受払と在庫管理の明確化，2年間保存

2）調　剤

安全に調剤し，投与するための準備には，処方内容の確認，調剤設備と環境，防護がある．調剤担当者とスタッフの安全対策に配慮しつつ，適切に調剤をすることが大切である．

（1）処方内容の確認
・処方内容をチェック
・使用する薬剤や溶解液の準備とチェック
・薬剤投与量の計算および二重チェック
・薬剤による溶解液の量をチェック

（2）調剤設備と環境
・クラスⅡ以上の安全キャビネットを推奨
・安全キャビネットのない場合の設備：換気装置や流し台が近くにあること，専用の調剤スペースを確保すること，人通りの少ない場所であることが必要条件となる．

（3）防　護

調剤する獣医療スタッフの抗がん剤による曝露を防ぐため，必ず防護具（手袋，マスク，キャップ，ゴーグル，ガウン）を着用する．

（4）調剤時

バイアル内の薬剤融解や吸引操作については，抗がん剤の飛散を防止するため，ロック式のシリンジを用いる．液体の状態で抗がん剤がこぼれたことを想定して，常に処理用品が一式揃ったスピルキットを用意しておく．

3）投　与

抗がん剤の投与には専用の部屋を確保することが望ましい．静かで落ち着いた環境で投与することは，投与失宜や種々のアクシデントをなくし，動物と投与スタッフ両者の安全性が保証されやすい．動物に留置針を正しく入れた後，投与スタッフはマスクとパウダーフリーの手袋を装着して，投与の準備と投与を行う．抗がん剤のプライミングは抗がん剤の入っていない生理食塩液か支持薬で行うこと，輸液セット・三方活栓・延長チューブなどは閉鎖式（シュアプラグ）が望ましい．汚染時に備えて，スピルキットや抗がん剤廃棄用専用ハザードボックスを準備しておく．

4）廃　棄

調剤後の残った抗がん剤や使用済みの投与器具セットは，一般ごみとは区別して，「ケミカルハザード専用」等の表示をした廃棄ボックスに廃棄する．廃棄処理業者に出す時に，内容物が分かるようにして，汚染が拡がらないようにしておく．

5）家族への帰宅後の指示

抗がん剤治療を受けた動物の便や尿は，抗がん剤そのものもしくは代謝物が排泄されるので，素手で

は触らず手袋をして処理することを伝える．投与された抗がん剤の種類にもよるが，投与24〜48時間後の扱いは特に慎重に行う．吐物や汚染したシーツなども排泄物に準じた扱いとなる．自宅での対応は，家族のみならず同居動物にも当てはまる．

9-4 抗がん剤の副作用の発生機序とその対処法

到達目標：代表的な副作用の発生機序とその対処法を説明できる．
キーワード：骨髄抑制，消化器毒性，脱毛，過敏症，出血性膀胱炎，腎毒性，肝毒性，肺毒性，心毒性，神経毒性，腫瘍溶解症候群，血管外漏出，蓄積毒性，慢性毒性

　安全域の狭い抗がん剤を使用する場合には，極力副作用の発現を抑えることが大切である．いったん副作用が発現すると，動物の家族の治療意欲が低下して，十分な治療強度が達成できなくなる．円滑に抗がん剤治療を継続させるためには，動物の治療に対する耐容性，すなわち全身状態と副作用の予防処置を適切に実施することが不可欠となる．また，リンパ腫のような化学療法単独で寛解が得られる腫瘍と，単独では寛解が得られない固形がんに対する治療における副作用対策は異なることも理解しておくべきである．

　抗がん剤の副作用は投与後の出現時期によって早期，中期，後期に分類される（表9-3）．副作用に関する用語については一部混乱した用い方がされており，副作用は薬物有害反応が適切な表現であり，有害反応，有害事象とは区別して用いるべきである（図9-12）．なお，臨床試験におけるがん化学療法の副作用における標準的グレード分類は，「Veterinary co-operative oncology group-common terminology criteria for adverse events (VCOG-CTCAE) following chemotherapy or biological antineoplastic therapy in dogs and cats v1.0（Vet Comp Oncol 2:194-213, 2004）」に基づいて評価される．

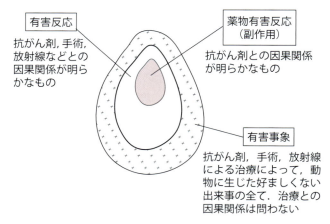

図9-12 薬物有害反応，有害反応，有害事象の用語の定義

1. 骨髄抑制

1) 発生機序

　骨髄にある赤血球，白血球，血小板の元となる細胞は常時増殖しているため，抗がん剤の標的となる．そのため**骨髄抑制**が起こり，赤血球，白血球，血小板の産生が低下するため，末梢血中において貧血，

表9-3 抗がん剤の副作用と出現時期

副作用	出現時期
ショック，発疹，発熱，嘔吐，腎不全，膀胱炎	即時型〈投与直後〜数日〉
白血球減少，血小板減少，下痢，脱毛，肝毒性	早期型〈投与後数日〜数週〉
貧血，色素沈着，心毒性，肺線維症，神経毒性，腎毒性	遅延型〈投与後数週〜数か月〉
2次発がん	晩発型〈投与後1年以上〉

白血球減少，血小板減少が認められる．白血球減少は，細菌の制御に重要な好中球減少を臨床的には観察する．末梢血中の赤血球，好中球，血小板の寿命は，それぞれ犬97～107日・猫68～72日，6～10時間，8～12日と報告されている．そのため，骨髄抑制による各細胞の末梢血における減少の時期は，好中球，血小板，赤血球の順に認められる．骨髄抑制はほとんどの抗がん剤に認められ，用量依存的である．

2）対処法

各細胞の減少による対処すべき限界は，欧米と日本とではやや異なり，欧米の方が厳しい指標となっていることが多い．これは抗がん剤治療に対する考え方の相違と思われ，対処すべき限界は幅をもって考慮すべきである．好中球減少の最下点は抗がん剤投与7～10日後に見られるため，投与前にはその都度CBCを実施する．好中球減少に応じた対処法を表9-4に示す．

表9-4 好中球減少の程度に応じた対処法

好中球数 (μl)	発熱	臨床徴候	抗がん剤投与延期	抗菌薬投与	入院
< 2500	−	−	+	−	−
< 2500	+	−	+	+（経口）	−
< 1500	−	−	+	+（経口, 予防的）	−
< 1500	+	+	+	+（静脈内）	+

血小板減少の対処すべき限界は5～10万/μlであり，好中球減少と同時かやや遅れて発現する．皮下出血や血便などの臨床徴候が出ることはほとんどなく，投与を延期して，回復を待つ．貧血は赤血球寿命の観点から，投与後早期に発現することはなく，投与が長期にわたる際に徐々に進行する．貧血が進行している場合には，治療プロトコールの修正や栄養管理を行う．休薬などにより回復が認められず進行する場合には，輸血やエリスロポエチンの投与を考慮する．

長期間にわたる積極的多剤併用療法において，重度の骨髄抑制が持続することによる不可逆的な骨髄不全が起こることがある．そのため，リンパ腫の治療はできるだけ長期は避けた方がよいと考えられている．

2. 消化器毒性（嘔吐と下痢）

1）発生機序

嘔吐と下痢が認められる．嘔吐は抗がん剤投与による化学受容器引金帯（CTZ），消化管，大脳皮質などを介して延髄にある嘔吐中枢を刺激するために起こる（図9-13）．嘔吐は8時間以内に起こる白金系薬剤による急性嘔吐もあるが，通常はドキソルビシンなどの投与後2～5日で見られることが多い．

下痢は投与数日～10日くらいに起こる遅発性下痢（腸管粘膜障害性下痢）がほとんどである．抗がん剤もしくはその代謝物が腸管粘膜を刺激して下痢を発症する．

2）対処法

嘔吐の対症法としては，高頻度で嘔吐が見られる抗がん剤（シスプラチン，ダカルバジン，ドキソルビシンなど）投与においては，できれば予防的制吐剤の投与を行い，嘔吐中は抗がん剤の休薬や減量を行う．制吐剤としては，セロトニン拮抗薬（オンダンセトロン）は化学受容器引金帯，クエン酸マロピタント（セレニア）は嘔吐中枢，メトクロプラミド（プリンペラン）は化学受容器

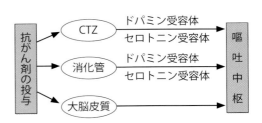

図9-13 抗がん剤の嘔吐発現機序
CTZ：化学受容器引金帯

116 第9章 化学療法

引金帯と嘔吐中枢に作用する.

　下痢の対処法としては，投薬を中断し，臨床徴候に応じて輸液や抗菌薬の投与を行う．臨床徴候が改善するまで，投与は控える．ドキソルビシンは下痢が起こりやすい.

3. 脱　毛

1）発生機序

　抗がん剤による毛母細胞の障害によると考えられている．被毛が常に成長している犬種（プードル，ビション・フリーゼ，オールド・イングリッシュ・シープドッグなど）に頻発する．剃毛や剪毛された部位は発毛に時間がかかる．猫はヒゲの脱毛が見られる．重度な脱毛を生じさせる抗がん剤としては，ドキソルビシン，シクロホスファミドがある.

2）対処法

　脱毛は抗がん剤治療の中止要件にはならない．治療終了後，徐々に発毛することが多いが，被毛の色が変化することもある.

4. 過敏症（アナフィラキシー，インフュージョンリアクション）

1）発生機序

　抗がん剤に対して生体防御システムが過剰に反応することで起こる．アナフィラキシーは投与直後から出現する比較的急性の全身性反応である．ドキソルビシンや反復投与したL-アスパラギナーゼで生じることがある．多くはIgEを介する即時型反応である．インフュージョンリアクションはパクリタキセルの溶媒であるクレモフォールELが原因で起こる．両者とも類似の臨床徴候を呈し，頭部を振る，蕁麻疹，嘔吐，浮腫など，重度になると虚脱状態になる.

2）対処法

　L-アスパラギナーゼは静注でアナフィラキシーが起こりやすいので，筋注が勧められる．予防的前投与としては，抗がん剤投与30分前にジフェンヒドラミン1〜2mg/kg imとデキサメタゾン0.5〜1mg/kg ivを投与する．過敏症が発症した時には，投与を中止してジフェンヒドラミン0.2〜0.5mg/kg ivとデキサメタゾン0.5〜2mg/kg ivを投与する.

5. 腎毒性

1）発生機序

　シスプラチンによる腎障害は，主に近位尿細管・遠位尿細管・集合管への薬剤による直接的障害であり，用量依存的である．イホスファミドは有害な代謝物によって直接尿細管障害と出血性膀胱炎を引き起こすことがある．猫に対してドキソルビシンは腎毒性を示すことがあるので，腎障害の猫には投与を控える.

2）対処法

　シスプラチンの腎毒性を予防するために，投与前に生理食塩液の大量輸液を実施する．1例として，投与前に3時間25ml/kg/時で輸液後，20分かけてシスプラチンを点滴投与，さらに1時間25ml/kg/時で輸液する4時間プロトコールが推奨される．イホスファミドの腎毒性と出血性膀胱炎には，メスナを併用して有害代謝物を不活性化し，腎毒性と膀胱炎を予防する.

6. 肝毒性

1）発生機序

　多くの抗がん剤は肝臓で代謝されるため，ほとんど全ての抗がん剤で肝毒性は起こる可能性がある．抗がん剤による肝障害は，中毒性障害，薬剤特異的体質，血管内皮障害の3つに分けられるが，ほと

んどは中毒性障害である．したがって，投与開始
から数週間後に発症するのが一般的である．また，
単剤投与よりも多剤併用療法や放射線療法との併
用時に危険性は高まる．臨床的な発生機序は，肝
細胞障害型，胆汁うっ滞型，混合型に分けられる
（表9-5）．

別に蓄積性および慢性的に発症する肝毒性とし
て，犬においてロムスチンによる遅延性肝障害が

表 9-5 抗がん剤による肝障害の臨床的分類と臨床検査値の異常

タイプ	臨床検査値の異常
肝細胞障害型	主体はトランスアミナーゼの上昇 黄疸や胆汁排泄能の数値異常は軽度 特に ALT 値の上昇が著明
胆汁うっ滞型	主体は黄疸，ALP，γ-GTP の上昇 特に ALP 値の上昇が著明
混合型	両者の異常が見られる

ある．発症機序については明らかではないが，1回の投与で生じることもあり，注意が必要である．

なお，抗がん剤による肝障害を確定するには，肝転移などのがんによる直接的障害，腫瘍随伴症候群
などによる間接的障害，悪液質や低栄養などに伴う肝障害，感染症による肝障害などを除外しなければ
ならない．

2）対処法

抗がん剤投与の前に肝機能検査を実施して，肝障害のある動物には抗がん剤の選択，投与量の中止も
しくは減量を考慮する．抗がん剤投与後は経時的に肝機能のモニターを実施して，肝障害が認められれ
ば，投与を中止するか減量するとともに，対症療法を行う．重度の場合は投与を中止し，積極的治療を
行う．回復後は同じ抗がん剤の投与は禁忌である．

7．出血性膀胱炎

1）発生機序

シクロホスファミドやイホスファミドは有害な代謝物であるアクロレインが尿中に排泄される過程
で，膀胱粘膜を直接傷害して無菌性出血性膀胱炎を引き起こす．臨床徴候としては，血尿，頻尿，排尿
時疼痛がある．犬に較べて猫での発生はまれである．

2）対処法

シクロホスファミドの血尿に対しては，直ちに投与を中止し，抗炎症薬（NSAIDs もしくはプレドニ
ゾロン）を投与する．血尿が治まった際の治療の再開において，シクロホスファミドは投与できないの
でクロラムブシルなどを代替として用いる．またシクロホスファミドの血尿予防法としては，投与前に
十分な水分を摂らせてシクロホスファミドにフロセミドを併用する．これによりアクロレインの排泄が
促進され，膀胱内貯留時間が短縮する．別の方法としては，事前に十分な水分を与えておき，シクロホ
スファミドの投与を午前中に実施して，就寝までに積極的に排尿をさせてアクロレインを膀胱内に長く
とどめないで排泄させる．イホスファミド投与による血尿は常に認められるため，毎回メスナを併用す
る．

8．肺毒性

1）発生機序

ブレオマイシンは直接的細胞障害作用により間質性肺炎を起こし，慢性経過の過程で線維化を示し，
肺機能を低下させる．肺線維症は投与量に依存して発症する．び漫性肺胞障害に進むと予後が悪い．臨
床徴候としては，呼吸困難，空咳，元気消失，発熱などがある．シスプラチンは低用量でも猫に対して
肺水腫や胸水貯留を起こし，致死的となる．猫に対してシスプラチン投与は禁忌である．

2）対処法

肺線維症に対しては，ブレオマイシンの投与を早期に中止することが最も肝要である．したがって，

118　第9章　化学療法

呼吸異常などから肺線維症を想定して，早期の検査を実施して診断することが大切である．肺線維症に対してステロイドはほとんど反応しない．酸素吸入と感染予防を行う．

9．心毒性

1）発生機序

心毒性の発生頻度はまれであるが，1度出現すると不可逆性の場合が多いので，出現要因を理解して予防することが大切である．心毒性はドキソルビシンを始めとするアントラサイクリン系薬剤が主なものである．

心毒性の発生機序としては，まずフリーラジカルによる障害および活性酸素の生成が起こり，次いでミトコンドリアの障害・細胞内カルシウム貯留による心筋障害・ヒスタミンやカテコールアミンなど血管作動性物質の放出・マクロファージからの腫瘍壊死因子や単球からのサイトカインの放出が相まって生じる．アントラサイクリンによる心毒性は，主に心筋症によるうっ血性心不全であるが，それ以外に伝導障害による不整脈，心筋炎，心囊炎，心囊水の貯留などが起こる．アントラサイクリン系薬剤の発生要因としては，総投与量の限界を超えた投与，急速投与や大量投与などが関係する．心臓の超音波検査では，初めに左心室の拡張機能が障害され，次いで収縮機能が障害される．

2）対処法

予防法としては，心筋症の動物およびその好発動物にはドキソルビシン投与を避けること，ドキソルビシンを投与する場合には，総投与量の制限（120〜150mg/m²，4〜5回投与）を守ること，血中濃度の急激な上昇を避けるために希釈してゆっくりと時間をかけて投与すること，ドキソルビシンの投与量が限界に達した場合には心毒性を起こさない薬剤への変更をすること，予防的併用薬としては細胞内のフリーラジカル生成抑制剤である心筋保護薬デクスラゾキサンを使用すること，などが重要である．心毒性が発症した場合には，心筋症の一般的治療法を適用する．

10．神経障害

1）発生機序

神経細胞（ニューロン）は神経細胞体と軸索と呼ばれる突起から構成されている．神経障害は細胞体や軸索が障害されることにより，神経機能の低下や異常が起こる．神経細胞の障害される場所によって，中枢神経系の障害，感覚器の障害，末梢神経系の障害，自律神経系の障害に分けられる．一般的にこれらの神経障害は，抗がん剤の1回投与量および総投与量が増加するにしたがって発生率が高まる．

抗がん剤を投与された動物における神経障害はまれであるが，ビンクリスチン，シスプラチン，フルオロウラシルにおいて神経障害を生じることがある（表9-6）．

2）対処法

根本的治療はないので，神経障害を早期発見して抗がん剤の中止をする．疼痛緩和が必要な場合もあ

表9-6　抗がん剤投与による主な神経障害

障害の分類	薬剤	動物	臨床徴候
中枢神経障害	フルオロウラシル	猫	急速に発症（猫ではフルオロウラシルは禁忌），小脳性運動失調，過剰興奮，測定異常，死に至ることあり
感覚器障害	シスプラチン	犬	高濃度で皮質盲（視覚を司る後頭葉の障害）
末梢神経障害	ビンクリスチン	犬	後肢のふらつき，尾を噛む，異常行動
自律神経障害	ビンクリスチン	犬・猫	便秘，麻痺性イレウス，食欲不振，腹部痛，宿便，嘔吐

る．フルオロウラシルの**神経毒性**は犬では軽度であるが，あまり使用されないのが実状である．

11．腫瘍溶解症候群

1）発生機序

抗がん剤治療によって大量の腫瘍細胞が急激に細胞死を起こして，細胞内のカリウム，リン酸塩などが放出されて，腎臓で処理できない状況になることを**腫瘍溶解症候群**という．これが発生する条件としては，抗がん剤感受性が高い未分化なリンパ腫や急性白血病などの造血系腫瘍に，投与後24〜48時間でよく見られる．臨床的には，急性腎不全と代謝性アシドーシスを特徴とする．

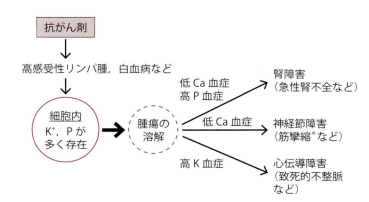

図9-14 抗がん剤による腫瘍溶解症候群の発生機序と病態
*痙攣性の収縮のこと

さらに進行すると，高カリウム血症により心伝導系障害を起こし，致死的な不整脈を発生することがある（図9-14）．

2）対処法

予防的には，十分な尿量を確保するために適切な輸液を実施することが大切である．発生後の処置としては，積極的な生理食塩液による水和が最優先事項である．その他高カリウム血症に対する補正や適切な支持療法を実施して，継続的なモニターを行う．

12．血管外漏出

1）発生機序

殺細胞性抗がん剤はがん細胞はもとより正常細胞に対しても細胞毒性を発揮するため，血管外に漏出した場合には皮膚や皮下組織を障害し，後遺症を残すことがある．組織障害の強度と特徴は，抗がん剤の種類，溶液のpH，浸透圧，薬剤の濃度，漏出量が関係する．組織障害の種類によって，起壊死性，炎症性，非壊死性に分類される（表9-7）．

2）対処法

血管外漏出の危険因子は，注射部位，血管の脆弱性，抗がん剤の投与量・速度，抗がん剤の種類，動物の気質である．これらの危険因子を踏まえて，血管外に漏出させないように細心の注意を払うことが

表9-7 抗がん剤漏出における組織障害による分類

分類（特記事項）	抗がん剤
起壊死性（周囲組織に壊死や潰瘍を形成する．DNA結合性薬剤は障害がより長期に及ぶ）	DNA結合性：ドキソルビシン，アクチノマイシンD，ミトキサントロン DNA非結合性：ビンクリスチン，ビンブラスチン，ビノレルビン，パクリタキセル
炎症性（局所の炎症にとどまる．潰瘍にまで進展することはほとんどない）	ダカルバジン，イホスファミド，メルファラン，カルボプラチン，シスプラチン
非壊死性（炎症を起こすことはない．皮下や筋肉内への注射ができる薬剤である）	アスパラギナーゼ，シタラビン，フルオロウラシル，ゲムシタビン，メソトレキセート，ブレオマイシン

表 9-8 血管外漏出の危険因子と注意点

危険因子	注意点
注射部位	点滴静注には前肢の橈側皮静脈を最優先に選択し，おとなしい動物では次善策として後肢の小伏在静脈を使用する．関節付近に留置針を入れると動物の動きに伴って針先が移動しやすいので，肘や膝付近には留置針を設置しない．橈側皮静脈や小伏在静脈を抗がん剤投与に優先的に使用するため，投与前の血液検査のための採血は頸静脈から行う．
血管の脆弱性	細くて血流の緩やかな血管は，抗がん剤投与には適さない．そのためには，留置針を完璧に1回で橈側皮静脈に入れる熟練が要求される．1回で留置針を入れるため，血管を温めて拡張させたり，局所の剪毛をすることもある．橈側皮静脈を何回も穿刺して抗がん剤を投与すると，失敗した針穴から漏出することがあるので，その場合には，反対側の血管を使用するのが好ましい．反復投与する場合には，左右の血管を交互に使用する．
抗がん剤の投与量・速度	大量投与，急速投与，持続点滴などは危険性が増す．可能な範囲で希釈して，無理のない時間内でゆっくりと投与する．留置針の抜去前に生理食塩液でフラッシュする．留置針を抜去した後は，揉まずにしっかり押さえる．不十分な押さえ方は，内出血を起こす．
抗がん剤の種類	起壊死性抗がん剤投与の場合は細心の注意をして，漏出しないように危険因子を1つ1つチェックする．投与についても，適切な投与方法に従って実施する．
動物の気質	点滴投与中，おとなしくできるかどうかを判断する．投与部位を舐めたり噛んだりしないか，落ち着きなく動き回らないかなどを観察する．起壊死性抗がん剤の投与では問題がある場合には，迷わず鎮静処置をする．

絶対的に必要である（表 9-8）．血管外漏出によるアクシデントのため，本来の治療行為が中断することは，獣医師はもちろん，動物と家族にとって大変ショックな出来事である．

血管外漏出予防のための観察の要点は次の通りである．

- 刺入部位の発赤，痛み，腫れはないか．
- 血液の逆流はないか．
- 点滴速度が遅くなっていないか．
- 予定の輸液量が入っているか．

上記の異常があった場合には，すぐに漏出の有無や漏出範囲を確認する．血管外漏出の対処法は以下の通りである．

- 投与を中止する．
- 針は抜かない．

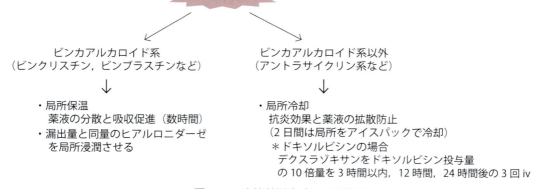

図 9-15 血管外漏出時の局所処置

・漏出部に残存している薬液を吸引除去した後，留置針を抜去する．

・薬剤の種類によって局所冷却もしくは保温を行う（図 9-15）．

・解毒剤の投与をする（ドキソルビシンに対するデクスラゾキサンなど）．

・ステロイドと局所麻酔薬の混合液を漏出部位に注入する．

表 9-9 代表的抗がん剤の蓄積毒性および慢性毒性とその発生要因

蓄積 / 慢性毒性	抗がん剤	発生要因
肝障害	ロムスチン	反復投与
心機能異常	ドキソルビシン	総投与量の限界を超えた過剰投与
腎障害	シスプラチン（犬）	反復投与および大量輸液の未実施
腎障害	ドキソルビシン（猫）	総投与量に依存

特に DNA 結合型の起壊死性抗がん剤は最悪の場合，長期間の治療対応と障害の進行によっては断脚の実施が必要になることもある．

13. 蓄積毒性および慢性毒性

伴侶動物において特に重要な抗がん剤の**蓄積毒性**および**慢性毒性**は表 9-9 の通りである．

9-5　がん化学療法の臨床効果【アドバンスト】

到達目標：代表的な腫瘍の抗がん剤による効果を説明できる．

キーワード：RECIST，リンパ腫，肥満細胞腫，骨肉腫，血管肉腫

1. がん化学療法の臨床効果判定方法

実際に行った治療がどのような効果を発揮したか把握することは，治療を向上させるうえで不可欠である．抗がん剤の効果は，奏効率，全生存率，臨床徴候の緩和（QOL の改善）で判定される．

1）奏効率

固形がんの治療効果は，身体検査や画像検査で病巣の大きさを測定し，測定可能病変における治療前後の縮小率を算定して判定する．通常，世界共通の客観的な「**RECIST**（Response Evaluation Criteria in Solid Tumors）ガイドライン」を用いる．本来，RECIST ガイドラインは臨床試験で用いられるものであり，実際の臨床の現場では治療目的によって判定方法は異なる．

効果判定は完全奏効（complete response：CR），部分奏効（partial response：PR），安定（stable disease：SD），進行（progressive disease：PD）の 4 段階で判定する（表 9-10）．全ての症例における CR と PR を加えた割合を奏効率（response rate：RR）という．奏効率が高いほど腫瘍病変に対する有効性が高いことを示しているが，全生存率の延長につながらないこともあるため，奏効率のみで総合的な有効性の判断をすることはできない．また，CR もしくは PR の持続期間を表す奏効期間中央値（median duration of response：MDR），腫瘍の増大が見られない期間を表す無進行期間（progression-free interval：PFI），再発のない期間を表す無再発期間（disease-free interval：DFI）で効果判定することもある．

表 9-10 測定可能病変の効果判定方法（RECIST）

分類	定義
CR	全ての標的病変が消失
PR	標的病変が体積で 50％ 以上，長径で 30％ 以上の縮小
SD	PR および PD を満たさない標的病変の大きさが ± 20％
PD	標的病変が体積で 25％ 以上，長径で 20％ 以上の増大

白血病は腫瘍を形成しないので，評価可能病変が得られない．そこで，治療効果は骨髄検査所見によって白血病細胞が消失した段階を血液学的寛解，遺伝子検査で白血病特異的遺伝子の消失した段階を分子生物学的寛解という．

2）全生存率

全生存率は，がん化学療法の効果判定において最も重要な指標であり，診断日もしくは治療開始日から一定期間生存している動物の割合を表すものである．がん化学療法の第1の目的は生存期間の延長であるが，同時にQOLの向上も大切な要素となっている．一般的には，1年および2年生存率が用いられている．動物のがんを化学療法で治療した場合，長期の生存が得られないがんもあり，その場合には6か月生存率を使用することもある．多くの臨床試験においては，生存期間中央値（median survival time：MST）が用いられている．MSTは，治療を受けた動物のうち，50%が生存している期間を表している．また，治療後の生存期間中央値を表す平均生存期間（median duration of survival：MDS），治療後腫瘍の増大がない状態での生存期間を表す無進行生存期間（progression-free survival：PFS），再発のない状態での生存期間を表す無再発生存期間（disease-free survival：DFS）で効果を示すこともある．

奏効率の良好な治療が必ずしも高い生存率とはならないこともある．近年開発が進んでいる分子標的治療薬においては，奏効率は低くSDを維持したまま，生存期間の延長が見られることもある．

3）臨床徴候の緩和（QOLの改善）

難治性がんは化学療法で長期生存できないこともあり，このような症例の治療目的は苦痛の緩和とQOLの向上である．これらの標準的判定方法は確立されていないが，大変重要な指標であり，日々の診療において動物の状態を詳しく観察して評価する．

2. 代表的な腫瘍の抗がん剤による効果

1）リンパ腫

リンパ腫は細胞表面マーカー，発生部位によるタイプ，ステージなどにより抗がん剤による効果は異なる．犬リンパ腫における代表的な抗がん剤の効果を表9-11に，猫リンパ腫について表9-12に示す．

2）肥満細胞腫

皮膚に発生する犬の肥満細胞腫に対する抗がん剤の有効性について，表9-13に示す．CRと奏効率および反応期間より，P/VLBおよびP/VLB/CCNUが現在臨床的には汎用されている．なお，切除不能な犬の肥満細胞腫に対するチロシンキナーゼ阻害剤トセラニブとロムスチンの併用では，CR 10%，PR 37%で奏効率46%，無増悪生存期間中央値53日という報告があり，今後は早期がんにも適用すれば，従来の殺細胞性抗がん剤よりも良好な効果が期待される．

3）骨肉腫

犬の骨肉腫の化学療法は，断脚術後の補助療法として適用される場合が多い．抗がん剤としては，シスプラチン，カルボプラチン，ドキソルビシンおよびこれら2剤の組合せで投与されることが多い．代表的な治療効果について表9-14に示す．

4）血管肉腫

犬の脾臓血管肉腫は，転移好発性で極めて予後不良の血管内皮細胞由来の悪性腫瘍である．通常，手術時に転移が認められなければ，脾摘後に補助療法を実施することにより，4〜5か月間生存できる（表9-15）．脾摘後，ACプロ

表9-11 犬リンパ腫における治療プロトコールと治療効果

治療プロトコール	完全奏効率（%）	完全奏効期間中央値（月）	1年生存率（%）
COP	75	6.0	19
A	74	4.9	NR
L-VCAMP	84	8.4	50
L-VCAP（25週）	94	9.1	NR
L-VCAP（12週）	89	8.1[*]	28[*]

C：シクロホスファミド，O：オンコビン（VCR），P：プレドニゾロン，A：アドリアマイシン（DOX），L：L-アスパラギナーゼ，V：ビンクリスチン，M：メソトレキセート
NR：報告なし
[*]CRの症例についての成績

表 9-12 猫リンパ腫における解剖学的分類と発生状況および予後

発生部位	頻度（%）	年齢中央値（年）	FeLV 感染	T，B 細胞割合	予後
消化管	50 〜 70				
小細胞	多い	13	ほとんど陰性	T 細胞が多い	良
大細胞	少ない	10	ほとんど陰性	T，B 細胞同程度	不良
多中心性	20 〜 30	7	1/3 が陽性	FeLV 陽性は T 細胞	不良
				FeLV 陰性は B 細胞	やや不良
縦隔	10 〜 20	2 〜 4	ほとんど陽性	T 細胞が多い	不良
腎臓	5	9	1/4 が陽性	B 細胞が多い	やや不良
鼻腔内	5	9.5	ほとんど陰性	B 細胞が多い	良
中枢神経	1 〜 3	4 〜 10	1/3 が陽性	T，B 細胞同程度	予後不良

表 9-13 皮膚に発生する犬肥満細胞腫の各種化学療法における有効性

化学療法剤	CR（%）	PR（%）	奏効率（%）	反応期間中央値（日）
P	4	16	20	NR
VCR	0	7	7	NR
VLB[*]	0 〜 4	12 〜 23	12 〜 27	23 〜 77
CCNU	6	38	44	79[**]
P/VLB	33	13	47	154
P/CPM/VLB	18	45	63	74
P/VLB/CCNU	24	32	57	210

P：プレドニゾロン
NR：報告なし
[*] 2 つの報告をまとめた.
[**] 長期間完全奏効で生存した 1 例を除く.

表 9-14 犬の骨肉腫に対する断脚術後の補助療法の有効性

薬剤	治療プロトコール	無病期間中央値（日）	1 年生存率（%）	生存期間中央値（日）
シスプラチン	$70mg/m^2$ iv 21 日毎に 2 サイクル	177 〜 226	38 〜 43	262 〜 282
カルボプラチン	$300mg/m^2$ iv 21 日毎に 4 サイクル	257	34.5	321
ドキソルビシン	$30mg/m^2$ iv 2 週毎の 5 サイクル	NR	50.5	366
ドキソルビシンとシスプラチン	$12.5 \sim 25mg/m^2$ iv 2 時間後 $60mg/m^2$ iv 3 サイクル	NR	35	345
カルボプラチンとドキソルビシン	day1：$300mg/m^2$ iv day21：$30mg/m^2$ iv 3 週毎に 3 サイクル	227	48	320
カルボプラチンとゲムシタビン	$300mg/m^2$ iv 4 時間後 $2mg/kg$ 20 分で注入 3 週毎に 4 サイクル	203	29.5	279

NR：報告なし

表 9-15　犬の脾臓血管肉腫の脾摘後補助療法の効果

薬剤	治療プロトコール	生存期間中央値（日）
―	―	19 ～ 86
ドキソルビシン（DXR）	30mg/m^2 もしくは 1mg/kg iv，3 週毎に 5 サイクル	172
エピルビシン	30mg/m^2 iv，3 週毎に 4 ～ 6 サイクル	144
イホスファミド	350 ～ 375mg/m^2 iv，3 週毎に 3 サイクル	142
VAC	day1：DXR 30mg/m^2 iv，CPM 100 ～ 150mg/m^2 iv もしくは CPM 150 ～ 200mg/m^2 po 3 ～ 4 日に分割 day8，15：VCR 0.75mg/m^2 iv，day22 に繰り返して 4 ～ 6 サイクル	145
AC	day1：DXR 30mg/m^2 iv，CPM 100 ～ 150mg/m^2 iv もしくは CPM 150 ～ 200mg/m^2 po 3 ～ 4 日に分割 day22 に繰り返して 4 ～ 6 サイクル	141 ～ 179
AC と L-MTP-PE	day1：DXR 30mg/m^2 iv，CPM 100mg/m^2 iv 3 週毎に 4 サイクル day1：L-MTP-PE 週 2 回を 8 週間 iv 初回 1mg/m^2，2 回目以降 2mg/m^2	273

トコールに L-MTP-PE を併用すると最も長い生存期間が得られるが，L-MTP-PE はわが国では発売されていない．

9-6　抗がん剤の薬剤耐性

　到達目標：薬剤耐性について説明できる．
　キーワード：自然耐性，獲得耐性，P 糖蛋白

1. 自然耐性と獲得耐性

　初めから抗がん剤に効果を示さないがんは**自然耐性**という．それに対して，初めは効果を示していたが，抗がん剤を継続するうちに効かなくなり，がんが進展してしまうことがある．これは抗がん剤に対して抵抗性を獲得したためであり，**獲得耐性**という．獲得耐性における抵抗性のメカニズムは，自然耐性のメカニズムにも共通するものがあり，耐性の克服は抗がん剤の感受性規定因子を明らかにすることが第 1 歩であると捉えられている．

2. 多剤耐性

　多剤耐性とは，1 つの抗がん剤に耐性を獲得すると，それ以外の多くの抗がん剤にも同時に耐性となる現象をいう．多剤耐性細胞においては，**P 糖蛋白**，MRP1（multidrug resistance-related protein 1）などの薬物排出トランスポーターの発現が亢進し，これらは抗がん剤を細胞外に排出するポンプとして働いている．その結果，抗がん剤の細胞内濃度が低下して効果を示さなくなる．

　MDR1 遺伝子の産物である P 糖蛋白を発現する細胞は，ドキソルビシン，ビンクリスチン，パクリタキセル，ドセタキセル，エトポシドなどの抗がん剤に耐性を示す．臨床的にも P 糖蛋白を発現する腫瘍は，治療に抵抗性を示すことが分っている．そこで，P 糖蛋白を競合的に阻害して，P 糖蛋白発現細胞の抗がん剤感受性を高めるという研究が行われ，多くの化合物が開発された．P 糖蛋白阻害剤は，P 糖蛋白を発現するがん細胞に抗がん剤の取込みを増大させ，体外への排泄を阻害することが報告されたが，現時点では臨床試験においてその有用性は証明されていない．

第9章　化学療法　　125

　一方，P糖蛋白を制御する*MDR1*遺伝子に変異があると，P糖蛋白依存性抗がん剤は体外への排泄を阻害され，血中濃度が上昇する．このため，臨床常用量の投与であっても重篤な副作用が出現することになる．*MDR1*遺伝子の変異が高率に見られるコリーやオーストラリアン・シェパードなどについては，投与量の減量が必要である．

9-7　がんの分子標的治療【アドバンスト】

　到達目標：分子標的治療の概念を説明できる．
　キーワード：分子標的治療薬

1. がんの分子標的治療とは

　がんの分子生物学的研究が進歩して，がん細胞の増殖や転移の原因を遺伝子レベルで解明した結果，がんの増殖や転移に関わる分子も明らかとなり，それらの分子を標的にがんの治療を効果的に行うことが可能になってきた．分子標的治療の作用機序は，細胞内シグナル伝達の阻害や，細胞表面抗原，増殖因子，増殖因子受容体などに対する抗体によりがん細胞の増殖を抑えることである．

2. 代表的な分子標的治療薬

　分子標的治療薬は，従来の殺細胞性抗がん剤とは異なる作用機序により抗腫瘍効果を発揮する．がん細胞に関わる分子を標的とするため，がん特異的な効果を発揮して，正常細胞を障害しないため副作用も少ないと考えられた．しかし，高い有効性を示す反面，耐性が発現することや，分子標的薬独特の副作用も認識され，使用に際してはこれらの点に注意をする必要がある（表9-16）．

　獣医療で使用されている分子標的薬は，イマチニブ（グリベック），トセラニブ（パラディア）があり，マシチニブ（キナベット）は条件付承認薬であったが，5年間でその有効性を証明するデータを提出できなかったため，2015年12月に承認取消しとなった．

　イマチニブは，フィラデルフィア染色体の遺伝子産物Bcr-Ablを標的とした初めての分子標的治療薬であり，細胞内シグナル伝達を阻害するチロシンキナーゼ阻害薬である．Bcr-Ablチロシンキナーゼ活性を選択的に阻害して効果を発揮するため，ヒト慢性骨髄性白血病や急性リンパ性白血病に有効であ

表9-16　分子標的治療薬と殺細胞性抗がん剤の比較

	分子標的治療薬	殺細胞性抗がん剤
種類	シグナル伝達阻害薬，血管新生阻害薬，抗体療法薬，プロテアソーム阻害薬など	アルキル化薬，白金製剤，代謝拮抗薬，抗がん性抗生物質など
作用機序	がん細胞の増殖や転移に関わる分子を標的にして，それらの作用を阻害	DNAの合成や修復，細胞分裂の過程に作用し，がん細胞を殺す
がん細胞特異性	高い	低い
骨髄毒性	少ない	多い
消化器毒性	少ない	多い
脱毛	少ない	多い
特異的副作用	薬剤により特異的副作用が発症	共通する副作用が多い
新薬開発	多い	少ない
腫瘍縮小率	低いものあり	高いものあり
耐性機構	チロシンキナーゼ阻害薬：キナーゼドメインの変異，抗体薬：標的抗原の発現の低下，抗体の結合性の低下	P糖蛋白の発現など

る．また c-KIT チロシンキナーゼ活性も阻害するため，*c-KIT* 遺伝子変異を有する消化管間質腫瘍（GIST）にも有効である．したがって，*c-KIT* 遺伝子変異を有する犬および猫の肥満細胞腫や GIST にも有効であることが確認されている．イマチニブはヒト用医薬品であり獲得耐性を生じることなどの問題もあり，マルチキナーゼ阻害薬の開発が進み，より強い効果をもつ薬剤が使えるようになった．2009 年トセラニブとマシチニブが動物用医薬品として開発され，切除不能な犬肥満細胞腫グレードⅡ，Ⅲに対するチロシンキナーゼ阻害薬として臨床応用された．

トセラニブはマルチキナーゼ阻害薬（VEGFR，PDGFR，KIT，FLT3，CSF1R を標的）であり，多標的分子に対して効果を発揮できるため，c-KIT 変異を有する腫瘍（KIT が標的）だけではなく，血管新生が亢進している腫瘍（VEGFR と PDGFR が標的）にも幅広く効果を発揮できることが期待されている．

イマチニブのヒトと動物での臨床データより，種を超えて遺伝子の異常（標的）が同じであれば，がんの発生部位や解剖学的分類が異なっても同様の効果が得られるということが明らかとなった．

9-8　がんのホルモン療法【アドバンスト】

到達目標：ホルモン療法について説明できる．

キーワード：ホルモン，エストロジェン，アンドロジェン，リンパ腫，乳腺腫瘍，肛門周囲腺腫瘍

1.　がんのホルモン療法とは

ホルモン療法とは，ホルモン依存性の増殖をする腫瘍に対して，ホルモンを産生している臓器を手術で摘出したり，抗ホルモン剤の投与によってホルモン作用を発揮できなくして，腫瘍の増殖を阻止する治療法である（「9-3-1.-7）その他」参照）．ホルモン療法はがん細胞を殺すのではなくがんの発育を阻止するのが特徴である．エストロジェンとプロジェステロンに関係するものとして，犬と猫の乳腺腫瘍や子宮・腟の腫瘍がある．アンドロジェンに関係するものとして，犬の肛門周囲腺腫瘍，犬の前立腺腫瘍がある．その他，リンパ腫や肥満細胞腫の治療に副腎皮質ホルモン（ステロイド）を併用するが，通常これはがんのホルモン療法には含めない．

2.　代表的なホルモン療法

ヒトにおいては主にホルモン療法剤を駆使するが，犬・猫においては避妊手術によって乳腺腫瘍の発生を抑制できる．特に初回の発情前に手術を実施すると乳腺腫瘍の発生を大幅に減少させることができる．これは卵巣の摘出によって乳腺が発達しないためである．

疫学的調査では，犬の非ホジキンリンパ腫において雄の方が雌よりも発生が約 50% 多いこと，雌はそれ以外の避妊雌，雄，去勢雄に比較して有意に非ホジキンリンパ腫の発生が少ないことが明らかになっている．雌性ホルモンが非ホジキンリンパ腫に対するホルモン療法の適応になるかは今後の課題である．

肛門周囲腺腫瘍のうち，良性である犬の肛門周囲腺腫はアンドロジェン依存的増殖をするが，悪性である肛門周囲腺癌はアンドロジェン依存性は低下する．このため，去勢手術は雄の肛門周囲腺腫の効果的ホルモン療法となる．まれに雌犬に肛門周囲腺腫が発生するが，これは副腎からのテストステロン産生が関与しているものと考えられる．

ヒトの前立腺癌はホルモン依存性が高く，ホルモン療法が効果的である．しかし，犬の前立腺癌は，ホルモン依存性が消失しているため，効果はほとんど認められない．

第9章　化学療法　127

9-9　殺細胞性抗がん剤の限界とがん化学療法の方向性【アドバンスト】

到達目標：がん化学療法の限界と今後の方向性について説明できる.

キーワード：精密医療

　がん化学療法は手術や放射線治療と並んでがんの3大治療として位置づけられているが，がん化学療法のうち特に殺細胞性抗がん剤については限界がある. 造血系特にリンパ腫の治療における抗がん剤治療は，リンパ腫細胞の感受性や奏効率の観点からその意義は肯定できるが，長期の治療期間の後に根治にはなりにくいこと，固形がんに対する治療手段としてはその有効性と動物に対するリスクを総合的に考慮すると，必ずしも積極的な使用を全面的に推奨できるものではない. しかも，抗がん剤治療は最大耐量を投与することにより最大効果を発揮するという考えから，投与される動物にはかなりの身体的負担が伴う. ヒトにおいては，命に関わるがんという病気に対して命を削るギリギリの集中治療を実施しても完治できる可能性があれば受け入れる. しかし，動物では入院による集中治療は家族に受け入れ難く，抗がん剤による副作用を極力発症しないようにしなければならない. そのような状況の中では，獣医療における抗がん剤の治療強度は根治に至らしめるほどのものではないのが実状である.

　抗がん剤投与量において，欧米と日本では相違が見られ，概して欧米における投与量が日本よりも多い傾向にある. これは, 動物の大きさによってdose intensityが異なることに起因している可能性が高い. 特に体表面積で投与量を決定する場合に，小型犬で過剰投与になりやすい. また，欧米では抗がん剤の効果的治療方法は最大耐量投与を目指すことが最大の抗腫瘍効果を発揮するという徹底した考え方によるのかもしれない.

　現在の医学は，一律な治療から各症例や腫瘍に合わせた個別化治療に変化した. さらに，最近ではがん個々の遺伝子検査を網羅的に行い，がんの発生要因となっている遺伝子の異常を突き止め，その分子に対する治療に現在精力的に開発されている分子標的治療薬を用いる**精密医療**（precision medicine）が注目されている. これらが現実化されれば，殺細胞性抗がん剤の適用はほとんど必要なくなり，がんの治療戦略も解剖学的臓器別の発想から遺伝子異常による分類によって治療薬が選択されるという時代が遠からず到来すると考えられる. 獣医療において，KITの変異を示す犬肥満細胞腫にイマチニブが効果を示すことが証明しているように，分子標的治療薬の効果はヒトと動物の垣根を越えて同じ遺伝子異常を標的に発揮できる. したがって，精密医療は単にヒト医療のみならず，獣医療においてもがんの薬物療法として重要な柱になるものと思われる. ただし，分子標的治療薬は万能ではなく，独特の副作用や獲得耐性および極めて高額な薬価をどうするかという新たな課題に立ち向かう覚悟が必要である.

参考文献

日本臨床腫瘍学会 編（2010）：新臨床腫瘍学 がん薬物療法専門医のために 改訂第2版，南江堂.

佐々木常雄 編（2010）：がん化学療法 ベスト・プラクティス，照林社.

Withrow, S.J., Vail, D.M., Page, R.L. eds.（2013）：Small Animal Clinical Oncology 5th ed., Elsevier.

丸尾幸嗣，森　崇，酒井洋樹 編（2013）：犬と猫の臨床腫瘍学，インターズー.

丸尾幸嗣 監訳（2011）：腫瘍性疾患の基礎と臨床，インターズー.

丸尾幸嗣 監訳（2013）：がん化学療法実践マニュアル，インターズー.

Foale, R., Demetriou, J. eds.（2010）：Small Animal Oncology, Saunders.

Veterinary Co-operative Group（2004）：*Vet. Comp. Oncol.* 2, 194-213.

128   第9章　化学療法

演習問題（「正答と解説」は 159 頁）

問1. 抗がん剤と代表的な副作用の組合せについて，正しいものはどれか．
　　a. L-アスパラギナーゼ ── 腎毒性
　　b. ロムスチン ── 末梢神経障害
　　c. シスプラチン ── 心毒性
　　d. シクロホスファミド ── 出血性膀胱炎
　　e. ビンクリスチン ── 肺線維症
問2. 抗がん剤の適応や予後について，正しいものはどれか．
　　a. 犬膀胱移行上皮癌の抗がん剤治療として，アクチノマイシン D が特に有効である．
　　b. 犬脾臓血管肉腫の脾摘後の補助療法として，シスプラチンが最も使用される．
　　c. 犬皮膚の肥満細胞腫には，ビンブラスチンとプレドニゾロンの併用が使用される．
　　d. 犬骨肉腫の断脚後の補助療法として，シクロホスファミドが最も効果がある．
　　e. 猫縦隔型リンパ腫の抗がん剤治療後の予後は，大変良好である．

第10章　腫瘍のその他の治療法

一般目標：腫瘍のその他の治療法と適用について理解する.

10-1　集学的治療

到達目標：集学的治療と個別化治療の概念を説明できる.

キーワード：集学的治療

　現在，腫瘍に実施されている療法は，外科療法，化学療法および放射線療法の3大療法の他にホルモン療法，分子標的療法などの薬物療法や免疫療法，遺伝子療法，動注療法，温熱療法が行われている. 集学的治療とはこれらの治療法の長所を上手く組み合わせ，より効果的な治療を得るために専門科領域の垣根を取り払い，総合的な観点から最適な治療方針を立案することである.

　獣医療では，前述されている3大療法に加え，免疫療法，動注療法および温熱療法が応用されている.

10-2　免疫療法【アドバンスト】

到達目標：免疫療法の原理，適用および限界について説明できる.

キーワード：養子免疫療法，樹状細胞

　生体内のT細胞，ナチュラルキラー（natural killer：NK）細胞あるいはマクロファージなどが腫瘍細胞を排除するための中心的な役割を担っていることが明らかになり，このような抗腫瘍性エフェクター細胞を生体内に投与し，腫瘍の縮小を図る試みが1980年代に重要視されるようになった.

　がんにおける免疫療法では，生体が生まれながらにもつ自然治癒力，すなわち免疫力を向上させ，本来有している防御機能を活性化させることを目的とする. 担がん宿主においては，T細胞の機能不全を中心とした免疫機能の低下が認められ，これを人為的に活性化させるのは，有効な方法と思われる（図10-1）.

　免疫療法には，細胞免疫療法，ワクチン療法，サイトカイン療法，抗体療法などがある. ここでは獣医療で応用されている2つの細胞免疫療法と1つの抗体療法について解説する.

1.　養子免疫療法

　現在，実施可能な細胞免疫療法の1つに，分離した患者の末梢血リンパ球（peripheral blood lymphocytes：PBL）を in vitro で増殖・活性化した後に，再び輸液により体内に戻すという「養子免疫療法」がある. この方法は，患者に対して採血および輸液を行うのみなので，外科療法に比べて非常に侵襲性が低く，化学療法と放射線療法に比べて重篤な副作用がないメリットがあるものの，期待されるがんの再発や転移の予防効果に関しては明らかにはなっていない. また，すでに免疫が抑制されている症例のリンパ球を十分に増殖・活性化させる方法や特異的免疫を確実に付与する方法などの改良が必要と考えられる.

2.　樹状細胞を用いた免疫療法

　樹状細胞（dendritic cell：DC）は生体のなかで最も強力な抗原提示能を有する. 通常，血中あるいは骨髄の未熟DCは，炎症部位などに集積して抗原を貪食して種々のサイトカインによって抗原提示の

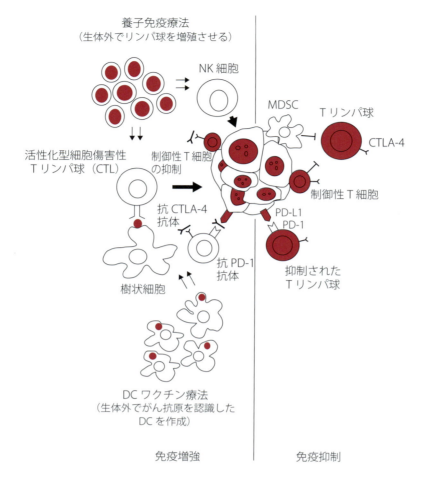

図 10-1 主な免疫増強と免疫抑制

細胞傷害性T細胞，NK細胞，NKT細胞などの免疫系エフェクター細胞によって腫瘍細胞を傷害するが，CTLA-4やPD-1/PD-L1に代表される免疫チェックポイント，および制御性T細胞やMDSCなどの免疫抑制細胞によって免疫が抑制される．免疫療法は，エフェクター細胞の補強，腫瘍関連抗原認識の促進，免疫抑制系細胞の抑制，免疫チェックポイントの調節などによって行われている．

強い成熟DCへと分化する．次いで成熟DCはリンパ節のT細胞領域に移動してT細胞を感作する．現在，サイトカインを作用させることによって，血液の単球からDCに分化誘導し（図10-2），誘導したDCに標的がん細胞を融合することによって，がん細胞の抗原を提示可能なDCを生体外で作ることが可能である．このDCをリンパ節に戻すことによって腫瘍特異的な細胞傷害性T細胞やB細胞を誘導することを期待する方法である．

これがDCワクチン療法の原

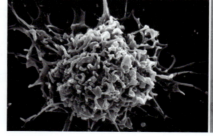 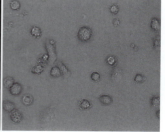

図 10-2 樹状細胞（左，写真提供：慈恵会医科大学名誉教授 大野典也先生）と単球から分化した樹状細胞（右） （カラー口絵参照）

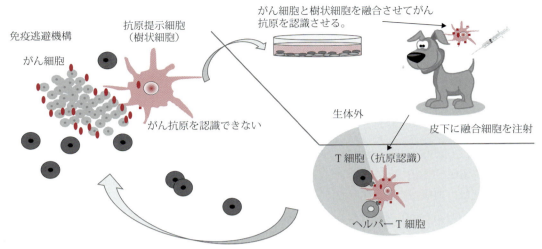

図 10-3　DC ワクチン療法
樹状細胞（DC）とがん細胞を融合させて，がんの抗原が提示された DC をリンパ節付近の皮下に投与し，同じ抗原を発現しているがん細胞をキラー T 細胞や細胞傷害性 T 細胞に認識させて攻撃させる療法である．

理であるが，標的がん細胞が必須であるため，手術などによる標的がん細胞の採材を要する．

3. 免疫チェックポイント阻害薬による免疫逃避信号のブロック療法

　免疫にブレーキをかける分子を免疫チェックポイント分子といい，がん細胞がこの分子によって免疫監視機構から逃避していることが明らかとなっている．がん細胞表面の PD-1（programmed cell death-1）のリガンドである PD-L1（programmed cell death ligand 1）が細胞傷害性 T 細胞（CTL）の PD-1 の受容体に結合すると，細胞傷害性が抑制（免疫寛容）される．また，活性化 T 細胞や制御性 T 細胞に発現する細胞傷害性 T リンパ球抗原 4（cytotoxic T lymphocyte-antigen-4：CTLA-4）は，樹状細胞などの抗原提示細胞を介して T 細胞の活性化を抑制する．このためヒト医学では，免疫抑制を解

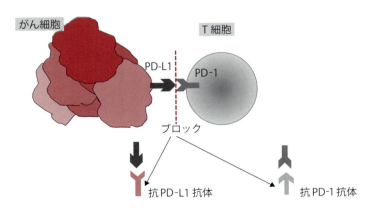

図 10-4　PD-L1/PD-1 抗体
がん細胞は表面に PD-L1 を発現して T 細胞の受容体である PD-1 に結合して T 細胞の免疫力を抑制している．この結合を遮断して本来有している免疫力を発揮させるため「抗 PD-L1 抗体」や「抗 PD-1 抗体」が開発された．

除するためにPD-1/PD-L1やCTLA-4をブロックする抗体薬が開発され，免疫寛容を解除することによって悪性黒色腫などで治療効果が確認されている．

しかし，これらの免疫チェックポイント阻害薬はTリンパ球の過剰な活性化を抑制して，自己免疫疾患などを制御するために働いているため，腫瘍の抑制とともに，自己免疫疾患が生じやすいことも分かってきている．

10-3　遺伝子療法【アドバンスト】

到達目標：遺伝子療法の原理，適用および限界について説明できる．
キーワード：遺伝子療法

遺伝子療法とは，遺伝子組換えされたウイルスを動物の体内に摂取しターゲット細胞（がん細胞）に感染させる方法である．その対象となるがん細胞に効率よく遺伝子を導入するために各種のウイルスベクターが開発されている．主に遺伝子ベクターを介して直接体内のがん細胞へ遺伝子導入を行う方法が用いられている．動物では非増殖性アデノウイルスベクターにmidkineのプロモーターを挿入して肺癌の細胞に取り込ませて，がん細胞の局所に投与する試みが行われている．

悪性腫瘍に対して，次の遺伝子治療も行われている．①がん抑制遺伝子の補充治療：腫瘍細胞へのがん抑制遺伝子の導入によるアポトーシスの誘導および増殖阻止を促す．②自殺遺伝子治療：がん細胞に非毒性プロドラックを活性化させて細胞傷害性産物に転換できる酵素をコードする遺伝子を導入する．③薬剤耐性遺伝子治療：薬剤耐性遺伝子を造血幹細胞ならびに前駆細胞へ導入する．

1. 適　用

ヒトでは膀胱癌に対し，p53アデノウイルスベクターを腫瘍内もしくは膀胱内に投与している．他に再発性悪性グリオーマ，卵巣癌，非小細胞がんおよび頭頸部がんに用いられている．また，増殖可能ウイルスを用いた遺伝子治療も活発化し，口腔内，肝動脈内および前立腺内にも用いられている．

2. 限　界

遺伝子治療は，遺伝子導入ベクターに由来する重篤な有害事象の発生などから，より安全で有効な遺伝子治療の開発が進められている．今後，多くの基礎研究が積み重ねられ，より安全で効果的な治療法へと進化していかなければならない．

10-4　凍結外科療法【アドバンスト】

到達目標：凍結外科（クライオサージェリー）の原理，適用および限界について説明できる．
キーワード：凍結外科療法

凍結外科（クライオサージェリー）療法とは，生体のがん組織を凍結させて壊死させる治療法である．現在，ヒトの医療では超音波診断装置を用いて超音波ガイド下で経皮的に肺癌，肝臓癌，腎癌および前立腺癌に凍結手術を行っている．がん細胞が死滅す

図10-5　クリオアルファ（スターメディカル株式会社）

凍結によるがん細胞の傷害機序は，細胞内外のイオン濃度の上昇により，細胞外の氷からの機械的圧迫受けて細胞が死滅する．また，さらに温度が低温になると細胞内に氷が形成されて細胞は壊死を起こし，時間の経過とともに縮小し瘢痕化されていく．　　（カラー口絵参照）

第 10 章　腫瘍のその他の治療法　　133

る温度は，−20℃から徐々に死滅し，−40℃で壊死を起こす．凍結には液体窒素，超低温炭酸ガスおよび亜酸化窒素などが用いられている．凍結療法は，がん細胞に先端のチップを押し当てる方法やスプレー法が用いられている（図 10-5）.

1. 適　用

　がんにおける凍結外科療法は，1995 年に内田らにより超音波を用いて経皮的に腎癌で実施された．その後，冷凍療法の手術機器が薬事で承認され，2011 年に健康保険が適用されている．動物ではクリオアルファ（スターメディカル株式会社）の凍結医療機器を用いて皮膚腫瘍，肥満細胞腫および乳腺腫瘍などで臨床試験が行われている．

2. 限　界

　凍結外科療法の長所としては，局所麻酔下で実施可能であることから生体に対して低侵襲性であり，各臓器の機能性を温存できる．凍結療法では，サイズの大きな腫瘍を治療することは困難であるが，2 〜 3cm 径以下のサイズでは，凍結用ニードルの数を増やすことにより治療が可能である．

10-5　温熱療法【アドバンスト】

　到達目標：温熱療法の原理，適用および限界について説明できる．

　キーワード：温熱療法

　がん細胞は，細胞分裂を繰り返すために多くの栄養血管を必要とする．がん細部は血管の上皮細胞を溶かしながら，新しい血管を作り上げて増殖していく．しかしながら，がん細胞の血管は，短期間で作られているために温度に対する対応が，通常の血管に比べて劣っている．温度が高い時は，通常，血管が拡張して臓器の温度を一定に調整しているが，がんの新生血管は拡張ができず，がん細胞の温度が上昇する．

　一般にがん細胞は高温に弱く 42 〜 43℃で死滅していく．そこで，局所のがん細胞を皮膚の上部から加温させる**温熱療法**が有効である．この方法には，全身を加温させる方法と局所を加温させる 2 通りの方法がある．さらに，温熱療法は，免疫療法，抗がん剤あるいは放射線療法の効果を高めることから併用が可能である．

10-6　光線力学療法【アドバンスト】

　到達目標：光線力学療法の原理，適用および限界について説明できる．

　キーワード：光線力学療法

　光増感剤であるポルフィリン誘導体を血管内に投与すると，正常な組織は時間とともに排出されるが，腫瘍組織は排出機構を有していないため，ある一定の光照射（600 〜 700nm）を行うと一重項酸素が発生してがん細胞にダメージを与える．これを応用したものを**光線力学療法**（photodynamic therapy：PDT）という．

10-7　IVR 療法の概念【アドバンスト】

　到達目標：IVR 療法の概念，適用および限界について説明できる．

　キーワード：IVR，動注療法，塞栓療法

　IVR（interventional radiology）療法とは，主に内視鏡や透視装置を用いてカテーテルを血管, 胆管, 尿道, 尿管などの狭窄部位に進めてバルーンを拡張して流れを改善したり，血管内の塞栓物質や腫瘍組織に溶

解剤や抗がん剤を投与する方法のことである．この一連のカテーテル操作法は外科手術に比較して低侵襲で，迅速に緊急対応が可能である．

この項では動物で実際に行われている**動注療法**について述べる．

1. 動注療法

動注療法とは，腫瘍の治療効果を高めるために動脈から特殊なカテーテルを腫瘍組織の栄養動脈までコントロールして挿入し，抗がん剤を直接腫瘍組織内へ注入する療法である（図10-6〜図10-9）．これはX線透視装置（Cアーム）を用いて，特殊なカテーテルを目標にしている臓器の動脈内に留置して，シリコンで作製されたポートを皮下に埋没し，主に抗がん剤注入の治療を行うためのリザーバー療法である．このポートを用いて血管造影，抗がん剤投与，高カロリー輸液，輸血および採血などを繰り返し行うことも可能である．現在，獣医領域のがんにおける「動注によるリザーバー療法」の実績は少ないことから，その有効評価を論ずることはできないが，臓器内の転移や局所の増大により外科が適応されない症例には，局所的ながん細胞のコントロールを目的として適応できる．

数葉に多発している肝臓癌では，肝動脈をリピオドールなどで塞栓させて（**塞栓療法**）栄養を断つことも可能である．獣医療では，CDDP（cisplatin, carboplatin），ADMCなどが用いられている．特に速効性で濃度依存性のType-Ⅰ型であるカルボプラチン単独あるいはアドリアマイシンの併用による治療

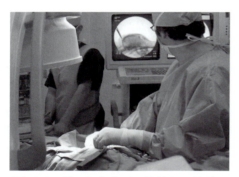

図10-6 ポートを皮下に装着して抗がん剤を注入している．

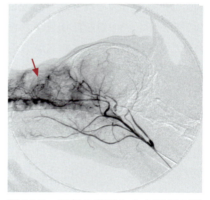

図10-7 頸部の動脈から上顎部の腫瘍を造影している（矢印）．

図10-8 抗がん剤注入前の口腔メラノーマ
（カラー口絵参照）

図10-9 図10-8の症例の抗がん剤注入後
（カラー口絵参照）

第 10 章　腫瘍のその他の治療法　　135

効果が期待できる.

10-8　支持療法と緩和療法

到達目標：支持療法と緩和療法について説明できる.

キーワード：支持療法，緩和療法，QOL

　支持療法および**緩和療法**とは，がん患者の **QOL**（quarity of life）を向上させるために行う治療である.
抗がん剤による副作用としての消化器徴候，貧血および免疫低下（白血球数の減少）および腫瘍による
痛みの軽減も含めた対症治療がこれにあたる.

10-9　がん性疼痛の病態と緩和【アドバンスト】

到達目標：がん性疼痛の病態と緩和について説明できる.

キーワード：がん性疼痛

　末梢性神経終末の侵害受容器が，がん性の組織損傷による痛み刺激を電気的な信号に変換して脳に伝
える．痛みを発生させる侵害受容器（痛覚受容器）には，特定の痛み刺激に反応する高閾値機械受容器
である侵害受容器（痛覚受容器）と，熱刺激，化学刺激，機械的刺激など多種類の刺激に反応するポリ
モーダル受容器と呼ばれる 2 種類の受容器が存在する．前者は鋭い痛みの 1 次痛を主に有髄性神経（A
δ 線維）を介して素早く大脳へ伝える．それに対して後者は，鈍い痛みで部位が特定できない 2 次痛
を無髄神経（C 線維）を介してゆっくりと脳に伝える．侵害受容線維の中枢神経終末は脊髄背角で経を
脊髄侵害受容ニューロン（2 次痛覚神経）とシナプス結合している．このように痛みの刺激は，神経伝
達物質を介して中枢神経終末から脊髄侵害受容ニューロンに手渡される．具体的には神経の終末から興
奮性神経刺激伝達物質であるグルタミン酸（A δ 線維）やサブスタンス P 物質（C 線維）が放出される.
髄侵害受容ニューロンに手渡された痛みの信号は，脊髄視床路を上向して特殊感覚中継核から脳皮質体
性感覚野に送られて痛みとして認識される.

1．ペインコントロール

　がん性疼痛は，内臓や神経への圧迫あるいは浸潤，骨への転移，血管への塞栓による痛みなどがある.
また，2 次的な痛みとしては，化学療法などの副作用，手術後の疼痛など様々な痛みを伴う.

1）非ステロイド系抗炎症薬

　非ステロイド系抗炎症薬（NSAIDs）はシクロオキシゲナーゼ（COX 2）を阻害して内因性の痛み物
質の 1 つであるプロスタグランジンの産生を抑制する．COX 2 を選択的に阻害する薬物としては，カ
ルプロフエン，メロキシカム，フィロコキシブやロベナコキシブがあげられる.

　適応症例としては，痛みが軽度〜中程度な腹腔内，胸腔内に効果がある．副作用として胃腸障害があ
るが，消化管内の出血，腎不全，肝障害や血小板減少を伴っている場合は，投与を避けた方がよい.

2）オピオイド

　オピオイド鎮痛薬物は，オピオイド受容体（μ，κ）に作用する薬物である．オピオイドには麻薬性
のモルヒネ，フェンタニル，レミフェンタニルおよび非麻薬性であるブトルファノール，ブプレノルフィ
ン，トラマドールがある.

　麻薬性のオピオイドは，中等度〜重度の痛みに使用され，用量依存性に鎮痛効果が得られる．非麻薬
性のオピオイドは，鎮痛作用が弱く天井効果があるため軽度〜中程度な痛みに有効である.

　オピオイドの副作用としては，注射投与で徐脈や嘔吐などの消化器障害を呈する．嘔吐などの消化器

136   第 10 章　腫瘍のその他の治療法

症状が認められた場合は，経口投与に変更する．重篤な副作用が発現した場合は，オピオイドの拮抗剤であるナロキソンを投与する．

演習問題（「正答と解説」は 159 頁）

問 1．下記の記述で最も適切なものは次のうちどれか．

　　a．腫瘍細胞は，T 細胞の活性を抑制するための PD-1 を発現している．

　　b．樹状細胞は提示された腫瘍細胞の抗原を認識して攻撃する．

　　c．動注療法は主に局所制御を目的として，カテーテルを用いて腫瘍組織へ低濃度の抗がん剤を投与する療法である．

　　d．温熱療法では高温になると腫瘍細胞の血管が拡張するため 45℃以上で加温させることが重要である．

　　e．オピオイド鎮痛薬はシクロオキシゲナーゼを阻害してプロスタグラジンの産生を抑制する鎮痛薬である．

第 11 章　腫瘍の疫学と統計学

一般目標：腫瘍の疫学と統計学について学習する.

11-1　腫瘍の疫学【アドバンスト】

到達目標：腫瘍の疫学の意義と役割を説明できる.
キーワード：疾病要因，疾病予防，健康増進

　疫学（epidemiology）とは個体ではなく，集団を対象として特定の疾病に関する調査・研究を行う学問であり，古くは伝染病を研究対象として発展してきた. 近年では医学に限らず，事故や天災等の社会学をはじめとする様々な分野に利用されている. 腫瘍の疫学とは特定の動物集団における腫瘍の発生頻度や分布を明らかにする学問分野であり，その目的は疾病要因の解析を行うことで，疾病予防，健康増進に寄与することである. この目的のためには対象となる母集団全てを調査することが理想的であるが，それは経済的，人的観点からほとんどの場合，現実的ではないため，一部の集団（標本）を抽出することで行われる. したがって疫学で得られたデータは研究デザインによる「ずれ」や「偏り」（バイアスと呼ばれる）や動物の個体差のような偶然による「ぶれ」が必ず含まれているため，一般的に疫学調査結果から直接的な要因を確定することは困難であるが，疾病の頻度や分布を統計学的手法を用いて解析することで推定される. 推定は p 値（危険率）で検定され，これは「偶然によりグループ間に違いが出た確率」であり，医学・獣医学では通常 p 値が 0.05 未満であれば，偶然性による影響は問題にならないほど小さいと判断される.

11-2　腫瘍発生頻度の指標と発生状況【アドバンスト】

到達目標：腫瘍の罹患率と死亡率の定義を述べ，頻度の高い腫瘍について例示できる.
キーワード：発生率，累積罹患率，死亡率，累積死亡率，生存率

1. 腫瘍発生頻度の指標

　腫瘍の疫学は集団が対象となる. すなわち，腫瘍の発生状況を知るには，集団においてどのくらいの頻度で腫瘍が発生しているかを把握する必要がある. 腫瘍の疫学における発生状況の指標には，発生率，累積罹患率，有病率，死亡率，累積死亡率，生存率などが用いられる. これらの指標は，腫瘍性疾患では特に命に関わる悪性腫瘍に対して用いられることが多く，さらに悪性腫瘍の種類ごとに算定し，各腫瘍の特徴を把握してがん対策の基礎資料として活用される.

1）発生率と累積罹患率

　発生率（incidence rate）とは，一定期間内にどれだけの新しい腫瘍動物が発生したかを示す指標であり，罹患率ともいわれる. 発生率は腫瘍の罹りやすさを表しており，「ある集団において新たに発生した腫瘍動物数を，観察対象個体の総観察期間で割った率」と定義される.

$$腫瘍発生率 = \frac{観察期間内に新たに発生した腫瘍動物数}{観察対象個体の観察期間の合計（動物 \text{-} 年）}$$

138   第 11 章　腫瘍の疫学と統計学

腫瘍の発生率は観察期間を 1 年間とする場合が多く，次のように定義される．

$$腫瘍発生率 = \frac{1 年間に新たに発生した腫瘍動物数}{観察対象個体数 \times 1 年}$$

通常，腫瘍の発生率は数値が小さいので，10^5 を掛けて，10 万頭あたりの発生率として表す．

発生率（罹患率）に加えて，**累積罹患率**（cumulative incidence）という指標もある．累積罹患率は，ある集団においてどのくらいの割合の個体が腫瘍に罹患するかを表している．「観察期間内に腫瘍に罹患した個体数」を，「観察開始時点の個体数（時間の要素は含まない）」で割った率と定義される．

$$腫瘍累積罹患率 = \frac{観察期間内に新たに発生した腫瘍動物数}{観察開始時の集団内の個体数}$$

累積罹患率は，観察期間内に離脱する個体がいない集団を仮定している．そこで，長期間の観察が必要な腫瘍疾患は，観察期間内に腫瘍以外の疾患に罹患するなどして脱落する症例が多くなり，累積罹患率を求めるのが困難になる場合がある．一方，急性疾患の感染症などは累積罹患率を求めやすい．腫瘍の発生状況の指標としては発生率の方が優れているが，発生率を求められない場合には，累積罹患率を用いる．

2）有病率

有病率（prevalence rate）は，観察対象集団に対する観察時点の腫瘍動物数の割合を表し，時間の要素を含まない点で発生率と異なる．

$$腫瘍有病率 = \frac{観察時点に罹患していた腫瘍動物数}{観察時点の集団の個体数}$$

3）死亡率と累積死亡率

死亡率（mortality rate）は，観察期間内にどれだけの個体が死亡したかを示す指標で，発生率の分子「観察期間内に新たに発生した腫瘍動物数」が「観察期間内に死亡した腫瘍動物数」に置き換えられたものである．

累積死亡率（cumulative mortality rate）は，累積罹患率の分子「観察期間内に新たに発生した腫瘍動物数」が「観察期間内に死亡した腫瘍動物数」に置き換えられたもので，観察対象集団における腫瘍疾患による死亡の割合を示している．

4）生存率と累積生存率

生存率（survival rate）は，腫瘍に罹患した動物が一定の観察期間内に死亡しないで生存する割合を表す指標である．悪性腫瘍の悪性度や予後の評価，治療効果の比較などに用いられる．ヒトの場合は 5 年生存率を用いることが一般的であるが，ヒトよりも寿命の短い犬・猫では，1 年もしくは 2 年生存率で表すことが多い．累積生存率（cumulative survival rate）は，Kaplan-Meier 法がよく用いられる．

2. 腫瘍の発生状況

伴侶動物の腫瘍登録制度によりそれぞれの腫瘍の発生率は求められるが，ヒトほど腫瘍登録制度は一般化されていない．世界的にはデンマーク，ノルウェー，スウェーデン，スイスなどでは実施されている．その他，米国，英国やイタリアなどでは一部の地域について報告があるが，わが国においては正式な報告は少なく，唯一岐阜県の地域犬腫瘍登録があるのみである．欧米では大型犬の占める割合が多く，

第 11 章　腫瘍の疫学と統計学　　139

表 11-1　犬・猫における系統別好発腫瘍

動物種	好発腫瘍の系統	特記事項
犬	皮膚および皮下腫瘍	脂肪腫，組織球腫および肥満細胞腫が多い
	軟部組織腫瘍	悪性の肉腫は，ヒトと比較して極めて高い発生率である
	雌性生殖器腫瘍	大半を占める乳腺腫瘍は，雌では最も発生が多い
	造血系腫瘍	リンパ腫が大部分を占める
	雄性生殖器腫瘍	精巣腫瘍が 70 〜 80% を占める
猫	造血系腫瘍	リンパ腫が大部分を占め，一部は猫白血病ウイルスが関与する
	皮膚および皮下腫瘍	犬と比較して悪性の割合が高い
	雌性生殖器腫瘍	大半を占める乳腺腫瘍の約 80% は悪性である

わが国のように小型犬の多い国と比較した場合，犬の品種構成が異なるため，腫瘍発生率には相違が見られることがある．いずれにしても，動物のがんの発生状況に関する疫学調査の結果を見る場合，得られたデータは調査時期，範囲とその精度に依存することを念頭において，主要な傾向を把握することが肝要である．以下の好発腫瘍については，国内外を問わず，一般的に共通して認められる事柄について記載する．

1）犬・猫における発生頻度の高い腫瘍

犬・猫における系統別好発腫瘍は表 11-1 の通りである．犬では皮膚および皮下，軟部組織，雌性生殖器，造血系，雄性生殖器腫瘍が多い．猫では造血系腫瘍であるリンパ腫および白血病，皮膚および皮下，雌性生殖器腫瘍が多い．全体的には，犬のほうが猫よりも腫瘍の発生率は高く，猫は犬に比べて悪性腫瘍の割合が高いことが特徴である．

2）犬・猫における各系統の好発腫瘍

犬・猫の系統別の代表的な好発腫瘍と，発生率および悪性比率の犬・猫間の相違について表 11-2 に示す．

表 11-2 は犬と猫を比較し，それらの相違点をまとめた．各系統の腫瘍発生率については，10 万頭当たりの腫瘍症例数で表されたり，腫瘍全体に対する割合で示されているが，情報が不十分であったり個々のデータのばらつきが大きいため，現状でコンセンサスの得られている傾向を示した．そこで，絶対的な発生頻度については前項に記載し，本項では犬と猫の相対的比較による相違点を示した．悪性比率についても，同様に犬と猫の相対的比較により相違点を示し，犬と猫の特徴を明らかにした．

表 11-2　犬・猫における各系統の好発腫瘍と発生率および悪性比率の犬・猫比較

系統	発生部位	動物種	発生率	悪性比率	好発腫瘍（原発性）
口	口腔内	犬			悪性メラノーマ，扁平上皮癌，線維肉腫，エプリス
		猫		↑	扁平上皮癌↑，線維肉腫，エプリス
鼻	鼻平面	犬	↓		扁平上皮癌↓
		猫			扁平上皮癌
	鼻腔内	犬			**腺癌**，移行癌，扁平上皮癌
		猫	↓		**リンパ腫**

つづく

140　第 11 章　腫瘍の疫学と統計学

表 11-2　犬・猫における各系統の好発腫瘍と発生率および悪性比率の犬・猫比較（つづき）

系統	発生部位	動物種	発生率	悪性比率	好発腫瘍（原発性）
耳	耳介	犬			扁平上皮癌
		猫		↑	扁平上皮癌↑
	耳道	犬			耳垢腺癌，ポリープ
		猫		↑	耳垢腺癌，ポリープ
呼吸器	肺	犬			腺癌↑，扁平上皮癌
		猫	↓		扁平上皮癌
循環器	心臓	犬			血管肉腫，大動脈体腫瘍
		猫	↓		大動脈体腫瘍
消化器	胃	犬			**腺癌↑**，平滑筋肉腫
		猫			**リンパ腫**
	小腸	犬			**腺癌**，GIST，平滑筋肉腫，平滑筋腫
		猫			**リンパ腫**，腺癌
	大腸	犬			ポリープ，腺癌
		猫			腺癌，リンパ腫，肥満細胞腫
	肛門	犬			肛門周囲腺腫/腺癌，肛門嚢アポクリン腺癌
		猫↓			肛門嚢アポクリン腺癌↓
	肝臓	犬			**肝細胞癌**
		猫			**胆管腺腫/腺癌**，肝細胞癌
	脾臓	犬			**血管肉腫**
		猫			**肥満細胞腫**，リンパ腫
	膵臓	犬			癌腫
		猫			癌腫
雌性生殖器	乳腺	犬	↑		腺腫/腺癌，悪性/良性混合腫瘍
		猫		↑	腺癌
	卵巣	犬			嚢胞腺腫/腺癌，顆粒膜細胞腫
		猫			顆粒膜細胞腫
雄性生殖器	精巣	犬	↑		精上皮腫，セルトリ細胞腫，間細胞腫
		猫			精上皮腫↓，セルトリ細胞腫↓，間細胞腫↓
	前立腺	犬			腺癌
		猫	↓		腺癌
泌尿器	腎臓	犬			**癌腫**
		猫			**リンパ腫**
	膀胱	犬			移行上皮癌
		猫			移行上皮癌↓
皮膚皮下		犬			**脂肪腫，組織球腫**，肥満細胞腫
		猫		↑	**基底細胞腫瘍**，扁平上皮癌，肥満細胞腫
軟部組織		犬	↑		線維腫，線維肉腫
		猫			線維肉腫，注射関連肉腫
骨格		犬			骨肉腫↑，軟骨肉腫
		猫	↓		骨肉腫，線維肉腫，軟骨肉腫

つづく

第 11 章　腫瘍の疫学と統計学　141

表 11-2　犬・猫における各系統の好発腫瘍と発生率および悪性比率の犬・猫比較（つづき）

系統	発生部位	動物腫	発生率	悪性比率	好発腫瘍（原発性）
造血系		犬			リンパ腫
		猫↑	↑		リンパ腫
神経	脳	犬			髄膜腫，神経膠腫
		猫	↓		髄膜腫，リンパ腫
眼	眼球内	犬			悪性メラノーマ，毛様体腺腫，毛様体腺癌
		猫			悪性メラノーマ，肉腫
内分泌	甲状腺	犬		↑	癌腫
		猫	↑		**腺腫（過形成が最も多い）**
	上皮小体	犬			腺腫
		猫			腺腫
	膵臓	犬			インスリノーマ
		猫	↓		インスリノーマ
	副腎	犬			癌腫，腺腫
		猫			癌腫，腺腫
	下垂体	犬			腺腫
		猫			腺腫

発生率　↑：犬もしくは猫と比較して，各系統における発生部位腫瘍の発生率が高い
　　　　↓：犬もしくは猫と比較して，各系統における発生部位腫瘍の発生率が低い
悪性比率　↑：犬もしくは猫と比較して，悪性の割合率が高い
好発腫瘍　↑：犬もしくは猫と比較して，好発腫瘍の発生率が高い
　　　　　↓：犬もしくは猫と比較して，好発腫瘍の発生率が低い
　　　　　太字：各系統において犬と猫で明らかに異なる好発腫瘍を示す．

11-3　データの取扱いと統計手法【アドバンスト】

到達目標：主な統計学的用語と検定法について説明できる．

キーワード：平均値，中央値，t 検定，カイ二乗検定

1.　データの種類と特徴の把握

　診療や実験によって得られる様々なデータを分析するためには，表やグラフを作成して大まかな特徴を把握し，必要に応じて仮説検定などを行うことが重要である．ここでは，具体的な公式などは示さないので別に専門書を参照されたい．また，一般的な表計算ソフトウェアでは困難な分析には統計分析用のソフトウェアを用いる必要があるが，近年，無償のものも入手可能になってきている．

1）データの種類

　データは，大きく量的データと質的データの 2 種類に分けることができる．量的データとは，動物の体重，年齢や腫瘍の直径などの測定値で表されるデータのことであり，動物の性別や腫瘍の種類などのように，あるカテゴリーに分類することで表されるデータは質的データと呼ばれる．なお，量的データであっても，適切な境界値でグループ分けすることで質的データとして扱うこともできる．

2）代表値

　代表値とは，量的データの特徴を 1 つの数値で表すために使われる数値である．データの合計をデータ数で割って得られる**平均値**，データを順番に並べた場合の真ん中の値である**中央値**（メジアン），デー

142　第 11 章　腫瘍の疫学と統計学

タを等間隔に区分した場合に最もデータ数が多い区分の数値である最頻値（モード）などが用いられる．データが左右に同じように分布していない場合や大きく外れた値がある場合には，平均値よりも中央値を用いることが適当である．

3) データのばらつき

　データのばらつきの指標のうち，範囲はデータの最小値と最大値を示したものである．データのうち一定の割合，例えば 95% のデータが含まれるような値の範囲を示したものは，95 パーセンタイルまたは 95 パーセント値と呼ばれる．データが平均値の周りにどの程度ばらついているのかを算出したものが分散であり，通常，データ数 n の代わりに n-1 を使用した標本分散（不偏分散）が用いられる．

2. 推　定

　同じ条件で複数のデータが得られた場合，得られたデータは観察の対象となる母集団からのサンプルと考えられる．このため，母集団の平均値や割合の真の値が一定以上の確率で存在すると考えられる値の範囲を推定（区間推定）する．この際に設定する確率を信頼水準または信頼係数といい，求めた区間を信頼区間という．通常，信頼水準を 95% として，95% 信頼区間を示すことが多い．一般的に，量的データについては平均値に関する区間推定を行い，質的データについては，腫瘍あり，腫瘍なしなどの 2 群に分けられる場合に，割合に関する区間推定を行う．

　通常，平均値の区間推定では，母集団のデータ（例：身長）が正規分布に従って分布していると仮定した公式を用いる．一方，データが下限や上限に偏っている場合（例：動物が死亡する年齢）などには，正規分布に従っているとは仮定できないため，この方法では区間推定ができない．こうした場合には，区間推定の代わりに 95 パーセント値などでデータの範囲を示すことが多い．また，そのままでは正規分布に従わないデータでも，対数変換や逆正弦変換した値が正規分布に従うこともある．

　割合に関する区間推定においても，一般的な公式を用いる場合には，データが正規分布に従うと仮定している．データ数やデータの片方の区分（例：腫瘍がある動物）の割合が少ない場合には，この仮定がなり立たず一般的な公式では算出できない．1 つの基準として，「データ数 × 少ない方の区分の割合」の値が 5 以下の場合には，2 項分布やポアソン分布を用いた算出方法を使う必要がある．

3. 検　定

　観察されたデータや実験データの解析は，通常，主張したい何らかの仮説を証明するために行われる．例えば，特定の腫瘍について「この腫瘍の発生率は雌雄で異なる」といった仮説（対立仮説）について，観察データを用いて証明したいとする．この証明においては，まず，仮説とは逆の「腫瘍の発生は雌雄で差がない」という仮説（帰無仮説）を設定する．この帰無仮説に基づいて腫瘍が発生していると仮定した時に，観察されたデータが得られる確率（有意確率という；通常 p で表される）が一定の値〔有意水準という；通常 0.05（5%）または 0.01（1%）が用いられる〕より低い場合（例えば $p = 0.001$），帰無仮説は棄却され，最初に設定した対立仮説が採用される．なお，推定された確率が有意水準より大きかった場合，この結果が帰無仮説を証明したことにはならないことに注意が必要である．つまり，「腫瘍の発生率が雌雄で同じである」と証明されたのではなく，「雌雄で差があるとはいえなかった」ことになる．

1) パラメトリックとノンパラメトリック

　検定に用いる統計手法についても，データが正規分布などの特定の分布に従っていると仮定できる場合とそうでない場合で適用する統計手法が異なる．前者にはパラメトリックな検定，後者にはノンパラメトリックな検定と呼ばれる手法を用いる．パラメトリックな検定は一般的な表計算ソフトで実施でき

るのに対し，ノンパラメトリックな検定を行うためには統計解析用のソフトウェアが必要になることが多い．以下では，特に示さない限り，パラメトリックな検定について説明している．

2）平均値の差の検定

複数のグループから得られた量的データの平均値の大小が有意であるかを検定する手法である．2つの異なるグループの個体などに由来するデータの場合（独立しているという），スチューデントの**t 検定**を行う．一方，同じ個体の治療前後のデータなど，データに対応がある（独立していない）場合には，サンプル（個体など）ごとに治療前後の差を算出して，この値について t 検定を行う．また，3 グループ以上のデータを比較する場合は，一元配置分散分析を行うが，この際に得られる検定の結果は「いずれかのグループ間で平均が異なる」であって，差の向き（大きい，小さい）やどのグループ間で異なっているかは判定できないことに注意が必要である．

3）割合の差の検定

複数のグループからの質的データの割合の差が有意であるかを検定する手法である．独立した 2 つのグループの比較である場合には，データをグループと結果のそれぞれの頻度について分けることで 2 マス×2 マスの分割表を作成して**カイ二乗検定**（x^2 検定）を行う．カイ二乗検定は 3 グループ以上ある場合も適用できるが，どのグループ間に差があるかを知ることはできない．また，同じグループについて 2 つの検査法の結果を比較する場合のように，データに対応がある場合には，カイ二乗検定ではなくマクニマー検定を用いる必要がある．

4. 関連性の分析

体重と尿量などのように 2 つの量的な変数の間に関係があるかを知る方法として，相関分析と回帰分析がある．相関分析では，片方が増加すれば片方が増加する（正の相関関係）またはその逆（負の相関関係）という傾向の強さを示すピアソンの相関係数を算出し，相関係数が 0 であるという帰無仮説について仮説検定を行う．相関係数は負の相関がある時には負の値，正の相関がある時には正の値であり，−1 〜 1 までの値をとる．相関係数が 0 に近い時は，2 つの変数の間に直線的な関係がないことを示しており，必ずしも両者の間に関係がないことを示している訳ではない（関係はあるが増加した後減少することなどがありうる）．

回帰分析では，体重 x と尿量 y の関係について，$y = a + bx$ という回帰式を仮定し，体重 x と回帰式から算出される尿量 y の推定値が実際のデータに最もあてはまるような a と b の値を求める．b を回帰係数と呼び，x と y の関係の程度（大きいほど x の影響が大きい）と向き（増加，減少）を表している．変数 y を従属変数または目的変数，x を独立変数または説明変数という．説明変数が複数ある場合も回帰分析を行うことができ，説明変数が 1 つの場合を単回帰分析，複数ある場合を重回帰分析と呼ぶ．回帰分析は従属変数が質的変数の場合にも応用でき，ロジスティック回帰分析やポワソン回帰分析が用いられる．これらの手法は一般化線型モデルと呼ばれており，専用の統計ソフトウェアを使って実施できる．

11-4　臨床試験の種類【アドバンスト】

到達目標：前向き研究と後ろ向き研究の違いやダブルブラインド試験について説明できる．

キーワード：後ろ向き研究，前向き研究，ダブルブラインド試験，無作為

臨床試験とは疾患や症状に対して効果の有無を実証するために，実際に動物を用いて行われる研究であり，臨床に有用な情報を提供する可能性があるが，そこから得られた実証報告（エビデンス）には研

144　第 11 章　腫瘍の疫学と統計学

究デザインによって様々な信頼性の程度（エビデンスレベル）が存在することに留意する必要がある．前述のように母集団全ての研究を行うことは現実的ではないため，標本を抽出して研究は実施される．その際，母集団において知りたい真実は必ずしも標本の結果と同一であるとは限らない．これは標本抽出

表 11-3　研究デザイン別の長所と短所

研究デザイン	時間軸	バイアス	費用・労力	まれな疾患
症例報告	多くは過去へ	大	小	可能
後ろ向き研究	過去へ	大	小	可能
前向き研究	未来へ	小	大	困難

の「ずれ」や「偏り」（バイアス）が存在するためであり，バイアスを低くするためには研究デザインに配慮する必要がある．例えば，**後ろ向き研究**（retrospective study）とは疾患の原因や治療効果について時間をさかのぼって調査研究する手法であり，研究の開始時から症例を将来的に調査する**前向き研究**（prospective study）と比べ，バイアスが大きくなり，エビデンスレベルが下がる．また，治療薬の効果を判定する際に偽薬（プラセボ）を対照（コントロール）として投与者（獣医師）と評価者（例えば飼い主）の双方が対象薬または偽薬のいずれが投与されたか分からないようにする**ダブルブラインド**（二重盲検）**試験**はエビデンスレベルを上げることとなる．さらにどちらの薬を与えるかについても**無作為**（ランダム）に割り付けられるとエビデンスレベルが高くなる．総じて多施設で行われるランダム化対照比較二重盲検試験で実施された臨床研究はエビデンスレベルが高い，すなわち，母集団における真実を反映している可能性が高いと判断されるが，臨床試験の結果は研究デザインを精査して評価する姿勢が肝要である．一方，症例報告のエビデンスレベルは低いが，新しい疾患概念の認識，治療の副作用の認識，基礎研究と臨床実践の橋渡しなどの意義がある．表 11-3 に研究デザインごとの長所・短所を記した．

11-5　治療効果の判定法

　到達目標：治療効果の判定法について説明できる．

　キーワード：治療効果判定基準，RECIST（Response Evaluation Criteria in Solid Tumors），再発率，制御率，無病生存期間，Will Rogers 現象，副作用判定基準，CTCAE（Common Terminology Criteria for Adverse Event）

　腫瘍性疾患治療に関わる臨床試験を行う場合，**治療効果判定基準**が必要であり，腫瘍に対する直接的な効果（放射線や薬剤による腫瘍の縮小や腫瘍マーカーの減少など）や延命効果（生存期間の延長など）が判定に用いられることが多い．

1. 直接的効果：腫瘍の縮小

　治療による腫瘍量の変化を調べることは，非常に重要であり，従来は測定可能病変の 2 方向での測定値の積を合計して比較する WHO 基準が用いられてきたが，最近は「固形がんの治療効果判定のためのガイドライン：**Response Evaluation Criteria in Solid Tumors（RECIST）**」が世界的に用いられている．RECIST では 1 つ以上の測定可能病変の最大長径の和を用いて，臨床的に全ての病変が消失した場合を完全奏効（complete response：CR），標的病変の径和が 30% 以上減少した場合を部分奏効（partial response：PR），標的病変の径和が 20% 以上増加した場合，あるいは新病変がある場合を進行（progressive disease：PD），PR でも PD でもない場合は安定（stable disease：SD）に分類する．一般的には CR と PR の得られた割合を合計して奏効率（response rate：RR）として用いるが，さらに SD を加えた臨床的有用率（clinical befit rate：CBR）も最近用いられている．その他，**再発率**（recurrence rate）とは，

外科手術や放射線治療で消失していた腫瘍が治療部位の付近または別の部位に認められた割合を，（局所）**制御率**（control rate）とは主に放射線治療で治療部位の付近で再燃しない割合を表す．

2．延命効果

　延命効果の指標として，生存率と生存期間が重要である．生存率は，年齢などによる期待生存率を考慮する相対生存率と考慮しない粗生存率に大別される．さらに粗生存率は直接法と累積法に分けられ，直接法は一定期間後に生存数を対象数で割った値で，消息不明例があると，不明例を死亡として最小生存率，生存として最大生存率，除外して推定生存率の3種類で計算される．これに対して，累積法は生存期間を区切り，各区間での死亡率と生存率を計算し，これに基づいて全期間を通じての累積生存率が求められる．累積法では，消息不明例と観察期間切れの生存例を中途打切り（censoring）として加えることができる．観察対象例が少ない（例えば50例以下）獣医学領域では，Kaplan-Meier法が好んで用いられる．

　生存期間には，死因が腫瘍に因るか否かに関わらず，治療を受けた患者が生存した期間を表す全生存期間（overall survival），治療後に再発が認められない（完全奏効を維持している）期間を表す**無病生存期間**（disease-free survival），治療によって疾患が進行せずに安定した期間を表す無増悪生存期間（progression-free survival）などが用いられ，平均値，四分位置，中央値で表現されるが，観察対象例が少ない場合には中央値を用いることが好ましい．

　同一の腫瘍性疾患であってもより進行した患者では初期の患者と比べ，治療の反応性が悪い可能性が考えられる．そのため，2つの治療法を比較する場合，遠隔転移の有無などによって病期（ステージ）分類がなされ，比較が行われるが，この際にも治療効果の判定には注意を要する．例えば，同一の患者が，標準手術を受けた場合と，広範なリンパ郭清を伴う拡大手術を受けた場合，標準手術では所属のリンパ節しか郭清せず，拡大手術では所属リンパ節と遠位リンパ節をともに切除するとする．さらにこの患者のリンパ節病変が手術時の肉眼所見では明らかでなく，顕微鏡レベルでは所属リンパ節と遠位リンパ節の両方で転移があったとする．所属リンパ節にのみ転移がある場合と，遠位リンパ節転移がある場合では，病期が異なり，後者はより進行した病期とされる．そのため，この患者は，標準手術をした場合には早期の病期に，拡大手術をした場合には進行した病期に分けられることになる．標準手術では，遠位リンパ節に転移した腫瘍が残存しているため，必然的に再発する．そのため，標準手術と拡大手術での治療成績を比較した場合，手術の効果にかかわらず，拡大手術群が有利となるバイアスが存在する．この現象は**Will Rogers現象**と呼ばれ，外科手術の効果判定には注意が必要である．

3．有害事象

　抗がん剤を用いた化学療法をはじめとするがん治療には臨床的に好ましくない副作用（有害作用，adverse events：AE）が認められることがある．この副作用にもその程度により**副作用**（有害事象）**判**

表 11-4　VCOG-CTCAE のグレード分類

グレード 1	軽症	治療不要
グレード 2	中等症	入院不要または非侵襲的治療
グレード 3	重症または獣医学的に重大であるが直ちに生命を脅かさない	入院または入院期間の延長
グレード 4	生命を脅かす転帰	緊急処置を要する
グレード 5	AE による死亡	

146　第 11 章　腫瘍の疫学と統計学

表 11-5　血液毒性のグレード分類

AE	グレード 1	グレード 2	グレード 3	グレード 4	グレード 5
PCV（犬）	30% ～＜LLN	20 ～＜30%	15 ～＜20%	＜15%	死亡
PCV（猫）	25% ～＜LLN	20 ～＜25%	15 ～＜20%	＜15%	死亡
好中球減少症	1,500/μl ～＜LLN	1,000 ～ 1,499/μl	500 ～ 999/μl	＜ 500μl	死亡
血小板減少症	100,000/μl ～＜LLN	50,000 ～ 99,000/μl	25,000 ～ 49,000/μl	＜25,000/μl	死亡

PCV：packed cell volume，LLN：lower limit of normal（基準値の下限）

定基準があり，犬と猫の腫瘍では Veterinary cooperative oncology group（VCOG）によって作成された **CTCAE（Common Terminology Criteria for Adverse Event）**，VCOG-CTCAE がある．この中では，血液毒性や消化器毒性などの各カテゴリー別にグレード 1 からグレード 5 までに分類される（表 11-4）．表 11-5 には血球減少症に関するグレード分類を例として示した．一般的に新薬の治験などで最大耐容量（maximum tolerated dose：MTD）を決定する際には，血液毒性を除く全てのカテゴリーでグレード 3 以上の副作用が認められた症例数に基づいて決定される（血液毒性はグレード 4 以上）．

参考図書

黒木俊郎（2005）：疫学で用いられる指標，獣医疫学 初版（獣医疫学会 編），11-17，近代出版.
丸尾幸嗣，森　崇，酒井洋樹 編著（2013）：犬と猫の臨床腫瘍学，インターズー.
丸尾幸嗣 監訳（2011）：Small Animal Oncology 腫瘍性疾患の基礎と臨床，インターズー.
Withrow, S.J., Page, R., Vail, D.M. eds.（2012）：Small Animal Oncology, 5e, Saunders.

演習問題（「正答と解説」は 159 頁）

問 1.　犬と猫の系統別腫瘍の発生率および悪性比率について，正しいものはどれか.
　a. 猫の甲状腺腫瘍は，犬よりも悪性比率が高い.
　b. 犬の乳腺腫瘍は，猫よりも悪性比率が高い.
　c. 猫の皮膚皮下腫瘍は，犬よりも悪性比率が高い.
　d. 犬の精巣腫瘍の発生率は，猫よりも低い.
　e. 猫の造血系腫瘍の発生率は，犬よりも低い.

問 2.　犬と猫の系統別好発腫瘍について，正しいものはどれか.
　a. 鼻腔内腫瘍は，犬でリンパ腫，猫で扁平上皮癌が好発する.
　b. 脾臓腫瘍は，犬で肥満細胞腫，猫で血管肉腫が好発する.
　c. 腎臓腫瘍は，犬でリンパ腫，猫で癌腫が好発する.
　d. 皮膚皮下腫瘍は，犬で脂肪腫，猫で基底細胞腫瘍が好発する.
　e. 胃腫瘍は，犬でリンパ腫，猫で腺癌が好発する.

問 3.　ある良性腫瘍の発生が性別によって異なるか検討した．A 市内で飼養される犬 200 頭を調査したところ，雄 86 頭のうち，腫瘍のあるものは 23 頭，雌 114 頭のうち腫瘍のあるものは 47 頭であった．この腫瘍の発生が性別によって異なることを統計学的に示すためには，次のうちいずれの分析手法が適当か.

a. F 検定

b. t 検定

c. 一元配置分散分析

d. U 検定

e. カイ二乗検定

問 4. RECIST による腫瘍縮小効果判定に関する記述として正しいものはどれか.

a. 完全奏功（CR）とは 90% 以上の病変の退縮を表す.

b. 部分奏功（PR）とは 50% 以上の病変の退縮を表す.

c. 進行（PD）とは 20% 以上の病変の退縮を表す.

d. CR と PR の和は奏効率（RR）として用いられる.

e. 制御率とは治療により再発した割合である.

第12章　獣医療に関する倫理

一般目標：腫瘍の臨床にあたって前提となる倫理を理解する.

12-1　医療倫理の四原則【アドバンスト】

到達目標：ヒト医療における倫理四原則（個人の尊重，無危害，善行，公正）を理解し，生命倫理について説明できる.

キーワード：倫理四原則

1. 医療倫理の歴史

　医者に関する倫理観を規定するものに古くは「ヒポクラテスの誓い」がある．これは今から2千年以上前の古代ギリシャでまとめられたものであるが，1948年に開催された世界医師会（WMA）総会において現代的な表現に直され，現代版ヒポクラテスの誓いとしてジュネーブ宣言（表12-1）に盛り込まれた．この宣言の内容は現在においても医師の基本的倫理観として広く受け入れられている．一方，医療技術の高度化と多様化が進みこれまで困難とされていた診断や治療が次々と実現していく中で，既存の倫理観だけでは解決が難しい新たな医療問題が浮上してきた．例えば，臓器移植医療や生殖医療に関する倫理的問題などがあげられる．これら新たに提起された複雑で難解な医療倫理問題に対して，一定の「倫理的原理・原則」を打ち立て，それに従って解釈し対応しようとする新たな試みがなされた．すなわち，「原理・原則」を1つのツールとして用いることで，倫理的問題点を顕在化させ，解決の妥協点を見出す手法が提案された.

2. 倫理四原則

　1979年，トム・L・ビーチャム，ジェームス・F・チルドレスは「生命医学倫理」の中で，西洋哲学・倫理学を踏まえた4つの原則（自律尊重，善行，無危害，正義）を掲げ，これらの原則を道徳的な決

表 12-1　WMA ジュネーブ宣言

医師の一人として参加するに際し，
- 私は，人類への奉仕に自分の人生を捧げることを厳粛に誓う.
- 私は，私の教師に，当然受けるべきである尊敬と感謝の念を捧げる.
- 私は，良心と尊厳をもって私の専門職を実践する.
- 私の患者の健康を私の第一の関心事とする.
- 私は，私への信頼のゆえに知り得た患者の秘密を，たとえその死後においても尊重する.
- 私は，全力を尽くして医師専門職の名誉と高貴なる伝統を保持する.
- 私の同僚は，私の兄弟姉妹である.
- 私は，私の医師としての職責と患者との間に，年齢，疾病もしくは障害，信条，民族的起源，ジェンダー，国籍，所属政治団体，人種，性的志向，社会的地位あるいはその他どのような要因でも，そのようなことに対する配慮が介在することを容認しない.
- 私は，人命を最大限に尊重し続ける.
- 私は，たとえ脅迫の下であっても，人権や国民の自由を犯すために，自分の医学的知識を利用することはしない.
- 私は，自由に名誉にかけてこれらのことを厳粛に誓う.

日本医師会ホームページ（http://www.med.or.jp/）より抜粋

定を行う際の倫理基準として用いることを提唱した.

1） 自律尊重の原則

自律とは「他人からの支配や制約を受けずに自身の決定に従って行動する」ことである. すなわち医療現場で尊重されるべき自律尊重の原則とは「患者自身が主体性をもって重要な決定を行えるように, 医療関係者や家族が患者をサポート（援助）すること」を意味する. この原則の下で, 医師は患者に対して当該疾患に対する科学的・客観的情報を分かりやすく提供すること, 患者がもつ不安や疑問に対する説明を懇切丁寧に行うことが求められる.

2） 善行の原則

善行の原則では「医療関係者が患者に対して最善を尽くす義務を有する」ことを定めている. 最善とは医療関係者が考える医学的・科学的最善であることは勿論であるが, 患者が考える最善でもある. 両者が考える最善が対立する場合は, 自律尊重の立場から患者が考える最善が尊重されることになる（後述の「12-2-2. パターナリズムの問題点」を参照）.

3） 無危害の原則

無危害の原則では「医療関係者が患者に対し危害を加えてはならない. 危害を引き起こすことを避けなければならない」という義務を定めている. 善行の原則が利益供与行為の積極的実施を規定しているのに対し, この原則では危害行為の禁止を規定しており, 両原則は互いに補完的関係にある. 当然のことであるが, 医療現場では「善行」という考えを基盤にして医療行為が行われるが, 一度, 危害行為が発生すると命の危機に直結する. したがって,「患者に危害となるリスクをも負わせない」という事前の危機回避行為を含め「無危害の原則」は医療現場で重要な意味をもつ.

4） 正義の原則

正義とは「正当な持ち分を公平に分け与える」考えである.「正義の原則」の下, 医療現場では全ての患者を平等に扱い, 同等に処遇することが求められる.

3. 日本の獣医療における倫理四原則

獣医療（特に伴侶動物医療分野）における医療倫理観はヒト医療で体系化された医療倫理を外挿する形で構築されてきた. 倫理四原則を医療倫理の基盤とする考え方は欧米社会を中心に発展してきた経緯もあり, 欧米の獣医療においては違和感なく受け入れられるものであろう. しかしながら, 倫理観の基礎を儒教に置き「個の意見」よりも「集団の中の自己の考え」を大切にする日本人社会では, これらの原則を欧米社会と同じ目線で受け入れることは難しい. 日本的な価値観を考慮しながら柔軟に適応することが求められる.

1） 日本での自律尊重

日本の医療現場で度々問題となるのは,「患者個人の意思」と「家族の考え」が異なる場合である. 儒教的倫理観をもつ日本社会では, 病名告知や治療方針の決定の際に「家族の考え」が尊重されることが少なくない. 集団の中の自己の考えを重視する日本人にとって, 大事な決定は家族の意見とともにあるため,「自律の尊重」は時として「家族という大きな自己」を対象に行うことが望まれる. いうまでもないが獣医療で「患者」は自分の意思表示ができない動物となるが, 飼い主家族全体の意思に対する自律性を心がけなければならないのは同じである.

2） 日本での正義

日本人にとって正義は「公正性」ではなく, 1つの状況に対する「正直さ」あるいは「当為（為すべきこと）」として理解される. 例えば日本では, 年長者の価値観や考え方が尊重され, 結論に大きな影

第 12 章　獣医療に関する倫理　　151

響を与える場合がしばしばある．これは年長者に対する尊敬が日本人にとって当為であり正義であるためである．決定過程が公正であるか否かという問題よりも，日本人にとっては重要な意味をもつ．したがって，日本人社会に欧米人が考える公平や平等といった概念をそのまま当てはめるには難しい場合が存在する．

12-2　医療関係者と患者の関係【アドバンスト】

到達目標：症例の家族とコミュニケーションをとることができる．
キーワード：寄り添う姿勢，パターナリズム

1. 医療関係者と患者の立場の違い

医療関係者（獣医師）と患者（飼い主またはその家族）の関係は一般社会において極めて特殊な関係にある．飼い主が動物を連れて動物病院に来院する時，多くは動物に健康上の問題を抱えている．飼い主は動物の健康上の問題を解決するために獣医師を信頼し動物を委ねなければならない．すなわち動物を含め飼い主側は常に弱い（受け身の）立場に置かれている．一方，獣医師は病気に対する知識や経験，診療技術を有しており，問題解決力の観点から飼い主側より断然に優位な立場にある．獣医師が医療を提供していく時，このような不均衡の存在を認識し，飼い主側に寄り添う姿勢が必要となる．

2. パターナリズムの問題点

ヒト医療では弱い立場にある患者の人権を擁護することが求められ，1995 年の世界医師会で患者の権利に関する「リスボン宣言」が採択された．この宣言では「医師の善行の原則」と「患者の自律性」が再確認され，実際の臨床現場でこの 2 つの原則が対立した場合，「患者の自律性」が尊重されるべきとされた．例えば，最期は自宅での療養を望んでいる腫瘍患者に対し，医師が医学的に最善な方法として病院での積極的な治療進めた場合，倫理的正当性をどのように考えたらよいのだろうか．医師は専門家の立場から患者の医学的利益のため最善と思われる医療行為を行った（善行の原則）が，そこには患者の意思が生かされておらず患者の自律性（自律性の原則）が損なわれている．つまり，倫理原則のうち患者の自律性より医師の善行が優先された場合である．これはパターナリズム（父権主義）と呼ばれ，現代医療では批判対象となる行動である．獣医療現場でも同じような事象は見受けられる．飼い主の価値観や意思より獣医師側の価値観が優先され，診療内容の決定が行われたと判断されるケースは明らかに存在する．獣医師側に認識がなくても，飼い主側にそのような印象を与えているケースも少なくない．医学領域ではこのパターナリズムに対する反省から，医療関係者と患者の関係を前述の「パターナリズムモデル」のほか「情報提供モデル」，「解釈モデル」，「討議モデル」に分けて整理し理解している．

1）情報提供モデル

患者は自分の価値観を十分に理解しており，医師に対しても自分の価値観を基に意思表示ができる．患者には医学的情報だけが不足しているため，医師は選択肢を含めた医学的情報を提供し，患者はその中から自分の価値観に合った医学的介入を選択する．

2）解釈モデル

患者は自分自身の価値観を必ずしも認識していないため，医師は患者とともに患者の価値観を明らかにし，その価値観に合った医学的介入を選択する．

3）討議モデル

医師は患者の価値観を理解するとともに，患者にとって医学的に最善の選択肢を提示する．患者との討議のなかで医師の価値観が患者にも理解され，結果として医師の価値観に従った医学的介入が選択さ

れることがある．この場合，大事なのは患者が医師に「説得」されたのではなく，患者の自律性と価値観を最大限尊重した結果の選択であることがパターナリズムとは異なる点である．

　獣医療でも「パターナリズムモデル」と「討議モデル」の区別は明確にしておく必要がある．実際の獣医臨床現場ではほとんどが「解釈モデル」に相当するが，この場合，患者（飼い主）の価値観そのものが不明確なため，獣医師との話し合いの中で結果として「パターナリズムモデル」に移行していることもしばしばである．患者の価値観を的確に理解し，その自律性を最大限尊重しながら最善の医学的介入を提示いていく作業は想像以上に難しい．

12-3　インフォームド・コンセント

　到達目標：インフォームド・コンセントの基本概念を説明できる．

　キーワード：インフォームド・コンセント，情報開示，生活の質

1.　自律性とインフォームド・コンセント

　パターナリズムに陥ることなく飼い主の自律性を担保した診療を行うためには，どのような点に留意すれば良いのか．少なくとも飼い主は，動物の状況について正確な情報を知り，強要や誘導されることなく自分の価値観に従った選択ができる状況に置かれなければならない．**インフォームド・コンセント**とは動物が医療的介入を受ける際に，その内容について飼い主がよく説明を受け（informed），十分な理解のもとで飼い主自らの価値観・意思に従い医療方針に同意（consent）することである．これは飼い主の自律性を尊重した診療を行ううえで最も重要なプロセスである．

2.　インフォームド・コンセントの成立要素

　インフォームド・コンセントが正しく成立するために，①適切な情報開示，②患者による情報の理解，③患者の自己決定能力，④患者が決定を行う際の自律性の担保，⑤患者の同意，の各要素が必要とされている．

1）獣医師による適切な情報開示

　飼い主による意思決定は獣医師が提供する情報を基にして行われるため，その情報の質や提供（説明）方法によって決定内容が大きく変わる可能性がある．したがって，獣医師は科学的基盤が明らかな情報（証拠基盤がしっかりとした情報）を客観的な立場で（個人的なバイアスがかからないよう）提供することが求められる．提供すべき情報として，検査や診断結果について，治療の目的・方法・期間・効果・副作用，治療しない場合の予測について，他の治療オプションについて，獣医師が最善と判断する獣医学的結論の提示，があげられる．表12-2には具体的なチェック項目を整理して示した．

2）飼い主の情報理解度

　最近ではインターネットの普及に伴い，飼い主自身が予想される病気の情報を予め調べ，来院するケースが多くなってきた．しかしながら，多くの飼い主は獣医学に関して素人であることから，獣医師による分かりやすい説明がなければ正しい自律判断には至らない．飼い主側の理解度は個人差が大きいため，どの飼い主にでも理解可能な言葉（専門的言葉は使わない）で必要であれば図表等を交えながら，繰り返し説明することが求められる．飼い主が理解に至っていない場合，誤って理解している場合は獣医師側の説明責任が十分に果たせていないことを意味する．飼い主の理解度を確認するためには説明した内容の復唱を誘導する（説明した内容を復唱してもらう）会話形態を意識すると良いとされている．

3）飼い主の自己決定能力

　多くの飼い主は健全な意思決定能力をもち，自分の価値観に準じた判断ができる．ただし，飼い主の

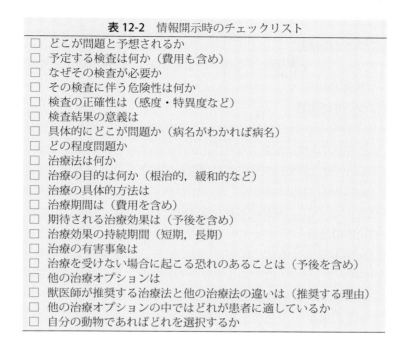

表 12-2　情報開示時のチェックリスト
- □ どこが問題と予想されるか
- □ 予定する検査は何か（費用も含め）
- □ なぜその検査が必要か
- □ その検査に伴う危険性は何か
- □ 検査の正確性は（感度・特異度など）
- □ 検査結果の意義は
- □ 具体的にどこが問題か（病名がわかれば病名）
- □ どの程度問題か
- □ 治療法は何か
- □ 治療の目的は何か（根治的，緩和的など）
- □ 治療の具体的方法は
- □ 治療期間は（費用を含め）
- □ 期待される治療効果は（予後を含め）
- □ 治療効果の持続期間（短期，長期）
- □ 治療の有害事象は
- □ 治療を受けない場合に起こる恐れのあることは（予後を含め）
- □ 他の治療オプションは
- □ 獣医師が推奨する治療法と他の治療法の違いは（推奨する理由）
- □ 他の治療オプションの中ではどれが患者に適しているか
- □ 自分の動物であればどれを選択するか

意思決定能力に疑問があると判断される場合は家族を含めた複数の関係者と説明の場をもつことが必要となる．また，「12-1-3．日本の獣医療における倫理四原則」の項でも述べたが，日本において最終的な意思決定は家族の意見の総和として出されることが多い．したがって，重要な判断を求める時には獣医師側から積極的に複数の家族構成員と話す機会を設け，同意を得ておくことが必要となる．

4）飼い主の自律性判断の担保

獣医師側への依存性に基づく飼い主の判断，誘導や強制に基づく判断はインフォームド・コンセントとして成立しない．飼い主（飼い主の家族）は自らの価値観に沿った自律的判断が可能な状況を担保されなければならない．飼い主側には獣医師の提案を拒否する自由，別の獣医師に意見を求める（セカンド・オピニオン）自由も存在する．

5）飼い主の同意

近年，説明後に飼い主との間で同意書を交わす診療施設が多くなってきている．説明内容を獣医師側と飼い主側で再確認するという意味で意義は大きい．

3．四分割法を用いたインフォームド・コンセント

実際の臨床現場では具体的にどのような課題について検討し，インフォームド・コンセントを進めれば良いのだろうか．「12-3-2．-1）獣医師による適切な情報開示」の項で述べた獣医学的見地からの課題は勿論のことであるが，その他，飼い主の宗教上の問題，飼育環境や家族環境の問題，経済的問題，そして時には獣医師側の専門性や臨床経験に関する問題も考慮すべき課題として含めることになる．これら複雑で多岐にわたる課題を包含した良質なインフォームド・コンセントが行われるためには系統的に情報を整理しながらインフォームド・コンセントのプロセスを進めることが必要となる．ここでは，系統的な整理法の 1 例として，Albert Jonsen が示した四分割法を基にした方法について紹介する．

インフォームド・コンセントで必要とされる様々な課題を①獣医学的適応，②飼い主の意向，③動物の状況，④周囲の状況の 4 つの項目に大別し，各項目の課題について飼い主とともに整理しながら最

終的な結論を目指す.

1) 獣医学的適応についての項目

ここでは前述の「12-3-2.-1) 獣医師による適切な情報開示」の項で説明した飼い主側に説明すべき獣医学的情報について整理を行う.

2) 飼い主の意向についての項目

この項目では飼い主の様々な意向（価値観）について整理するが, その中でも動物の**生活の質**（quality of life：QOL）に対する考え方は特に重要となる. 治療中の動物の QOL の低下は飼い主にとって重要な懸念事項であり, 特に根治困難な腫瘍性疾患であれば生存期間より QOL を重視する飼い主も多い. また, 獣医師側が想定する QOL と獣医師の説明によって飼い主側が理解する QOL の間に隔たりがあることもしばしばである. 治療前には QOL の具体的目標を獣医師と飼い主間で明確にしておく必要がある.

3) 動物の状況についての項目

腫瘍罹患動物の多くは腫瘍病巣に基づく臨床的問題に加え, 2 次的合併症に由来する様々な問題を抱えている. 治療法を検討するうえで, これら 2 次的合併症を含めた動物の病状を網羅的に把握することは治療法を選択するうえで非常に重要となる.

4) 周囲の状況についての項目

この項目には飼い主の宗教上の問題, 経済的問題, 飼育環境（家族環境）, 通院に関する問題, その他の周辺的要因が含まれる.

①宗教上の問題：飼い主の医療に対する考え方や宗教上の問題で, 輸血などの治療を望まない飼い主がいる. 腫瘍性疾患の治療過程では輸血の緊急対応が必要となることもあるため, 事前の確認が必要となる.

②経済的問題：獣医師は医療介入方法のなかで合理的でしかも診断・治療成績の良い選択肢を提示することになるが, 飼い主の経済的理由で最終的に選択されないこともある.

③飼育環境：家族構成も治療選択の重要要素となる. 例えば, 家族に乳幼児がいる場合, 化学療法に不安を訴える飼い主もいる. 獣医師は, 環境に排泄される薬剤（便中, 尿中）やその処理法, 人体に対する影響（可能性を含め）について予め説明しておくことが必要となる.

④通院に関する問題：化学療法の効果を最大限に得るためには, プロトコールに従った投薬が基本となるが, 飼い主によっては, 時間的にあるいは交通手段による来院回数の制約が生じる場合がある. 治療成績よりも通院の制約によって治療方法が選択されることもある.

4. 個人情報の守秘義務

獣医師が業務上知り得た動物や飼い主に関する情報について, 獣医師法やその他の関連法規で特に守秘義務が課せられているわけではない. しかしながら, 個人情報の保護が強く求められている社会情勢のなかにおいては, 個人（動物）に関する情報は厳密に保護しなければならない. 昨今の細分化された獣医療において, 飼い主と獣医師の一対一の関係だけで診療が進められるケースは少なく, 多くは動物看護師を含めた関係者が診療に関与する. 個人情報の保護は情報に触れる関係者全てが意識しなければならない問題である.

第 12 章　獣医療に関する倫理　　155

12-4　Evidence-based Medicine【アドバンスト】

到達目標：Evidence-based Medicine（EBM）について説明できる.

キーワード：EBM

Evidence-based Medicine（**EBM**：証拠に基づいた医療）とは，ヒト医療から来た考え方で，「信頼できる情報（論文）を収集し，それを基にして患者に最善となる医療を行うこと」を意味する．獣医療でも EBM の考え方は一般的に定着している.

　EBM の手順として，表 12-3 に示した 5 つのステップが提唱されており，「EBM の実践」とは，この 5 つのステップを 1 つずつ踏みながら医療を進めることである．時おり，獣医師の中に「EBM の実践」とは「エビデンスを動物に当てはめること」と解釈する人もいるようであるが，これは EBM に対する最も深刻な誤解である．EBM ではステップ 1 ～ 3 で得られた結果を基に，ステップ 4 で「飼い主の価値観」，「動物の病状」，「周囲の状況」，さらに「獣医師の

表 12-3　EBM のステップ

ステップ 1	問題点の整理：患者の問題点を整理する.
ステップ 2	情報収集：ステップ 1 で整理された問題点を解決するための情報を収集する.
スッテプ 3	情報の評価：ステップ 2 で得られた情報について信頼できる情報か否かを批判的立場で評価し，信頼できる情報を選択する.
スッテプ 4	患者への適用：ステップ 3 で選択された情報を当該患者に利用できるか否かを総合的に検討したうえで，適用か否かの最終判断を行う.
ステップ 5	フィードバック：ステップ 1 ～スッテプ 4 を再度振り返る.

臨床経験」をも考慮し，最終的な方向性を決める（「12-3-3. 四分割法を用いたインフォームド・コンセント」の項を参照）．EBM とは単にステップ 1 ～ 3 で得られた結果を盲目的に受け入れ，それを動物に当てはめるものではないことを強調したい．エビデンスの重要性を否定するものではないが，論文中のデータは集団として統計学的に解析された 1 つの結果であり，それを目の前にいるバックグラウンドが全く異なった 1 個体の動物に盲目的に当てはめることは極めて危険である．ステップ 4 の結果として，エビデンスとは合致しない判断が最終的に選択されることもあり得るのである．「EBM の実践」では，ステップ 4 のプロセスを如何に適切に行えるかが最も重要であり，最も難しい.

12-5　セカンド・オピニオン

到達目標：セカンド・オピニオンの基本概念を説明できる.

キーワード：セカンド・オピニオン

　ヒト医療と同様に獣医療においても，飼い主側にインフォームド・コンセントの考え方が定着し，獣医師との話し合いのうえで納得のいく医療を受けたいとする飼い主が増えている．また，近年は専門診療科をもつ 2 次病院，3 次病院も増え，飼い主側に高度で専門的な医療オプションを求める傾向が強くなってきている．このような状況のなかで，別の診療施設の獣医師に第 2 の意見（**セカンド・オピニオン**）を求める飼い主も増えている．セカンド・オピニオンはあくまでも獣医学的見地から診断・治療に関する提言を客観的立場から行うものであるが，飼い主のなかには「すでに行われた医療の過誤や正当性に関する相談」，「主治医の不満や不信に関する相談」等をセカンド・オピニオンとして持ち込むケースがある．これらはいずれもセカンド・オピニオンの対象とならないことを獣医師は理解しておく必要がある．純粋に自己の価値観に迎合した選択肢を求めるうえで別の獣医師の意見を聞くことは，医療の比較の観点，選択肢の幅を広げる観点からも意味があり，受ける医療の理解が深まる利点もある．獣医療が

156　　第 12 章　獣医療に関する倫理

高度細分化されていくなか，獣医師は自分の専門分野以外の症例に関して，セカンド・オピニオンをインフォームド・コンセントの検討課題の中に加える配慮は必要となる．

　最近，ヒト医療ではセカンド・オピニオン外来を設けている医療施設があり，そこでは医師のなかでも経験豊富な医師が時間をかけて対応する体制がとられているようである（保険適応外）．セカンド・オピニオン外来では当該疾患に関する追加検査や治療に関わる行為は一切行われていない．行われるのは患者が持参した（予め提出を求める医療機関もある）検査結果をもとにした相談のみである．新たなる検査や治療，転院を前提とした診療は紹介診療または初診として扱われる．この点は獣医療でも重要な留意点で，セカンド・オピニオンとして対応すべき症例と紹介診療または初診として取り扱う症例をしっかりと区別することが必要となる．

参考文献

塩野　寛，清水恵子（2015）：生命倫理への招待 第 5 版，南山堂．

会田薫子，有馬斎，栗屋剛，案炳文，池田光穂，稲葉一人，植原亮，大北全俊，大谷いずみ，樫則章，加茂直樹，河瀬雅紀，北宅弘太郎，斎藤有紀子，霜田求，遠矢和希，徳田幸子，中川正法，永田まなみ，任和子，根村なおみ，伏木信次，渡辺能行（2014）：生命倫理と医療倫理 第 3 版（伏木信次，樫則章，霜田求 監修），金芳堂．

池本卯典，伊藤伸彦，柿沼美紀，田島剛，羽山伸一，水越美奈，村松梅太郎，吉川泰弘，鷲巣月美（2013）：獣医倫理・動物福祉学（池本卯典，吉川泰弘，伊藤伸彦 監修），緑書房．

トム・L．ビーチャム，ジェームス・F．チルドレス（1997）：生命医学倫理（永安幸正・立木教夫 監訳），成文堂．

演習問題（「正答と解説」は 160 頁）

問 1．医療倫理の 4 原則に含まれないものはどれか．
　a．自律尊重の原則
　b．善行の原則
　c．無危害の原則
　d．正義の原則
　e．忠実の原則
問 2．「獣医師の治療方針とは異なった治療を望んでいる（自律的価値観をもち合わせている）飼い主に対して，治療成績の観点から飼い主を説得し，獣医師の治療方針に従わせた」．この事例と最も関連性の深い言葉はどれか．
　a．パターナリズム
　b．生活の質
　c．インフォームド・コンセント
　d．Evidence-based Medicine
　e．セカンド・オピニオン

正答と解説

第 1 章

問 1：①

c. 自立性増殖とは，周りの細胞とは関係なく独立して増殖することである．

d. 肥大とは，細胞の大きさが増大することによる臓器組織の腫大である．

e. ウイルスは，発がんの原因になることがある．

問 2：①

c. 良性腫瘍でも，例えば頭蓋内であれば生命に関わる重大な全身障害が生じる．

d. 治療で検出できなくなった腫瘍が同一部位に再増殖することを再発という．

e. ある部位に発生した腫瘍が離れた別の部位で増殖することを転移という．

第 2 章

問 1：d

$p53$ 遺伝子がコードする p53 蛋白は細胞周期，アポトーシスに関連する細胞増殖抑制因子であり，その不活化は腫瘍発生に強く関連する．d. 以外の選択肢はいずれもがん遺伝子である．

問 2：d

アポトーシスの特徴は生理的細胞死，核の凝縮と断片化，細胞の凝縮，周囲組織の炎症を伴わないことであり，病理的細胞死，細胞内小器官の膨潤，周囲の炎症はネクローシスの，細胞内小器官の消化はオートファジーの特徴である．

第 3 章

問 1：③

a. 腫瘍細胞は，遺伝子の異常による形質の転換が生じ，運動能を獲得することがあるために，腫瘍細胞は自ら移動することができる．

b. 細胞接着因子の消失によって個々の細胞は独立し，遊離しやすい．

c. 蛋白分解酵素（メタロプロテアーゼ）を細胞表面に発言し，周囲基質を分解しながら移動する．

d. 血管内に侵入した腫瘍細胞は表面に細胞接着因子を発現し，血管内皮細胞に接着する．

e. 腫瘍細胞は常に免疫機構によって監視されており，脈管内においても排除の対象になる．リンパ節に転移した全ての悪性腫瘍が定着，増殖するとは限らない．

第 4 章

問 1：a

b. 膀胱三角部に好発する．

c. 上顎に好発する．

d. 多中心型が多い．

e. 後葉に好発する．

問 2：d

158   正答と解説

   a. 侵襲の少ない方法を優先する．例えば，コア生検など．

   b. グレード分類できない．

   c. 少なくとも 2 〜 3cm 径以上の大きい腫瘍に適用する．

   e. 底部の正常組織境界部も含めて採材する．

問 3：c

   a. 上皮系細胞は Cytokeratin 陽性，Vimentin 陰性となる．

   b. Ki-67 陽性細胞数の増加は一般的に負の予後因子である．

   d. 犬では 10 〜 20%，猫では 30％程度の症例で偽陰性を示す．

   e. 肥満細胞腫の他に GIST で *c-KIT* 遺伝子変異が認められ，RTKs に対する分子標的薬が有効な場合がある．

第 5 章

問 1：c

   b. 超音波検査で，空気を含んだ肺内の様子を描出することはできない．

   c. CT 検査では，肺野全域の結節を検出することができる．

   d. MRI 検査で，呼吸による動きがある肺を詳細に描出するのは困難である．

   e. 核医学検査は入院が必要となり，実施できる施設が限られるため，一般的とは言えない．

問 2：d

ポジトロン核種である放射性フッ素の化合物（FDG）を使用する．

第 6 章

問 1：b

   a. 固着がある場合は，T（1,2,3）b として分類される．

   c. 病理学的な診断が必要である．

   d. 数を表しているのではなく浸潤程度を評価している．

   e. Nx は転移数ではなく評価ができない（評価不可能）ことである．

第 7 章

問 1：④

   a. 形態と機能の欠損を伴うが，外科手術は最も選択されることが多い治療法である．

   b. 抗がん剤で肺転移を確実に抑制することは難しく，外科侵襲で転移病巣を悪化させる可能性があるため，抗がん剤と外科手術を併用しても治癒が難しい．

   e. 腫瘍を分割切除すると腫瘍を播種させる可能性があるので，緩和的治療以外では推奨されない．

問 2：④

   a. 細胞レベルでの腫瘍の拡がりは MRI 検査でも分からない．

   b. 腫瘍の膜様組織は，腫瘍と正常組織が圧迫されて形成されるので，そのすぐ外側では不完全切除になることが多い．

   e. グレード II の肥満細胞腫では水平方向 2cm 以上のサージカルマージンが推奨されている．

問 3：③

正答と解説　　159

a. 健常若齢犬での気管切除は，全体の 25 〜 35％ までは合併症なく可能といわれている．

d. 健常成犬の小腸においては，全体の 75％ を超えると短腸症候群が生じやすい．

e. 健常犬の腎臓においては，片側の摘出によっても高窒素血症が生じない．

第 8 章

問 1：d

d 以外は，「4 つの R」である．

d は，腫瘍と周囲正常組織の放射線感受性を比較する際の理論である．

問 2：e

第 9 章

問 1：d

a. 膵炎，アナフィラキシー

b. 肝毒性，遅延性骨髄抑制

c. 腎毒性，嘔吐

e. イレウス，便秘，末梢神経障害

問 2：c

a. ミトキサントロンとピロキシカムの併用が用いられる．

b. ドキソルビシンを含めた治療が主に使用される．

d. シスプラチン，カルボプラチン，ドキソルビシンが使用される．

e. 予後不良である．

第 10 章

問 1：c

　動注療法の利点は特殊なカテーテルを用いて腫瘍組織内に抗がん剤を投与することが可能であるため極めて低濃度の抗がん剤で局所の腫瘍細胞の破壊や増殖を抑制することが可能である．

第 11 章

問 1：c

問 2：d

a. 犬で腺癌，猫でリンパ腫が好発する．

b. 犬で血管肉腫，猫で肥満細胞腫が好発する．

c. 犬で癌腫，猫でリンパ腫が好発する．

e. 犬で腺癌，猫でリンパ腫が好発する．

問 3：e

　腫瘍の有無のように「ある」，「ない」の値で表され，その間をとらないデータは質的変数と呼ばれ，身長や体重などの数値で表される連続変数とは異なる分析方法を用いる必要がある．　a 〜 d はいずれも連続変数に対して用いられる分析方法であり，今回のデータには e のカイ二乗検定を用いる．具体的には，列方向（横）に「雄」，「雌」，行方向（縦）に「腫瘍あり」，「腫瘍なし」の欄から

なる4分割表を作成する．今回のデータでは，「雄」の列に23，63，「雌」の列に47，67と数字が入る．この表について，カイ二乗検定の公式（他書を参照されたい）を適用すると，有意確率0.034が得られる．有意水準を0.05とすると，得られた確率はこれより小さいことから，性別によって腫瘍の発生に有意な差があることが示される．なお，F検定とU検定は本文で触れていないが，それぞれ，2つの群の値の分散が等しいかについての検定，2つの群の値の差に関するノンパラメトリックな検定である．

問4：d

a. CRは臨床的に病変が消失した場合を表す．

b. PRは30％以上の長径の退縮を表す．

c. PDは20％以上の増加，または新規病変の出現を表す．

e. 制御率とは主に放射線による治療部位の局所非再発率を表す．

第12章

問1：e

医療専門職の義務の基礎となる2原則のうちの1つである．

問2：a

「父権主義」といい，飼い主の自律性が尊重されない誤った考えに基づく医療行為である．

索　引

A

ACTH　41
adenocarcinoma　34
ADH　43
anatomical-mechanical　14
anemia　42
angiogenesis　14
atrophy　32
AUC　98
autophagy　12

B

benign tumor　1, 22

C

cancer umbilicus　22
carcinoid syndrome　42
carcinoid tumor　34
carcinoma　2
carcinosarcoma　29
CDK　17
clinical befit rate　144
Common Terminology Criteria
　　for Adverse Event　146
consent　152
control rate　145
COX-1　106
COX-2　106
CTCAE　146
CTLA-4　132
cumulative incidence　138
cumulative mortality rate　138
curative wide resection　80
Cushing syndrome　41

D

DC　129
DDS　101
debulking　78
dendritic cell　129
DIC　42
differentiation　28
disease-free survival　145
disseminated intravascular
　　coagulation　42
dissemination　25
dose intensity　100

Doxil　102
dysplasia　32

E

EBM　155
EMT　13
epidemiology　137
epithelial-mesenchymal
　　transition　13
epithelial tumors　2, 21
erythrocytosis　41
Evidence-based Medicine　155

F

fibroadenoma　29
fibrosarcoma　36
FNA　51
FNB　51

G

genomic instability　10

H

hematogenous metastasis　25
hyperandrogenism　40
hypercalcemia　40
hyperestrogenism　40
hyperhistaminemia　40
hyperplasia　30
hypertrophic osteoarthropathy
　　43
hypertrophy　30
hypoglycemia　41

I

IHC　57
immunohistochemistry　57
IMRT　93
incidence rate　137
informed　152
interventional radiology　133
intralesional excision　78
invasion　1

L

lymphatic metastasis　25
lymphoma　37

M

malignant melanoma　35
malignant tumor　1, 22
marginal excision　79
mast cell tumor　35
MDSCs　19
medullary carcinoma　23
mesenchymoma　29
metaplasia　31
metastasis　24
MG　42
mixed tumor　28
MMP　24
mortality rate　138
myasthenia gravis　42

N

NET　35
neuroendocrine tumor　35
neutrophilic leukocytosis　41
non-epithelial tumors　2, 21
NSAIDs　106

O

oncogene　8
osteosarcoma　37
overall survival　145

P

parenchyma　27
PCR　59
PD-1/PD-L1　132
PDT　133
pharmacodynamics　99
pharmacokinetics　97
photodynamic therapy　133
prevalence rate　138
progression-free survival　145
prospective study　144
proto-oncogene　8
PTH　40

Q

QOL　154

R

radical exction　80

162　索　引

receptor tyrosine kinases　15
RECIST　121, 144
recurrence rate　144
Response Evaluation Criteria in
　　Solid Tumors　144
response rate　144
retrospective study　144
RTKs　15

S

sarcoma　2

schirrous carcinoma　23
seed and soil　14
SIADH　43
simple excision　79
squamous cell carcinoma　33
SRT　94
stroma　27
stromal reaction　23
survival rate　138

T

TGF-β　13, 17
tumor suppressor gene　8

V

VCOG-CTCAE　146

W

wide excision　79

あ

IVR 療法　133
悪液質　2
悪性黒色腫　35
悪性腫瘍　1, 22
悪性腫瘍細胞　72
アクチノマイシン D　111
アクロレイン　107
アジュバント化学療法　104
亜致死損傷　84
圧迫萎縮　33
アデノウイルスベクター　132
アドリアマイシン　110
アナフィラキシー　116
アポトーシス　9, 11, 83
アルキル化薬　105, 107
α-フェトプロテイン　50
α_1-酸性糖蛋白　50
アンドロジェン　16, 126

い

EPR 効果　102
異型性　25
異形成　32
移行上皮癌　33
萎縮　32
異所性ホルモン産生腫瘍　38
一元配置分散分析　143
一般化線型モデル　143
遺伝子異常　6
遺伝子診断法　58
遺伝子発現異常　5
遺伝子不安定性　10
遺伝子変異　1
遺伝子療法　132
遺伝性非ポリポーシス大腸癌　6

イニシエーション　5
イホスファミド　109
イマチニブ　125
印鑑細胞癌　26
インスリノーマ　41
インフォームド・コンセント
　　94, 152, 153
インフュージョンリアクション
　　116

う

ウイルス　6
Will Rogers 現象　145
後ろ向き研究　144

え

H-ras 遺伝子　8
疫学　137
エストロジェン　16, 126
X 線検査　63
X 線 CT 検査　65
X 線透過性　63
NK 細胞由来リンパ腫　38
エピルビシン　111
MRI 検査　67
MDR1 遺伝子　124
エリスロポイエチン　41
L-アスパラギナーゼ　110
遠位リンパ節　145
遠隔転移　72, 73, 74, 75
嚥下困難　48
炎症反応　11
延命効果　145

お

嘔吐　49
オートファジー　12

オーファンキャンサー　45
オピオイド　135
オルソボルテージ X 線治療装置
　　92
オンコウイルス　45
温熱療法　133

か

回帰分析　143
解釈モデル　151
咳嗽　48
カイ二乗検定　143
化学物質　5
化学放射線療法　104
核　25
確定診断　1
獲得耐性　124
過形成　30
過誤腫　30
カスパーゼ　12
化生　31
加速分割法　94
カドヘリン　13
過粘稠症候群　49
過敏症　116
Kaplan-Meier 法　138, 145
寡分割法　94
カルチノイド腫瘍　34
カルチノイド症候群　42
カルボプラチン　109
がん遺伝子　8
がん幹細胞　7
間期死　83
がん原遺伝子　8
がん臍　22
間質　27, 28
間質反応　23

索　引　　163

癌腫　2
がん性胸膜炎　25
がん性疼痛　135
がん性腹膜炎　25
間接作用　83
完全奏効　144
肝毒性　116
癌肉腫　29
間葉系腫瘍　46
間葉腫　29
がん抑制遺伝子　8
緩和　77, 135
緩和的手術　78

き

奇形腫　29
基底細胞癌　33
機能性腫瘍　38
機能の損失　81
帰無仮説　142
吸引細針生検　51
吸引塗抹法　52
急性障害　86
休眠療法　103
強度変調放射線治療　93
局所萎縮　33
局所療法　77
魚鱗癬　31
筋肉　86

く

偶発がん　30
区間推定　142
くしゃみ　47
クッシング症候群　41
クライオサージェリー　132
クリアランス　98
グレード分類　51, 56
クローナルエクスパンション説　6
クローン性解析　59, 60
クロラムブシル　107

け

形態の損失　81
系統別好発腫瘍　139
外科療法　77
血液化学検査　51
血液検査　51
血管外漏出　119
血管腫　46
血管周皮腫　46

血管新生　14
血管新生阻害剤　15
血管肉腫　46, 122
血行性転移　24
欠失　9
血清アミロイド A　50
血尿　49
血便　49
下痢　49
健康増進　137
原発腫瘍　71, 74
原発巣　73, 74

こ

コア生検　52, 53
高アンドロジェン血症　40
高エストロジェン血症　40
高カルシウム血症　40
硬癌　23, 34
抗がん剤　97, 105, 107
抗がん剤感受性　103
抗がん性抗生物質　105, 110
交替療法　101
口腔腫瘍　74
口腔前庭腫瘍　74
膠原線維　23
交叉耐性　101
口臭　48
光線力学療法　133
好中球減少　115
好中球増加症　41
高電圧放射線治療装置　92
好発腫瘍　139
広範囲切除術　79
高ヒスタミン血症　40
高分化癌　28
肛門周囲腺腫　17
肛門周囲腺腫瘍　47, 126
肛門嚢アポクリン腺癌　47
膠様癌　34
抗利尿ホルモン不適切分泌症候群　43
呼吸困難　48
個人情報　154
固着性　73
骨　86
骨髄　86
骨髄由来免疫抑制細胞　19
骨髄抑制　114
骨肉腫　37, 46, 122
Goldie-Coldman 仮説　101
混合腫瘍　28

根治的手術　77
根治的切除術　80
コントラスト　63
Gompertzian モデル　100, 101
コンパートメントモデル　97

さ

サージカルマージン　78
サイクリン依存性キナーゼ　17
細血管異常性溶血性貧血　50
細針生検　51
再増殖　84
最大耐容量　146
サイトカイン　18
再発率　144
最頻値　142
細胞外基質　13
細胞骨格　26
細胞死　11
細胞質　26
細胞周期　17
細胞傷害性 T 細胞　18
細胞診　51
細胞内シグナル伝達系　16
細胞膜　27
殺細胞作用　102
殺細胞性抗がん剤　107
三胚葉腫　29

し

CDK 阻害蛋白群　18
c-KIT 遺伝子　8
c-KIT 遺伝子変異　60
CT 検査　65
C 反応性蛋白　50
死因　45
磁気共鳴画像法　67
色調　23
シグナル伝達系　15
シクロホスファミド　107
自己決定能力　152
篩骨　54
篩状癌　34
シスプラチン　109
自然耐性　124
シタラビン　110
質感　23
実質　27
質的データ　141
疾病要因　137
疾病予防　137
しぶり　49

164 索引

脂肪腫　45
死亡率　137，138
ジャムシディ針　53
シュアーカット針　53
重回帰分析　143
集学的治療　103，129
重症筋無力症　42
従属変数　143
修復　84
樹状細胞　19，129
出血性膀胱炎　107，116，117
術後照射　90
術後補助薬物療法　104
術前照射　90
術前補助薬物療法　104
術中照射　91，92
ジュネーブ宣言　149
腫瘍減量手術　78
腫瘍コード　85
腫瘍随伴症候群　39
腫瘍随伴マクロファージ　13
受容体型チロシンキナーゼ　60
腫瘍致死線量　93
腫瘍登録制度　138
腫瘍内切除術　78
腫瘍辺縁部切除術　79
腫瘍マーカー　50
腫瘍免疫　18
腫瘍溶解症候群　119
消化器毒性　115
照射野　94
上皮間葉移行　13
上皮小体関連ペプチド　49
上皮性腫瘍　2，21
上皮性・非上皮性混合腫瘍　29
上皮内癌　30
少分割法　94
情報開示　152
情報提供モデル　151
情報理解度　152
所属リンパ節　72 ～ 75，145
自律性　153
自立性増殖　1
自律尊重　150
新 Kiel 分類　57
神経　86
神経障害　118
神経毒性　119
神経内分泌腫瘍　35
浸潤　1，2
浸潤性増殖　23，24
腎臓　86

新 WHO 分類　57
診断　77
診断的手術　78
シンチグラフィ検査　69
心毒性　118
腎毒性　105，116
信頼区間　142
信頼係数　142

す

髄様癌　23，34
Skipper モデル　100
スタンプ法　52
stealth 効果　102
ステロイド系抗炎症薬　106
ストロー　54

せ

生活の質　154
正義　150
制御率　145
正所性ホルモン産生腫瘍　38
精巣腫瘍　86
生存期間中央値　122
生存率　137，138
生体内利用率　98
性別　46
精密医療　127
生理的肥大　31
セカンド・オピニオン　155
切開生検　55
切除縁　78
切除生検　55
接着因子　13
説明変数　143
線維腺腫　29
線維肉腫　36
腺癌　34
善行　150
潜在的致死損傷　84
染色体異常　9
染色体数　9
染色体不安定性　10
全身萎縮　32
全身療法　102
全生存期間　145
全生存率　122
センチネルリンパ節　80
前立腺癌　45

そ

造影撮影　65

造影 CT 検査　65
増感作用　104
相関分析　143
臓器移植　18
早期がん　30
奏効率　144
増殖　1
増殖死　84
増生　30
塞栓療法　134
組織吸引　54
組織球腫　45
組織球肉腫　46
組織診　51，52

た

退形成　28
退形成癌　28
代謝拮抗薬　105，110
代償性肥大　31
代表値　141
対立仮説　142
多飲多尿　49
ダカルバジン　109
タキサン　106
ダクチノマイシン D　111
多血症　41
多剤耐性　124
多剤併用療法　103
タスマニアデビル　45
多段階発がん　6
脱分化　28
脱毛　116
多能性細胞　28
多発性内分泌腫瘍症候群　38
WHO 分類　71
ダブルブラインド試験　144
多分割法　94
単回帰分析　143
単純 X 線検査　63
蛋白質分解酵素　24
蛋白発現異常　5
断片化　11

ち

蓄積毒性　121
中央値　141
超音波検査　67
調剤　113
直接作用　83
治療効果判定基準　144
チロシンキナーゼ受容体　15

チロシンキナーゼ抑制剤　122

つ

通常分割法　93
2 ヒット理論　8

て

DC ワクチン療法　130
DNA 修復　5
DNA 損傷　5
DNA ポリメラーゼ　6
DNA ラダー　11
TNM 分類　71
t 検定　143
T 細胞性リンパ腫　38
定位手術的照射　94
定位放射線治療　94
低血糖症　41
低分化癌　28
停留精巣　46
データのばらつき　142
摘出　77
デビル顔面腫瘍性疾患　45
テロメア　10
テロメア伸長　11
テロメラーゼ　11
転移　1，2，13，22，24，72
転座　9
電子線　92

と

討議モデル　151
凍結外科療法　132
動注療法　134
動物種　45
Tru-cut 針　53
吐気　48
ドキソルビシン　102，110
特発性肥大　31
独立変数　143
吐出　48
トセラニブ　126
ドップラー法　67
トポイソメラーゼ阻害薬　106
ドライバー遺伝子　9
ドラッグデリバリーシステム　101
トランスフォーミング増殖因子 - β　13

な

内因性変異原　6

に

肉眼的形態　22
肉腫　2
二重盲検試験　144
乳癌　16
乳腺腫瘍　45，47，72，73，126

ね

ネオアジュバント化学療法　104
ネクローシス　11，83
猫の非ホジキンリンパ腫　45
猫白血病ウイルス　6，45
粘液癌　34
粘液腺癌　26
年齢　46

の

Norton-Simon 仮説　101
ノンパラメトリックな検定　142

は

バーキットリンパ腫　9
廃棄　113
肺毒性　117
ハイドロキシウレア　110
排尿困難　49
排便困難　49
白金製剤　105，109
パクリタキセル　112
跛行　50
把持鉗子　55
播種性血管内凝固　42
播種性転移　25
パターナリズム　151
ハダカデバネズミ　45
発がん　16
白血病　9
発生部位　45，47
発生率　137，139
パッセンジャー遺伝子　9
Patnaik 分類　56
パラメトリックな検定　142
バリアー　78
パンチ　55
晩発性障害　88

ひ

B 細胞性リンパ腫　38
PK/PD 試験　99

p53 蛋白　8
P 糖蛋白　124
皮角　31
皮下腫瘍　45
鼻汁　47
鼻出血　47
微小管阻害薬　106，111
非上皮性混合腫瘍　29
非上皮性腫瘍　2，21
非ステロイド系抗炎症薬　106，135
ビスホスホネート　106
肥大　30，31
肥大性骨関節症　43
ヒドロキシカルバミド　110
ビノレルビン　112
皮膚腫瘍　45
皮膚の腫瘍　74
皮膚肥満細胞腫　74
非ホジキンリンパ腫（猫の―）　45
肥満細胞腫　8，35，46，56，60，122
病的肥大　31
表皮の腫瘍　74
ビルドアップ現象　92
ビンカアルカロイド　106
ビンクリスチン　111
貧血　42，50
品種　46
ビンブラスチン　112

ふ

副作用　114
副作用判定基準　145
ブスルファン　109
部分奏効　144
フルオロウラシル　110
ブレオマイシン　111
フローサイトメトリー　57
プログレッション　5
プロジェステロン　16
プロスタグランジン　107
プロドラッグ　99
プロモーション　5
分化　28
分割照射　84
分割プロトコル　93
分散　142
分子標的治療　125
分子標的治療薬　125
分離腫　30

へ

平均値　141
ペインコントロール　135
PET 検査　69
ヘマトキシリン・エオシン染色
　　26
ヘリカルスキャン法　65
Bergonie-Tribondeau の法則　86
扁平上皮癌　33, 45, 46

ほ

膀胱癌　46
膀胱腫瘍抗原　51
放射性医薬品　68
放射線障害　86
放射線増感剤　91
放射線治療　88
放射線発がん　88
放射線防護剤　91
膨張性　1
膨張性増殖　23
保管　112
骨　86
ホルモン　16
ホルモン性肥大　31
ホルモン療法　126
ホルモン療法剤　106

ま

マイクロ RNA　50
前向き研究　144
慢性毒性　121

み

ミシェルトレパン　54
ミトキサントロン　111
ミトコンドリア　11
未分化癌　28

む

無危害　150

無作為　144
無増悪生存期間　145
無病生存期間　145

め

メガボルテージ放射線治療装置
　　92
メトトレキセート　110
メトロノミック化学療法　103
メラニン　23
メラノーマ　35
メルファラン　107
メレナ　49
免疫制御分子　19
免疫増強　130
免疫組織化学染色　57
免疫チェックポイント分子　19,
　　131
免疫編集機構仮説　19
免疫抑制　130
免疫療法　129

も

網膜芽腫　17
目的変数　143

や

薬物動態学　97
薬物有害反応　114
薬力学　99

ゆ

有意確率　142
有意水準　142
有害事象判定基準　145
有病率　137

よ

養子免疫療法　129
ヨウ素系造影剤　65
陽電子断層撮影法　68
予防　77

予防的手術　78
寄り添う姿勢　151
四分割法　153

ら

らせん状スキャン法　65
ラテントがん　30
ランダム　144

り

リニアック　92
リポソーム　102
流涎　48
良性腫瘍　1, 22
量的データ　141
臨床徴候　47
　　－の緩和　122
臨床的有用率　144
臨床病期　71
リンパ球　18, 86
リンパ球クローン性解析　59
リンパ球浸潤　18
リンパ系腫瘍　59
リンパ行性転移　25
リンパ腫　37, 45, 46, 56,
　　86, 122, 126
リンパ節　72
リンパ節郭清　80
倫理四原則　149, 150

る

累積死亡率　137, 138
累積罹患率　137

ろ

労働性肥大　31
log cell kill 仮説　100
ロムスチン　108

コアカリ 獣医臨床腫瘍学　　　　　　　　　　　　　　　定価（本体 3,800 円＋税）

2018 年 6 月 3 日　初版 第 1 刷発行　　　　　　　　　　　＜検印省略＞

編　集　廉　澤　　剛，伊　藤　　博
発行者　福　　　　　　　　毅
印　刷　株 式 会 社 平 河 工 業 社
製　本　株 式 会 社 新 里 製 本 所
発　行　**文 永 堂 出 版 株 式 会 社**
〒 113-0033　東京都文京区本郷 2 丁目 27 番 18 号
TEL　03-3814-3321　FAX　03-3814-9407
URL　https://buneido-shuppan.com

Ⓒ 2018　廉澤　剛

ISBN　978-4-8300-3271-4　C3061

動物病理カラーアトラス 第2版

Colour Atlas of Animal Pathology, 2nd Edition

日本獣医病理学専門家協会　編
The Japanese College of Veterinary Pathologists（JCVP）

　1990年に『獣医病理組織カラーアトラス』が上梓され，2007年には症例を追加し，肉眼写真も加えた『動物病理カラーアトラス』が出版されました．いずれも精選された写真と的確な説明文からなり，動物の病理学を初めて学ぶ学生諸君ばかりでなく，日本獣医病理学専門家協会（JCVP）の会員資格試験受験を目指す諸氏，獣医病理学の指導的立場にある中堅の研究者に至るまで幅広い層に利用されてきました．『動物病理カラーアトラス』の出版からすでに10年が経ち，獣医病理学の教科書やアトラスで取り上げるべき病気もだいぶ変わってきました．この度改訂した本版では，確実に学ぶべき基本的な病変については前版のまま，あるいは若干手を加えて掲載していますが，近年新たに問題となった感染症や品種特異的疾病などについては新しく項目を設け書き下ろしました．（「序」より一部抜粋）

略目次：第1編 脈管系（心（嚢）膜，心外膜の病変／心内膜の病変／心筋の病変／心臓の腫瘍／血管の病変），第2編 造血器，リンパ性器官（骨髄の病変／リンパ節，脾臓の病変／胸腺の病変／ファブリキウスの病変），第3編 呼吸器系（上部気道の病変／肺の病変／気嚢の病変），第4編 消化器系I - 口腔，消化管 -（口腔の病変／食道の病変／胃の病変／腸の病変），第5編 消化器系II - 唾液腺，肝臓，膵臓 -（唾液腺の病変／肝臓の病変／膵臓の病変），第6編 泌尿器系（腎臓の病変／膀胱の病変），第7編 生殖器，乳腺（雄性生殖器の病変／雌性生殖器の病変／胎盤の病変／乳腺の病変），第8編 神経系（中枢神経の病変／末梢神経系の病変），第9編 感覚器（眼科の病変／耳道の病変），第10編 内分泌系（下垂体の病変／甲状腺の病変／上皮小体の病変／副腎の病変），第11編 運動器系（骨の病変／関節の病変／骨格筋の病変），第12編 皮膚・軟部組織（皮膚の病変／軟部組織の病変）．

- 約1,160点の肉眼および組織写真を掲載
- 60名のエキスパートにより解説された最新の情報
- 獣医師国家試験，JCVP会員資格試験に必携の1冊

B5判・340頁
定価（本体17,000円＋税）　送料520円
ISBN 978-4-8300-3268-4

文永堂出版　〒113-0033　東京都文京区本郷2-27-18　TEL 03-3814-3321
https://buneido-shuppan.com　FAX 03-3814-9407